seis graus

Mark Lynas

seis graus

o aquecimento global e o que você pode fazer para evitar uma catástrofe

Tradução:
Roberto Franco Valente

Revisão técnica:
Mariana Viveiros
Mestre em ciência ambiental pela USP

ZAHAR
Rio de Janeiro

Para minha esposa, Maria, meu filho Tom e minha filha Rosa, na esperança de que a maioria das previsões aqui não precise tornar-se verdadeira.

Título original:
Six Degrees
(Our Future on a Hotter Planet)

Tradução autorizada da edição inglesa revista, publicada em 2008 por Harper Collins Publishers, de Londres, Inglaterra

rua México 31 sobreloja
20031-144 Rio de Janeiro, RJ
tel.: (21) 2108-0808 / fax: (21) 2108-0800
e-mail: jze@zahar.com.br
site: www.zahar.com.br

Capa: Sérgio Campante
Ilustração da capa: © Carlos Neto
Projeto gráfico: Carolina Falcão

CIP-Brasil. Catalogação-na-fonte
Sindicato Nacional dos Editores de Livros, RJ

Lynas, Mark, 1973-

L996s Seis graus: o aquecimento global e o que você pode fazer para evitar uma catástrofe / Mark Lynas; tradução Roberto Franco Valente; revisão técnica Mariana Viveiros. — Rio de Janeiro: Jorge Zahar Ed., 2008.

Tradução de: Six degrees: our future on a hotter planet
Inclui índice
ISBN 978-85-378-0105-5

1. Aquecimento global – Aspectos ambientais – Obras populares. 2. Mudanças climáticas – Aspectos ambientais – Obras populares. I. Título.

CDD: 363.73874
08-4284 CDU: 504.7

Sumário

Introdução 9

1. **Um** grau 19

O deserto adormecido da América 19
Já estamos no dia depois de amanhã? 25
A montanha brilhante da África 29
Os rios fantasmas do Saara 33
Começa o degelo do Ártico 38
Perigo nos Alpes 42
Os sapos de Queensland fervem 45
Alerta de furacões no Atlântico Sul 55
A submersão do atol 59

2. **Dois** graus 61

As cidades que passam sede na China 61
Oceanos ácidos 63
O mercúrio sobe na Europa 66
A queimadura de sol do Mediterrâneo 70
Os corais e a calota de gelo 72
O último reduto do urso polar 81
Verão indiano 86
O ponto de fusão do Peru 88
Sol e neve na Califórnia 93

A alimentação de 8 bilhões ... 96
O verão silencioso ... 98

3. Três graus ... 105

O que deseja qualquer cidadão de Botsuana ... 105
Os perigos do Plioceno ... 109
O "Menino Jesus" está de volta ... 115
A morte do Amazonas ... 118
Quarta-Feira de Cinzas na Austrália ... 123
Houston, temos um problema (de furacão) ... 127
O surgimento de um novo Ártico ... 130
Os mistérios dos maias ... 133
As monções de Bombaim ... 136
Onde antigamente corria o Indo ... 138
As últimas gotas do Colorado ... 142
O naufrágio da Big Apple ... 145
Tempestades se acumulam na Europa ... 147
A febre africana ... 150
O pássaro perdido ... 152
Cultivando alimentos na estufa ... 156

4. Quatro graus ... 159

Morte sobre o Nilo ... 159
O coração da Antártida ... 163
Um capitalismo com características chinesas ... 166
As areias da Europa ... 170
No topo das montanhas ... 174
A praga leva uma surra ... 176
Uma mensagem enterrada no Texas ... 179
Roleta siberiana ... 181

5. Cinco graus ... 185

Um novo mundo ... 185
Ecos do passado ... 189

Alerta de tsunami 196
A perspectiva para a humanidade 198
A sobrevivência 202

6. Seis graus 205
O mundo do Cretáceo 205
Oceanos oleosos 210
O massacre do final do Permiano 213
De volta ao futuro 221

7. A escolha do nosso futuro 229
Saber aquilo que não se sabe 231
O estabelecimento de uma meta 235
Um teste de realidade 242
Estados de negação 245
O fim do petróleo 249
Introduzindo calços 252

Notas 261
Agradecimentos 289
Índice remissivo 291

Introdução

À noite soaram batidas na porta. Pude distinguir no escuro duas jaquetas amarelas por cima dos uniformes pretos: era a polícia. Os dois me explicaram que estavam indo de porta em porta avisar os moradores da região do risco iminente de uma enchente. Estavam distribuindo um folheto em fotocópia, aconselhando as pessoas a desligarem a chave da eletricidade e transferirem todos os objetos de valor para os andares superiores. Depois foram embora.

A chuva começara dois dias antes. Caiu com força torrencial durante a maior parte do dia, acompanhada de intensos relâmpagos e do barulho intermitente de trovões. As estradas ficaram submersas, enquanto enxurradas súbitas inundavam os campos. Em algumas horas foi cortada a ligação ferroviária com o norte e, como muitas outras cidades do interior e do sul da Inglaterra, Oxford ficou isolada. Quatro dias depois o nível da água ainda subia, quando uma imensa onda desceu pelo rio Tâmisa, vindo de regiões mais altas, onde a inundação tinha sido maior. Liguei o noticiário da televisão e vi a bonita cidade de Tewkesbury, com sua catedral, transformada numa ilha, e Cheltenham e Gloucester atingidas por apagões de energia. Por toda a região as escolas foram fechadas. A crescente inundação encobriu completamente uma estação de tratamento de água, deixando 250 mil pessoas sem água potável por mais de uma semana. Embora minha casa não tenha sido atingida pela inundação, enquanto escrevo este texto ainda posso sentir o mau cheiro dos sargaços podres à beira do rio em Port Meadow, perto daqui.

A intensidade e a violência absolutas daquela chuva lembraram-me de uma tempestade tropical que enfrentei alguns anos antes, nas Outer Banks da Carolina do Norte, enquanto realizava pesquisas para o meu primeiro livro, *High Tide*. Havia o mesmo aspecto sombrio e sinistro no céu, e o observatório pluviométrico no site do Instituto Meteorológico exibia os mesmos sinais vermelhos e brancos indicando a mesma precipitação de grande intensidade que eu já presenciara antes, em 2002, perto do cabo Hatteras, quando tive de buscar abrigo na caminhonete dos rastreadores de furacões. Os furacões sempre provocam chuvas muito fortes sobre a Terra, e quando da passagem de algum deles, as enchentes são praticamente certas. Como ficou evidente no terrível drama de Nova Orleans, ao ser atingida pelo furacão Katrina, às vezes essas enchentes, combinadas com gigantescas tempestades súbitas, podem ser fatais.

Todos esses acontecimentos eram prognósticos de um mundo em mudança. O aquecimento global está tornando mais intenso o ciclo hidrológico, provocando tempestades mais fortes e formando furacões mais violentos no meio do mar. É uma realidade: sempre convivemos com eventos climáticos extremos e violentos, mas o fato de que níveis crescentes de gases-estufa aprisionam o calor solar significa também que mais energia está disponível no sistema, e, assim, o pior vem acontecendo com freqüência cada vez maior. O horror sofrido em Nova Orleans em 2005 revelou-se para mim como uma percepção do que o século XXI ainda pode estar guardando para muito mais gente, em milhares de locais pelo mundo inteiro, à medida que se aceleram as mudanças climáticas.

Aquelas cenas permaneceram na minha memória, e também quando a cidade foi evacuada e os enlameados sobreviventes, tanto em Nova Orleans quanto na região mais ampla do Golfo, foram despachados para abrigos temporários no Texas e outras localidades. No momento em que escrevo, meio milhão deles ainda continuam lá, constituindo talvez os primeiros refugiados climáticos, retirados para sempre das suas casas. E fiquei imaginando: onde acontecerá o próximo? O que é que vai suceder, à medida que o mundo pouco a pouco for se tornando mais quente? Com prognósticos de até seis graus de aquecimento global para os próximos anos, segundo o Painel Intergovernamental sobre Mudança Climática (IPCC, na sigla em inglês), o que será que vai acontecer com os nossos litorais, as nossas cidades, florestas, rios, plantações e montanhas? Será que seremos todos, como indicam alguns ambientalistas, forçados a sobreviver dos restos estilhaçados da civilização, em refúgios localizados na região ártica, ou a vida prosseguirá como antes, só que um pouco mais quente?

Enquanto eu refletia sobre essas questões, já começava a inspecionar a literatura mais recente sobre o aquecimento global. Por minhas pesquisas anteriores para *High Tide*, eu sabia que agora os cientistas faziam centenas de projeções — a maioria baseada em complexos modelos de computador — de como o futuro aquecimento global iria afetar tudo, das plantações de milho na Tanzânia até as nevascas nos Alpes. De vez em quando algum estudo particularmente polêmico provocava manchetes nos jornais, porém a maior parte dessas previsões ia se enterrar em obscuras publicações especializadas, lidas apenas por outros climatologistas. A maioria desses estudos seguia para a Biblioteca Científica Radcliffe, da Universidade de Oxford, onde permaneciam intocados por semanas, ou até anos, nas suas prateleiras pouco iluminadas, e tudo isso apenas a um quilômetro e meio, mais ou menos, da rua onde moro. Dei-me conta de que era quase o mesmo que ter um oráculo de Delfos logo ali no meu jardim dos fundos, ou Nostradamus morando na casa ao lado. Com a diferença de que essas profecias já estavam começando a se tornar realidade.

No início daquele mesmo ano comecei a fazer peregrinações diárias ao primeiro andar da biblioteca, com o meu laptop, e ali, com o passar das semanas, fui recolhendo em minha rede aqueles milhares de artigos científicos. As estações se sucediam, e eu nem me dava conta disso. Cada artigo relevante eu encaixava numa tabela: os artigos sobre dois graus de aquecimento global iam para um espaço na tabela relativo a dois graus; os de cinco, para um espaço relativo a cinco graus de aquecimento, e assim por diante. Nem todos eram projeções de modelos de computador. Alguns materiais mais interessantes provinham de estudos paleoclimáticos, investigações sobre como as temperaturas já tinham afetado o planeta em episódios anteriores de aquecimento global, na pré-história. Esses registros de eventos passados, pensei, poderiam ser semelhantes no futuro. E eles também seguiram para os espaços da minha tabela de seis graus, segundo as temperaturas dos períodos climáticos que representavam.

No final, verifiquei que dispunha de algo verdadeiramente único: um guia, grau por grau, para o futuro do nosso planeta. Então, usando essa matéria-prima, fui gradativamente dando forma ao livro. Meu primeiro capítulo abrangia 2°C, e ia subindo a escala até atingir os 6°C — o pior prognóstico científico de todos. Nunca antes um cientista ou jornalista tentara um trabalho assim, dando tanta atenção ao detalhe, nem tanta informação fora apresentada em livro, de maneira compreensível a um público amplo.

À medida que o trabalho ia surgindo, comecei a sentir uma inquietante suspeita de que talvez tudo aquilo devesse ser mantido em segredo. *Seis graus* começava a parecer um manual de sobrevivência, cheio de indicações sobre quais as partes do planeta que precisariam ser abandonadas, e quais as que teriam maior probabilidade de ser habitadas. Talvez eu devesse compartilhar essas informações apenas com a minha família e os meus amigos, dar um silencioso alerta somente aos mais íntimos? Ou será que devia divulgá-las o mais amplamente possível, como uma espécie de fábula de advertência, para as pessoas se unirem em campanhas pelo imediato corte das emissões de gases tóxicos, evitando os piores prognósticos antes de ser tarde demais?

É óbvio que optei pela segunda conduta, muito mais positiva. Mas um problema continuava a me atormentar, ao fazer as primeiras apresentações públicas do material para *Seis graus*, principalmente quando escutei uma conversa de toalete após um desses eventos: alguém da platéia desculpava-se com seus companheiros por tê-los trazido para uma coisa tão deprimente. Fiquei chocado. Deprimente? Francamente, jamais me ocorreu que *Seis graus* pudesse ser deprimente. É claro, os impactos apresentados são mesmo aterradores, mas de um modo geral eles também podem ser evitados, ainda. Ficar deprimido com a situação agora é como ficar inerte na sala de estar vendo a cozinha pegar fogo, e se sentir cada vez pior enquanto o fogo vai se espalhando pela casa inteira, em vez de pegar o extintor e acabar com as chamas.

Aos poucos, também se tornou evidente, quando tentei explicar o livro a um público não especializado, que as pessoas mais simples não fazem a menor idéia do que dois, quatro ou seis graus de aquecimento em média significam de fato. Ainda parecem mudanças muito pequenas, quando o termômetro oscila 15°C entre a noite e o dia. Para a maioria de nós, se na quinta-feira fizer um calor seis graus mais intenso que na quarta, isso não significa o fim do mundo, mas apenas que podemos deixar o agasalho em casa. São assim mesmo os caprichos do clima no dia-a-dia. Mas seis graus em média de mudança é uma perspectiva totalmente diferente.

Consideremos o seguinte: há 18 mil anos, no maior congelamento da última era glacial, as temperaturas globais eram cerca de seis graus mais frias do que hoje. Naquele clima frígido, placas de gelo espalhavam-se pela América do Norte, de costa a costa. Como atestam as fendas glaciais nas rochas do Central Park, Nova York esteve debaixo de uma espessa camada de gelo, numa profundidade de mais de um quilômetro estendendo-se até o coração do continente. A região norte de Nova Jersey ficou soterrada, como toda a região dos Grandes Lagos e quase todo o Canadá. Mais para o sul, as terras cultivadas do interior, em estados como o Missouri e Iowa, já teriam sido tundra congelada, assolada por ventos carregados de poeira que provinham da camada de gelo e com camadas subterrâneas de *permafrost** sólido. Durante a era glacial, os seres humanos foram deslocados bem para o sul, onde regiões que são hoje subtropicais, como a Flórida e a Califórnia, mantinham um clima temperado.

Além disso, as oscilações de temperatura eram espantosamente rápidas: vários graus no intervalo de uma década, quando o clima ficava mais quente e em seguida esfriava novamente. A certa altura, cerca de 70 mil anos atrás, uma gigantesca erupção vulcânica na Indonésia lançou milhares de quilômetros cúbicos de poeira e enxofre na atmosfera, cortando completamente o calor do Sol e fazendo despencar as temperaturas do planeta. Os seres humanos foram quase totalmente exterminados no subseqüente inverno "nuclear": toda a população humana mundial foi reduzida violentamente, restando apenas de 15 mil a 40 mil indivíduos, um estreitamento no número de sobreviventes que ainda hoje está gravado nos genes de qualquer ser humano vivo. Por dedução, se seis graus de esfriamento foram suficientes para quase nos exterminar no passado, seis graus de aquecimento poderiam ter um efeito análogo no futuro? É a esta questão que este livro procura responder.

Retornando ao verão de 2005: quando dei início à minha jornada para o futuro provável da humanidade, senti-me como Dante às portas do Inferno: privilegiado por poder estar vendo aquilo que poucos puderam ver, mas também profundamente preocupado com os horrores que pareciam

---

* O *permafrost* ou solo *permafrost* é aquele que se mantém por dois anos ou mais sob uma temperatura igual ou mais baixa que o ponto de congelamento da água (0°C). Quase sempre esse tipo de solo contém gelo e ocorre em regiões de altas latitudes (por exemplo, próximas aos Pólos Norte e Sul) ou altitudes elevadas. (N.R.T.)

aguardar mais adiante. Tal como o poeta Virgílio, o guia de Dante quando ele penetrou no Inferno, meus guias são os numerosos cientistas, habilitados e apaixonados, que realizaram os estudos originais de pesquisa em que este livro se baseia. A eles ofereço os meus agradecimentos, esperando que possam se sentir bem representados no que vai se seguir.

> Set out then, for one will prompts us both.
> You are my leader, you my lord and master,
> I said to him, and when he moved ahead
> I entered on the deep and savage way.*

Uma observação técnica

Como convém à tarefa de qualquer autor de divulgação científica, procurei fazer com que cada estudo de caso tivesse o máximo possível de vida. Quando a própria ciência já tinha evoluído com o passar dos anos, tentei passar isso na história. Claro que aconteceram algumas inconveniências. Quase todos os estudos usam modelos diferentes, e cada modelo emprega diversas pressuposições subjacentes, e dessa forma compará-los às vezes pode ser como comparar giz e queijo. Também cada estudo contém imprecisões muitas vezes expressas em termos quantitativos — tal é a natureza da boa ciência — cuidadosamente pesados, declarações especulativas pelos autores, e nem sempre podem ser acuradamente refletidas numa abordagem generalizada e em pinceladas amplas, como esta. Deixo aos leitores que tiverem questões sobre quaisquer temas apresentados aqui, a tarefa de investigarem as referências e julgarem por si mesmos a obra original. Caso tenham dúvidas a respeito das metodologias empregadas pelos estudos originais, não se queixem a mim. Não sou um climatologista, mas simplesmente um intérprete dos estudos.

Também poderia a esta altura acrescentar — em benefício dos leitores que se sintam de algum modo perdidos diante da natureza "cientificizada"

* Comecemos, e que uma única vontade nos dirija a ambos./ Tu és meu Guia, meu Senhor e Mestre./ Assim lhe falei eu, e enquanto ele andava na frente,/ Fui penetrando naquele profundo e selvagem caminho. Dante, *Inferno*, Canto III, Dante entra no Primeiro Círculo do Inferno.

do debate sobre mudanças climáticas — uma observação bem generalizada sobre o cenário do aquecimento global. Fundamentalmente essa expressão, que emprego como alternativa a "mudanças climáticas" (embora na teoria elas signifiquem coisas um pouco diversas), se refere ao aumento das temperaturas atmosféricas globais como resultado das crescentes concentrações de gases-estufa no ar que nos rodeia. Que os gases-estufa têm um efeito de aquecimento, quase um cobertor extra em torno do planeta, isso é indiscutível e tem constituído a física estabelecida por mais de cem anos. Esses gases provocam o "efeito estufa" por serem opacos à radiação infravermelha de onda longa: o calor que chega aqui proveniente do Sol é de ondas curtas, e assim passa diretamente. Porém, quando esse calor é irradiado novamente pela Terra, o seu comprimento de onda é mais longo, e parte dele é aprisionada pelos gases, exatamente como o vidro numa estufa também aprisiona o calor. Se na atmosfera não houvesse nenhum gás-estufa, a temperatura média da Terra seria de aproximadamente -18°C.

Desde o início da Revolução Industrial, as concentrações do principal gás-estufa, o dióxido de carbono (CO_2), já aumentaram em um terço, enquanto as de metano — outro poderoso gás-estufa — dobraram. Embora tenham acontecido flutuações entre as décadas, as temperaturas do planeta também subiram nos últimos 150 anos cerca de 0,8°C, e espera-se que se elevem ainda mais rapidamente no próximo século, à medida que os níveis de CO_2 subirem ainda mais. Essas futuras elevações de temperatura serão em parte resultado de emissões já feitas no passado, e em parte irão refletir rápidas elevações já esperadas de emissões de gases-estufa provenientes da atividade humana. O fato de podermos evitar maiores aumentos de temperatura reduzindo as emissões é um ponto-chave que procuro ilustrar neste livro.

Embora tenha feito o máximo para garantir que os estudos de impacto sejam apresentados nos capítulos apropriados, há casos em que a decisão sobre o que deve ser incluído, e onde, é de certa forma arbitrária. Muitos artigos — na verdade, a maioria — não declaram a exata mudança na temperatura média global a que se refere o estudo, principalmente se estão concentrados em uma mudança regional. Um estudo sobre o gelo no mar Ártico, por exemplo, pode estar baseado numa gama de diferentes concentrações futuras de dióxido de carbono, nenhuma das quais é interpretada pelos autores como temperaturas médias globais, deixando-me com a difícil escolha de avaliar qual capítulo seria o mais adequado. Diferentes estudos usando as mesmas concentrações futuras de CO_2 não partilham necessariamente as mesmas projeções de temperatura, e mais ainda: todos os modelos têm diferentes "sensibilidades" aos aumentos de gases-estufa atmosféricos, complicando ainda mais o processo. É importante destacar, entretanto, que a totalidade do material deste livro provém de literatura científica minuciosamente pesquisada. Jamais baseio previsões em fontes menos confiáveis, como artigos de jornal ou comunicados para a imprensa de grupos de campanha.

Também cabe observar que a escala de temperaturas deste livro é baseada na faixa característica de temperaturas de 1,4°C a 5,8°C do IPCC, publicada em seu Terceiro Relatório de Avaliação de 2001, que nos fornece previsões de *até* seis graus. Isso se reflete na estrutura dos capítulos que se seguem. O Capítulo "Três graus", por exemplo, abrange as temperaturas globais de 2,1°C a 3°C, enquanto o Capítulo "Seis graus" cobre a faixa de 5,1°C a 5,8°C. Em fevereiro de 2007, o IPCC publicou o seu Quarto Relatório de Avaliação (AR4), ampliando o âmbito das projeções de temperatura para o ano 2100. Para o quadro de emissões mais baixas, em que a liberação de gases-estufa cai abruptamente, o aquecimento até o ano 2100 poderia ser tão baixo quanto 1,1°C, de acordo com o AR4, enquanto no quadro das emissões mais altas, o aquecimento global poderia chegar a 6,4°C. Em outras palavras, a faixa é mais ampla, e o pior prognóstico é ainda mais drástico do que no Relatório de 2001 do IPCC: sete graus, segundo a escala deste livro.

O Quarto Relatório de Avaliação do IPCC também investiga detalhadamente os impactos esperados de futuras mudanças climáticas, cobrindo muito do território deste livro, referindo-se também a muitos dos mesmos artigos. A linguagem não especializada facilita bastante para que a maior parte dos leigos possa achá-lo totalmente compreensível. Trata-se de um certo progresso em relação a relatórios anteriores. Eu gostaria de orientar particularmente os leitores mais interessados para a seção do *Grupo de Trabalho II* do AR4, em especial uma tabela no *Sumário para os Formuladores de Políticas*, que resume, numa escala simples, grau por grau, os impactos esperados do aquecimento de um a cinco graus. (Não se explica por que a tabela não vai até seis graus, embora isto esteja dentro das projeções do quadro de temperaturas fornecido pelo IPCC.) O texto completo de todos os relatórios do IPCC está disponível no *site* www.ipcc.ch.

Uma armadilha consciente para este livro quanto à escolha de uma estrutura baseada na temperatura é que ela torna a produção de datas algo muito arriscado. O mundo poderá se tornar dois graus mais quente até 2100, por exemplo, ou poderá ter alcançado esse nível já em 2030. A velocidade do aquecimento é crucial na determinação da capacidade da civilização e dos ecossistemas naturais de se adaptarem às mudanças do clima, e insistimos em que os leitores tenham isso em mente. A outra opção para se percorrer década por década o século XXI teria sido, penso eu, mais problemática, uma vez que as datas relativas aos diferentes quadros de emissão e de mudanças de temperatura são extremamente incertas. Este livro trata apenas do que os cientistas qualificam como mudanças climáticas "transitórias": devido à inércia térmica dos oceanos, levará séculos para que as temperaturas se estabilizem num chamado "estado de equilíbrio", qualquer que seja a concentração de gases-estufa.

Também investiguei ocasionalmente, de maneira bem especulativa, o que as mudanças projetadas pelos cientistas de hoje poderiam significar para a sociedade futuramente. Poderia a China invadir a Sibéria para garantir *Lebensraum** subártico, num planeta onde apenas estreitas zonas permaneceriam habitáveis? Poderia a disputa entre a Índia e o Paquistão pelas nascentes cada vez mais reduzidas dos rios do Himalaia se tornar um conflito nuclear, enquanto o povo passa sede? Claro, eu seria ingênuo se esperasse que essas previsões pudessem realizar-se em qualquer sentido literal. A história nos ensina que os eventos da humanidade são demasiado imprevisíveis para sustentarem tal abordagem determinista. Mas de uma coisa eu não tenho dúvida: as mudanças climáticas são a tela sobre a qual a história do século XXI será pintada. Quem se previne com antecedência arma-se com antecedência.

Vamos em frente, então. Penetremos juntos no "inferno".

---

* Desenvolvido pelo geógrafo e etnólogo alemão Friedrich Ratzel (1844-1904), o conceito de *Lebensraum*, ou "espaço vital", diz respeito ao espaço necessário para a expansão territorial de um povo, onde as necessidades relativas à dominação política e econômica seriam supridas. O conceito foi adotado por Hitler no entreguerras e durante a Segunda Guerra Mundial para justificar a anexação de territórios por parte da Alemanha. (N.R.T.)

1

Um grau

O deserto adormecido da América

Seria fácil passar por eles sem percebê-los. Não é muita gente que costuma caminhar por ali, e quem o faz dificilmente dirige um segundo olhar àqueles velhos tocos de árvore enraizados no leito do rio. De qualquer modo, aquele local solitário, onde o cânion do rio West Walker chega ao seu ponto mais estreito, mergulhando pelos flancos orientais da Sierra Nevada, na Califórnia, não é lugar para alguém se deter: a região é famosa pelos súbitos aguaceiros e as inundações relâmpagos. O rio prossegue quase com a largura de todo o desfiladeiro, e não há ponto onde se possa escalar para a segurança, caso desabe a tempestade.

Mas aqueles tocos têm uma história para contar. De certa maneira, as árvores mortas podem falar. Um andarilho astuto ou um pescador mais atento ficaria intrigado: o que estariam aqueles tocos fazendo ali no leito de um rio, um local onde hoje não existem árvores devido ao constante fluxo de água corrente? Alguns cientistas os investigaram no início dos anos 1990, e concluíram que eram pinheiros *jeffrey*, espécie bastante comum na região, que, porém, com toda a certeza, não costuma se desenvolver nos rios. E mais: aquelas árvores eram antigas, muito antigas mesmo. Amostras dos tecidos revelaram que aqueles tocos datavam da época medieval, e que se desenvolveram durante dois períodos específicos, centrados em 1112 e 1350.

O mistério aumentou quando se descobriram outros tocos antigos daquele mesmo tipo no lago Mono, uma grande massa de água salgada 100 quilômetros ao sul do rio Walker, perto da divisa com Nevada. É um local extraordinário, famoso pelos vastos céus e pelo pôr-do-sol, com pouca coisa que interrompa a delicada e ondulante paisagem árida, a não ser um ou outro vulcão extinto. Os tocos de árvore do lago Mono não eram só de pinheiros, mas também de outras espécies nativas, como algodoeiros e arbustos de artemísia, todos enraizados muito abaixo dos atuais níveis naturais do lago, e só revelados graças aos projetos de desvio de curso d'água que abastecem a longínqua Los Angeles. Mais uma vez, a datação de carbono revelou os mesmos intervalos de tempo que as árvores do rio Walker. Fica bem claro que algo muito significativo aconteceu ali, na época medieval.

Outras evidências vieram de zonas mais profundas nas montanhas, ocultas em dois locais hoje conhecidos por seus bosques de sequóias-gigantes: os parques nacionais de Yosemite e de Giant Sequoia. Essas árvores imensas, que em termos de volume total de madeira constam como os maiores organismos vivos da Terra, são também os mais antigos. Algumas árvores vivas têm mais de 3 mil anos de idade. E como cada ciclo anual de crescimento deixa um anel bem nítido, essas plantas monumentais constituem também um excelente registro dos climas passados. Cerca de uma década atrás alguns cientistas, retirando amostras de madeira de sequóias-gigantes mortas, notaram antigas cicatrizes de queimadura por fogo nas bordas de alguns dos seus anéis. Essas cicatrizes eram especialmente freqüentes durante aquela mesma época medieval — entre 1000 e 1300 —, quando as velhas árvores do rio West Walker e do lago Mono estavam crescendo. Incêndios devastaram ambos os parques nacionais com freqüência duas vezes maior do que antes, e só pode haver uma explicação plausível para isso: as florestas secaram a ponto de se tornarem facilmente inflamáveis.

Incêndios florestais devastadores, rios e lagos secos — as peças do quebra-cabeça começavam a fazer sentido. A região que agora chamamos de Califórnia foi atingida na época medieval por uma gigantesca seca, que perdurou por várias décadas, em diversos períodos, e alterou tanto a paisagem quanto os ecossistemas, numa escala que faz os episódios de secas de hoje em dia parecerem menores. Mas qual terá sido a amplidão geográfica desse acontecimento? Evidências de outro lago, distante, situado nas grandes planícies de Dakota do Norte, fornecem uma resposta parcial. O lago

Moon, tal como o Mono na Califórnia, é uma bacia fechada, o que o torna salino. A salinidade oscila de acordo com o clima: em seqüências de anos chuvosos, maior quantidade de água doce vai chegar ao lago, e os níveis de sal baixam. O contrário também se verifica: nos anos secos, maior volume de água evapora, deixando uma salmoura de salinidade mais concentrada. Cientistas canadenses reconstruíram recentemente antigos registros de salinidade no lago Moon, colhendo de velhos sedimentos do lago amostras dos remanescentes de diminutas algas, chamadas *diatoms*, cujos tipo e número oscilam com os níveis da salinidade. E vejam só: desde antes de 1200 uma seqüência de secas impressionantes assolou as grandes planícies. A possibilidade de um retorno delas, como afirmam os cientistas, "seria devastadora".

Um exame da natureza de uma seca como essa foi obtido por uma equipe de biólogos trabalhando no Parque Nacional de Yellowstone, ao norte, cerca de 1.500 quilômetros a sudoeste do lago Moon, em Wyoming. Perfuraram os sedimentos depositados pelos rios, só para descobrirem uma crista formada por fragmentos residuais de lodo, resultado das inundações relâmpagos que aconteceram cerca de 750 anos atrás. Essas inundações repentinas haviam se precipitado pelos flancos montanhosos, cujo revestimento de florestas fora devastado por freqüentes incêndios. Assim, curiosamente, esses resíduos de enchentes são, na verdade, um indício clássico de secas. Parece que toda a região oeste dos Estados Unidos foi atingida ao mesmo tempo.

O efeito sobre as populações nativas americanas nessa época pré-colombiana foi, de fato, aniquilador. Civilizações inteiras foram arrasadas, a começar pela região de Chaco Canyon, onde hoje é o Novo México. Uma das mais avançadas sociedades do continente, vivendo então o seu auge, os índios pueblo — habitantes de Chaco Canyon — ergueram a maior edificação de pedra do continente norte-americano antes da invasão européia, uma "grande casa" de quatro andares, com mais de 600 quartos individuais, grande parte da qual existe ainda hoje. Entretanto, quando aconteceu a grande seca em 1130, eles estavam vulneráveis: o crescimento populacional já reduzira a base ecológica da sociedade, pelo uso excessivo das florestas e da terra. A maior parte das pessoas morreu, enquanto os sobreviventes prosseguiram sustentando-se em locais facilmente protegidos, no cume de escarpadas montanhas. Vários lugares mostram evidências de conflitos violentos, inclusive crânios com marcas de cortes, escalpos e esqueletos com pontas de flechas dentro da cavidade corporal, além de sinais de canibalismo.

Na verdade, o mundo inteiro assistiu a uma mudança climática na época medieval. Esse tempo é comumente classificado como o "Período Quente Medieval", quando, segundo as histórias contadas com muita freqüência, os vikings colonizaram a Groenlândia e os vinhedos floresceram no norte da Inglaterra. As temperaturas no interior norte-americano podem ter sido de 1°C a 2°C mais quentes do que agora, mas na realidade é falsa a idéia de um mundo significativamente mais quente na Idade Média. Recentes pesquisas reunindo dados *proxy** de evidências de corais, núcleos de gelo e anéis de troncos por todo o hemisfério norte demonstram um quadro muito mais complicado, com os trópicos até ligeiramente mais frios do que hoje e diferentes regiões ficando mais quentes e em seguida esfriando, em diversas épocas. Por menor que tenha sido a mudança global, hoje são esmagadoras as evidências de que não foi um déficit de chuvas de curto prazo que o oeste dos Estados Unidos sofreu nesse período, mas sim uma gigantesca seca em escala total, que durou no mínimo muitas décadas. Já em 2007 os cientistas dos Estados Unidos relataram estudos em anéis de troncos que reconstruíram enchentes medievais no rio Colorado em Les Ferry, Arizona, mostrando que aquele rio perdeu cerca de 15% das suas águas durante uma seqüência de secas, em meados do ano 1100. Certa vez, por 60 anos seguidos o rio não conheceu senão correntes baixas, sem que as enchentes que normalmente acontecem no Colorado conseguissem interromper a estação seca. Na verdade, a notável coincidência dessas datas com as evidências no Novo México indicam que essa foi exatamente a mesma seca que exterminou os índios em Chaco Canyon.

Para podermos avaliar o pior que até mesmo uma pequena mudança climática pode causar, vamos considerar o menos dramático dos locais: o Nebraska. Este não é um estado que mereça grande preferência dos turistas. Como diz o personagem de Gene Hackman no filme *Os imperdoáveis*: "Droga, pensei que também tivesse morrido. Mas depois percebi que só es-

* Dados *proxy* (ou *proxy data*) são informações recolhidas por paleoclimatologistas em fontes naturais como as citadas no texto e que substituem ou funcionam como representações próximas (uma *proxy*) da realidade climática em períodos anteriores a 1856, ano que marca o início das medições confiáveis de temperatura global pela Sociedade Meteorológica Britânica. (N.R.T.)

tava no Nebraska." Uma extensão árida de planícies incrivelmente lisas, o principal motivo da fama do Nebraska é ser ele o único estado americano a ter uma legislatura bicameral. E também é, aparentemente, onde começa o Velho Oeste. A lenda local em Lincoln, a capital, afirma que o oeste se inicia exatamente na interseção das ruas Treze e Zero, local assinalado por uma estrela de tijolos vermelhos.

Mas talvez o fato mais importante sobre o Nebraska seja que ele se localiza no meio de um dos mais produtivos sistemas agrícolas da Terra. A carne de boi e o milho dominam a economia, e a região de Sand Hills, no centro do estado, contém algumas das mais bem-sucedidas regiões de criação de gado de todos os Estados Unidos.

Para o visitante acidental, as terras da região de Sand Hills são verdes e cobertas de vegetação e, em tempos pré-europeus, sustentaram impressionantes manadas de bisontes, das quais se originou a alta produtividade de carne de boi de hoje em dia. Mas, como o próprio nome sugere, basta cavar alguns centímetros e logo aquele solo raso dá lugar a algo de conotação mais sinistra: areia. Aquelas montanhas de aparência inofensiva foram outrora um deserto, parte de um imenso sistema de dunas de areia que se espalhavam por milhares de quilômetros nas Grandes Planícies, do Texas e Oklahoma, ao sul, passando pelo Kansas, o Colorado, Wyoming, Dakota do Norte e do Sul, até chegar tão distante, ao norte, quanto os estados canadenses de pradarias de Saskatchewan e de Manitoba. Esses sistemas de dunas de areia estão atualmente "estabilizados": elas foram recobertas por uma camada protetora de vegetação, de forma que nem mesmo os ventos mais fortes podem alterá-las. Mas durante o Período Medieval Quente, quando nas Grandes Planícies as temperaturas devem ter sido um pouco mais altas que hoje, aqueles desertos se tornaram vivos, avançando pela fértil paisagem que constitui hoje uma importantíssima reserva de alimentos para a humanidade. Essas evidências históricas indicam na verdade que mesmo pequenas mudanças na temperatura poderiam desequilibrar toda aquela região, fazendo-a retornar a um estado hiperárido.

As pessoas que se lembram da *dust bowl** dos anos 1930 podem achar que assistiram à pior seca que a natureza já pôde oferecer. Nos anos mais difíceis da *dust bowl*, entre 1934 e 1940, milhões de hectares da camada

* Literalmente, "tigela de poeira". (N.R.T.)

superficial do solo das Grandes Planícies subiram pelos ares em colossais tempestades de poeira. Numa delas, em maio de 1934, todo o caminho até Chicago foi atingido, fazendo cair neve vermelha na Nova Inglaterra. Centenas de milhares de pessoas, inclusive 85% de toda a população de Oklahoma, abandonaram o lugar e se dirigiram para o oeste. Tudo isso resultou apenas de uma redução pluviométrica média de 25%, o suficiente para que as terras cultivadas formassem tempestades, mas as gigantescas dunas de areia permaneceram no lugar. O que despertou as dunas da sua longa inércia, quase mil anos atrás, foi uma seca de proporções totalmente diversas: com chuvas drasticamente menos intensas por dezenas de anos, e não somente durante alguns anos.

Em um mundo quase um grau mais quente, em geral, o oeste dos Estados Unidos poderia ser mais uma vez assolado por secas permanentes, devastando a agricultura e deslocando a população numa proporção muito maior que na calamidade dos anos 1930. Embora uma irrigação mais intensa pudesse, por um tempo, adiar o pior, muitos dos maiores aqüíferos de água fóssil já são excessivamente explorados pela agricultura industrial, e não sobreviverão por muito tempo. À medida que poderosas tempestades de poeira e areia transformarem os dias em noites, ao longo de milhares de quilômetros do que antes foram pradarias, rajadas de areia irão engolir fazendas, estradas e até mesmo cidades inteiras. Novas dunas se erguerão, em locais onde antes o gado pastava e as plantações de milho se desenvolviam. Para os agricultores, quase não haverá escolha senão abandonar completamente a agricultura, naqueles milhões de quilômetros quadrados que no passado constituíram terra agrícola da mais alta produtividade. O preço internacional dos alimentos irá subir, sobretudo no caso de graves secas atingirem simultaneamente outras regiões. E embora se espere que mais ao sul dos Estados Unidos certas zonas se tornem mais úmidas à medida que se intensifiquem as monções norte-americanas, é provável que os habitantes locais não acolham bem o influxo de milhões de pessoas para sua região.

Mais para o leste, entretanto, a agricultura pode realmente se beneficiar de temperaturas mais quentes e de uma precipitação maior de chuvas. Assim como a Califórnia ofereceu um certo tipo de refúgio aos *okies** deslocados durante a *dust bowl*, as regiões do Meio-Oeste e dos Grandes

* Nativos ou habitantes de Oklahoma. (N.T.)

Lagos terão de providenciar empregos e sustento aos que não poderão mais sobreviver das terras arenosas do extremo oeste, já que as chuvas não cairão mais e os ventos desérticos começarão a soprar.

Já estamos no dia depois de amanhã?

Enquanto os agricultores nas Altas Planícies da América do Norte assistem a seus campos e pastagens serem carregados pelo vento, em meio a um calor implacável, os seus equivalentes no outro lado do Atlântico podem estar às voltas com outro tipo de problema: o frio extremo. Um dos impactos do aquecimento global projetados o menos intuitivamente possível é a provável queda das temperaturas por todo o noroeste da Europa, à medida que a corrente quente do Atlântico, popularmente conhecida como corrente do Golfo, titubeia e se torna mais lenta. É este o cenário ficcionalizado de forma exagerada pelo épico do cinema-catástrofe de Hollywood *O dia depois de amanhã*, onde uma falência na corrente atlântica desencadeia uma nova era glacial, congelando instantaneamente Nova York e Londres (embora no final o mocinho ainda consiga ficar com a mocinha). Cientistas do mundo real foram rápidos em condenar o filme por fazer pouco-caso das leis da termodinâmica, mas também reconheceram que a realidade de um retardamento na corrente do Atlântico Norte pode ser mesmo muito aterradora, especialmente para quem vive numa parte do mundo acostumada a um clima marítimo ameno, longe de corresponder à sua alta latitude norte.

Um breve comentário técnico se faz necessário, neste ponto. Só uma pequena parte da grande corrente que libera água quente no Atlântico Norte é a verdadeira corrente do Golfo. Esta, como o próprio nome sugere, é uma corrente de água quente subtropical que segue na direção nordeste a partir do golfo do México, e que finalmente se torna parte do sistema muito mais vasto das correntes, conhecido pelos cientistas como Circulação de Reversão do Atlântico Meridional (*Atlantic Meridional Overturning Circulation*) ou MOC. Em parte, a MOC é conduzida pelo esfriamento e o aprofundamento da água em altas latitudes, diante da costa da Groenlândia e da Noruega, onde o ar gelado do Ártico abaixa a sua temperatura e comprime a água doce para fora, como gelo marinho, deixando para trás uma salmoura que rapidamente desce para o fundo do oceano. De lá ela começa uma viagem de retorno para o sul, finalmente subindo à superfície (1.200 anos depois) no oceano Pacífico. Há muito os cientistas temem que, devido a uma precipitação maior de chuvas, às enxurradas causadas pelo derretimento de geleiras e ao desaparecimento de gelo marítimo, uma renovação e um aquecimento nos mares da Noruega e da Groenlândia pudessem deter essa descida da água e fechar o grande comunicador oceânico. Daí os famosos quadros de "fechamento da corrente do Golfo" explorados pelas manchetes de jornal e os filmes de Hollywood.

Por mais exagerado que isso possa parecer, o fechamento da circulação atlântica sempre foi mais que apenas uma teoria. Já aconteceu antes. No final da última era glacial, 12 mil anos atrás, quando o mundo estava ficando mais quente, as temperaturas subitamente despencaram por mais de mil anos. Novamente as geleiras se expandiram, e florestas recentemente estabelecidas deram espaço mais uma vez à tundra gelada. O período é chamado *Younger Dryas* (ou Dryas recente), nome inspirado numa flor herbácea ártico-alpina, a *Dryas octopetala*, cujo pólen é encontrado por toda parte em camadas sedimentares de turfa datadas dessa época. Na Noruega, as temperaturas ficaram entre sete e nove graus mais baixas que hoje, e mesmo a região sul da Europa sofreu um retrocesso até condições quase glaciais. No outro lado do Atlântico também ocorreu um esfriamento, e há evidências de uma rápida mudança no clima em regiões tão distantes quanto a América do Sul e a Nova Zelândia.

A causa parece ter sido o súbito fechamento da circulação atlântica devido ao rompimento de uma barragem natural que continha o lago Agassiz, um gigantesco lago de águas provenientes de degelo, e que se acumularam por trás das placas congeladas em retração. Ao se romper a barragem, acredita-se que uma imensa onda de água (o volume do lago correspondia a sete vezes o dos Grandes Lagos hoje) despejou-se pela baía de Hudson e pelo Atlântico. A onda de água doce diluiu-se nos mares do Atlântico Norte, impedindo suas águas de ficarem suficientemente salgadas para poderem descer, interrompendo dessa forma a profunda corrente oceânica e desencadeando uma desestabilização climática pelo mundo inteiro.

Obviamente, não existem hoje gigantescos lagos prestes a inundar o Atlântico Norte, mas o aquecimento global ainda pode interromper a formação de águas profundas, ao derreter o gelo marinho e causar uma saída maior de água doce dos rios siberianos. Apesar do rápido derretimento da camada de gelo, entretanto, por muitos anos não houve evidências de que mudanças na MOC do Atlântico estivessem realmente acontecendo, e muitos oceanógrafos já estavam começando a subestimar essa teoria. Isso foi até o *RSS Discovery*, um navio de pesquisa científica de propriedade do governo britânico, começar um cruzeiro de rotina pelo Atlântico, em 2004. A equipe de cientistas do navio se propôs a recolher amostras de água do mar a várias profundidades, numa linha traçada entre as ilhas Canárias, ao leste, e a Flórida, a oeste, com o objetivo de repetir medições similares feitas em 1957, 1981, 1992 e 1998. Não esperavam descobrir nada extraordinariamente fascinante. De fato, o líder do grupo, o professor Harry Bryden, confidenciou a um jornalista: "Em 1998, constatamos apenas mudanças muito pequenas. Estive a ponto de perder as esperanças com o problema."

Mas em 2004 foi diferente. Bryden e seus colegas descobriram que menos água quente na superfície estava seguindo na direção norte, e que menos água fria seguia no fundo para o sul. No total, a circulação atlântica tinha caído 30%, o equivalente à perda de 6 milhões de toneladas de corrente aquática *por segundo*. Não é de admirar que o professor Bryden admitisse estar "surpreso". De repente, o retardamento do grande sistema de correntes atlântico deixou de ser apenas uma hipótese postulada para um futuro distante. Já estava acontecendo.

A reação da mídia foi imediata. "Enfraquece a corrente que aquece a Europa", alertou a CNN. A chamada para o show *All Things Considered*, da NPR, foi: "Está esfriando o motor de aquecimento do oceano Atlântico." Na Europa, a reação foi de compreensível preocupação: "Soa o alarme do dramático enfraquecimento da corrente do Golfo", registrou o jornal *Guardian*, do Reino Unido, em 1º de dezembro de 2005. "O aquecimento global trará um clima mais frio para o Reino Unido", foi a matéria do *Telegraph* sobre o mesmo fato. Alguns parágrafos abaixo, o jornal citava um especialista confirmando que "a queda média de um ou dois graus na temperatura será, dentro de algumas décadas, o prenúncio de invernos mais severos".

Os leitores mais idosos sentiriam calafrios só de pensar no retorno de invernos tão rigorosos quanto o de 1962-63, quando o Reino Unido ficou coberto de neve por mais de três meses e as temperaturas chegaram a uma baixa de até -16°C no sul da Inglaterra. Em alguns lugares, o mar congelou e blocos de gelo apareceram no rio Tâmisa, na ponte da Torre de Londres.

Aquela estação foi cerca de 2,7°C mais fria do que a média — quase exatamente a queda de temperatura prevista para Londres num estudo de modelagem que investiga a possibilidade de uma queda de 50% na corrente quente do Atlântico. Estaria a nova era glacial da Europa logo ali adiante, à espreita?

Aparentemente, não. Quase um ano mais tarde, e com muito menos espalhafato, a revista *Science* registrava que "um olhar mais atento para as correntes do oceano Atlântico confirma o que vários oceanógrafos há muito suspeitavam: não há sinais de que o 'transmissor' de calor do oceano esteja esmorecendo". Em lugar de apenas dados instantâneos, gerados por alguns esporádicos cruzeiros marítimos, 19 permanentes sensores por instrumentos foram espalhados por todo o Atlântico, entre a África ocidental e as Bahamas, capazes de fornecer um quadro muito mais consistente. Um ano de monitoramento contínuo — relatou posteriormente Bryden, numa conferência em Birmingham — demonstrou que o seu declínio original de 30% constituiu, afinal de contas, apenas parte de uma casual variação natural, o tipo de coisa que acontece freqüentemente, de um ano para outro.

Esse resultado foi um triunfo para os adeptos dos modelos, a maioria dos quais há anos vinha despejando água fria na fervura da teoria da era glacial européia. Eles concordavam que seriam necessários imensos volumes de água doce surgindo no Atlântico Norte para conseguir fechar a corrente do Golfo, muito mais do que a atualmente é gerada pelo derretimento da Groenlândia, ou por uma precipitação mais intensa na Sibéria. Em vez de cair da noite para o dia, a circulação oceânica poderia declinar numa impressionante proporção de 25 a 30%, aproximadamente, porém só depois de pelo menos 100 anos de contínuas emissões de gases-estufa. Mesmo assim, isso não resfriaria a Europa. Simplesmente iria moderar aquilo que, de outra forma, seria uma rápida elevação das temperaturas.

Como concluiu o IPCC em 2007: "É ... muito improvável que a MOC (*Atlantic Meridional Overturning Circulation*) vá sofrer uma grande e abrupta transição no decorrer do século XXI." Embora todos os modelos avaliados pelo IPCC demonstrassem algum enfraquecimento até 2100, nenhum deles sustentava a possibilidade de falência. E mesmo com esse esmorecimento da MOC, o IPCC registrou que "ainda há o aquecimento das temperaturas de superfície pelo norte do oceano Atlântico e pela Europa devido aos efeitos muito maiores do aumento dos gases-estufa". A estimativa do IPCC foi definitiva: não haverá uma nova era glacial na Europa.

A montanha brilhante da África

O dr. Vince Keipper, um aventureiro amador, esperara anos por aquele dia. Aproximando-se do cume do Kilimanjaro, o ponto mais alto do continente africano, Keipper e seu grupo ansiavam pelas vistas panorâmicas das planícies do Quênia e da Tanzânia à volta deles. Haviam subido pela fenda Ocidental e passado pelas escarpadas vertentes da geleira Furtwängler. O tempo estava perfeito, apenas algumas poucas nuvens bem abaixo. Então, não muito distante do ponto mais alto do cume de 5.895 metros, um forte estrondo atrás deles fez o grupo se deter imediatamente. "Voltamo-nos e vimos a massa de gelo desmoronar com um rugido", lembra Keipper. "Uma parte da geleira esfacelou-se no meio, e os blocos de gelo, grandes como aposentos inteiros, precipitaram-se sobre o fundo da cratera."

Keipper e seu grupo sabiam que haviam escapado por um triz: poderiam ter sido soterrados, caso o desabamento tivesse acontecido apenas algumas horas antes. Também tinham consciência de que o que acabavam de presenciar possuía uma poderosa ressonância simbólica. Bem diante dos seus olhos, o mais alto pico da África estava derretendo.

O Kilimanjaro se tornou uma espécie de garoto-propaganda para a campanha internacional sobre mudanças climáticas. No idioma suaíli, as palavras *Kilima* e *Njaro* querem dizer "montanha brilhante", testemunho do poder daquele vulcão maciço que inspira reverência nos observadores através dos tempos. Uma recente foto aérea da cratera, com pouco mais que uns poucos blocos de gelo incrustados em seus escuros flancos, foi a peça mais importante de uma mostra itinerante de fotografias sobre o aquecimento global, em 2005, patrocinada pelo Conselho Britânico. Em 2001, durante a Conferência da ONU sobre mudança climática, realizada em Marrakesh, Marrocos, o Greenpeace enviou uma equipe até o Kilimanjaro, a fim de preparar uma entrevista coletiva de imprensa por videoconferência, junto de uma das geleiras da montanha, que está em via de desaparecer. A condição de celebridade internacional do Kilimanjaro também atraiu a atenção dos que negam as mudanças climáticas, os quais sustentam que o desmatamento nas vertentes menores da montanha é mais responsável pelo retraimento glacial do que o aquecimento global.

Mas não há retórica oposicionista que corte o gelo de Lonnie Thompson, glaciologista da Universidade do Estado de Ohio, um homem que, com justiça, é considerado um dos mais importantes cientistas naturais americanos. Thompson foi pioneiro na perfuração de núcleos de gelo em regiões montanhosas inacessíveis, recolhendo gelo de dezenas de milhares de anos atrás em picos gelados e tão remotos e longínquos quanto o Nevado Huascarán, no Peru, e o Dasuopu, no Tibete, muitas vezes lançando-se, nesse processo, até os limites da resistência humana. Em 1993, Thompson e sua equipe de perfuração acamparam por 53 dias a 6 mil metros, entre os dois picos do Huascarán, estabelecendo provavelmente um recorde mundial de sobrevivência em grandes altitudes. (Fiquei lá por uma noite, em 2002, e foi uma das noites mais geladas, açoitada por ventos, e infelizes de toda a minha vida.) A certa altura, uma rajada de vento atingiu a barraca de Thompson, empurrando-a com ele dentro na direção de um precipício, até ele conseguir detê-la fincando a sua machadinha de gelo no chão. "Eu não compreendo", observou ele certa vez, "por que alguém deseja subir numa montanha só por divertimento."

Como Thompson foi um dos primeiros a reconhecer, o gelo daquela montanha encerra um registro único das variações climáticas através dos tempos — preservado em camadas de poeira, isótopos de oxigênio e diminutas bolhas de gás aprisionadas no interior das camadas congeladas de água. Uma vez transportadas para baixo em pequenos freezers e analisadas em laboratório, essas assinaturas de gelo registram tudo, desde as secas até as erupções vulcânicas acontecidas décadas e séculos atrás. Também relatam uma história das mudanças de temperatura no passado: os dois isótopos de oxigênio, ^{16}O e ^{18}O (que têm diferentes pesos atômicos graças à presença de mais dois nêutrons no núcleo do segundo deles), variam em abundância de acordo com a temperatura da água, de modo que suas proporções nos núcleos de gelo são um bom registro *proxy* dos climas antigos.

Thompson e sua equipe também fizeram perfurações em três regiões glaciais remanescentes do Kilimanjaro, e em outubro de 2002 concluíram que 80% do gelo daquela montanha já derretera durante o século passado. A notícia espalhou-se pelas manchetes internacionais, com as previsões de Thompson de que o restante do gelo já terá desaparecido entre 2015 e 2020. Como ele prontamente admitiu, essa previsão não se baseou em complexos modelos de computador, ou em qualquer outra técnica avançada. "Em 1912 existiam 12,1 quilômetros quadrados de gelo na montanha", declarou ele aos jornalistas da CNN. "Ao fotografarmos a montanha em fevereiro de 2000, o total tinha baixado para 2,2. Se vocês observarem a região onde houve a diminuição, verão que ela é linear. E se projetarmos isso para o futuro, em algum momento por volta de 2015 todo o gelo terá desaparecido do Kilimanjaro."

Se havia algum tom de urgência nas declarações de Thompson era porque ele sabia que um derretimento recente já começara a destruir o único registro do clima do passado preservado nas geleiras do Kilimanjaro. Em sua análise das camadas de poeira no gelo, a equipe científica encontrou evidências de uma notável seca de 300 anos de duração, ocorrida 4 mil anos atrás. Um ressecamento de tal forma severo que está relacionado à destruição de diversas civilizações do Velho Mundo, da África setentrional e do Oriente Médio. O gelo também apontou condições muito mais úmidas há mais tempo ainda, quando imensos lagos inundaram o que hoje é o Sahel seco da África. Próximo à superfície, a equipe de Thompson descobriu gelo contendo uma camada de radionuclídeos de cloro-36, uma precipitação proveniente dos testes com a bomba termonuclear americana "Ivy" no atol de Eniwetok, em 1952. Com esse controle preciso do tempo, os cientistas puderam afirmar que o gelo que teria preservado um registro das flutuações climáticas desde os anos 1960 já fora completamente derretido.

Além disso, o gelo mais antigo, na base dos núcleos, revelou ter 11 mil anos de idade, demonstrando que nunca, desde a última era glacial, o pico do Kilimanjaro esteve sem gelo. Essa descoberta tornou ainda mais valiosos os núcleos de gelo de Thompson, pelo simples motivo de que dentro de um prazo mínimo de dez anos os núcleos, serrados em forma circular, guardados num congelador da Universidade de Ohio e aberto a visitação, serão os únicos exemplares do gelo do Kilimanjaro mantidos intactos para as futuras gerações de cientistas dissecarem por meio de novas tecnologias, possivelmente revelando segredos climáticos que nem mesmo se podem sonhar hoje.

Os esforços dos contestadores das mudanças climáticas em sugerir que existe algo especial a respeito do desaparecimento das geleiras do Kilimanjaro são questionados diante das mudanças semelhantes que ocorrem em cadeias montanhosas bem do outro lado do mundo, especialmente nas montanhas Rwenzori, em Uganda, quase mil quilômetros a noroeste. Naquela remota região, onde Uganda faz fronteira com a República Democrática do Congo, as lendárias "montanhas da Lua" provocam precipitações de chuva tão fortes (cerca de 5 metros por ano) que os picos, sempre cercados por nuvens, só podem ser avistados durante alguns dias do ano, e dão origem às principais nascentes do rio Nilo. No alto do pico mais elevado, o monte Stanley, de 5.109 metros de altitude (cujo nome é uma homenagem ao explorador que por ali passou em 1887), o gelo e a neve impedem o acesso ao cume, a não ser aos mais obstinados montanhistas. Entretanto, assim como no Kilimanjaro, a redução de gelo nas Rwenzori foi profunda: os três picos mais altos perderam metade de sua zona glacial desde 1987, e todas as geleiras desaparecerão provavelmente dentro das próximas duas décadas.

Por toda parte do mundo, geleiras montanhosas em via de extinção colocam uma séria ameaça ao fornecimento de água para os rios. Mas a camada de gelo do Kilimanjaro está tão reduzida que o seu desaparecimento definitivo fará pouca diferença para os dois rios mais importantes, o Pangani e o Galana, que se desenvolvem nas suas margens. Não são as geleiras, mas sim as florestas que constituem a crucial ligação de água para o Kilimanjaro. O cinturão de florestas montanhosas, situado entre 1.600 e 3.100 metros de altitude, fornece 96% de água que desce das montanhas: esse luxuriante emaranhado de árvores, samambaias e arbustos não só recolhe a chuva torrencial, como se fosse uma gigantesca esponja, como também aprisiona a umidade das nuvens que quase permanentemente envolvem as vertentes médias da montanha. Muito dessa água corre pelo subsolo, através da porosidade das cinzas e das lavas vulcânicas, emergindo muito mais além, nas planícies de savanas, como lagoas, que são de uma importância vital para o povo da região, como também para os animais selvagens.

Estaria então a capacidade de gerar água do Kilimanjaro a salvo do aquecimento global? De modo algum. As temperaturas em elevação e a diminuição das chuvas aumentam o risco dos incêndios, os quais já começaram a consumir os limites superiores da floresta montanhosa. Quando as geleiras tiverem desaparecido, também desaparecerão as florestas mais elevadas, privando os rios de 15 milhões de metros cúbicos de águas pluviais todo ano, segundo uma estimativa. Em contrapartida, a perda de absorção de água glacial provavelmente irá resultar em menos de um milhão de metros cúbicos por ano: significativo, embora não catastrófico. A diminuição do fornecimento de água irá afetar tudo, dos estoques de peixe até a produção de energia hidrelétrica na Tanzânia, região atingida pela pobreza. Boa parte da mundialmente famosa biodiversidade da montanha (só o Kilimanjaro abriga 24 espécies diferentes de antílope) também será ameaçada pelas mudanças climáticas.

À medida que a neve desaparece, também irá desaparecendo muito da vida selvagem, além das verdejantes florestas, que hoje os turistas percorrem em trilhas, na difícil caminhada ao topo do continente africano.

Os rios fantasmas do Saara

Nesse mesmo período, bem ao norte do Kilimanjaro, no Sahel, outra região atingida por uma poderosa seca poderia estar experimentando um abençoado alívio. Desde muito tempo a região saheliana da África setentrional tem sido sinônimo de desastre climático: durante os anos 1970 e 1980, surtos de fome atingiram a região com tal severidade que motivaram esforços maciços de ajuda humanitária, tais como o Band Aid e o Live Aid. Numa reportagem feita nos campos de refugiados da Etiópia, em 1984, Michael Buerk, da BBC, falou de uma "fome bíblica" enquanto a câmera ia deslizando lentamente pelos mortos e agonizantes. Mais de 300 mil pessoas pereceram em surtos anteriores de fome, nos anos 1970.

O Sahel é uma imensa região estendendo-se num vasto cinturão de leste a oeste através da África setentrional, do Senegal até a costa atlântica da Somália, no oceano Índico. Em sua maior parte revestida de savanas e arbustos retorcidos, é uma zona de transição climática entre o hiperárido Saara, ao norte, e as verdejantes florestas tropicais úmidas que crescem mais perto do equador, ao sul. Chuvas intermitentes significam que o pastoreio nômade de gado há muito se tornou o meio de vida predominante, com a população percorrendo toda a região, nas sucessivas estações do ano, em busca de pasto para seus animais. Muitas vezes se presume que o aquecimento global irá tornar o Sahel mais seco, empurrando as dunas do Saara na direção sul, para a Nigéria e Gana, e deslocando milhões de pessoas nesse processo. Embora as previsões sejam experimentais e incertas, tanto os estudos paleoclimáticos quanto os modelos de computador indicam que o contrário poderia ser verdade. Enquanto outras regiões da África se atrofiam pelo calor, poderia o Sahel acabar virando um refúgio?

Para obtermos pistas de como o clima da região poderia modificar-se é preciso que nos aventuremos ao norte, até o grande Saara. Ali, o maior deserto do mundo também presenciou a temperatura mais alta jamais registrada na Terra: um calor verdadeiramente tórrido de 58°C. O Saara abrange uma área tão imensa que todo o território contínuo dos Estados Unidos caberia com folga dentro dele. Aquele deserto não tem apenas dunas de areia: tem montanhas de areia, algumas chegando a atingir 400 metros de altura, aproximadamente. Ele é tão absolutamente inabitável que só algumas pessoas conseguem viver nuns poucos oásis diminutos, e nos limites do deserto.

Mas espalhados por aquela enorme região encontram-se sinais nítidos de que um Saara muito diferente já existiu, muitos milhares de anos atrás. Pinturas neolíticas e esculturas na rocha foram descobertas em locais onde hoje o estabelecimento da vida humana é totalmente inviável. Essa antiga arte reproduz elefantes, rinocerontes, girafas, gazelas e até búfalos — animais que hoje vagueiam apenas centenas de quilômetros ao sul. No hiperárido deserto ocidental do Egito, onde menos de 5 milímetros de chuva caem em média a cada ano, foram desenterradas pelos arqueólogos pontas de flechas e facas de pedra lascada para a caça e o corte de animais. Num sítio arqueológico no sudoeste da Líbia, os estudiosos descobriram até mesmo anzóis de pedra para a pesca, novamente numa área onde agora não subsiste nenhum sinal de água na superfície.

Outros sinais de um passado mais chuvoso também foram descobertos. Embora quem atravesse hoje o seco oásis Safsaf, do Egito, no dorso de um camelo, não veja senão pouco mais que rochas e dunas, imagens de radar feitas pelo ônibus espacial *Endeavour* em 1994 mostram nitidamente vales fluviais inteiros soterrados na areia. Esses cursos d'água fantasmas incluem mesmo grandes afluentes do Nilo, cujos cursos afastam-se pelo moderno Sudão, secos e esquecidos debaixo da areia. No sul da Argélia, enormes lagos pouco profundos se agrupavam outrora ali, sustentando numerosas populações de peixes, pássaros e mesmo crocodilos do Nilo. A datação de carbono de conchas de água doce e vegetação desidratada preservadas no leito desses velhos lagos mostra que entre 5 e 10 mil anos atrás a beira do deserto recuou 500 quilômetros mais ao norte, e em diferentes épocas ele quase desapareceu completamente.

Nas fronteiras do que é hoje o Chade, a Nigéria e a República dos Camarões, um lago imenso, com mais de 350 mil quilômetros quadrados de área, estendia-se por todo o sul do Saara. Apelidado de lago Mega-Chade, devido ao atual nome do remanescente lago Chade, esse gigantesco mar interior foi a maior massa de água doce que a África já viu nos últimos 2 milhões e meio de anos. Estranhas cordilheiras de areia, que hoje ficam isoladas no deserto, revelam as praias daquele antigo lago, como também as conchas de moluscos mortos há muito, que uma vez se desenvolveram nas suas águas quentes e rasas. A paisagem plana, entre as dunas que se deslocam, atesta o poder erosivo das suas ondas há tanto tempo desaparecidas.

O senso comum sugere que um lago de tamanha vastidão, numa região tão seca como aquela, só poderia conservar-se por uma quantidade de chuvas muito maior, e os registros muito antigos efetivamente demonstram que a região do Saara já experimentou sucessivos períodos de chuvas e de secas, em ciclos de muitos milhares de anos. Os períodos mais frios das eras glaciais tenderam a ser os mais secos no Saara, ao passo que os interglaciais quentes trouxeram chuvas — permitindo que a vida emergisse mais uma vez. Durante o início do período Holoceno, de 9 mil a 6 mil anos atrás, o sol de verão no hemisfério norte era ligeiramente mais forte do que hoje, graças a uma pequena mudança cíclica na órbita da Terra em torno do Sol. O crescente calor aqueceu o gigantesco território norte-africano a um ponto tal que isso ativou uma monção, exatamente como a que atualmente leva as chuvas anuais ao subcontinente indiano.

As monções se baseiam no simples princípio de que durante o verão a superfície da terra se aquece mais rapidamente que os oceanos em volta. Isso cria uma área de baixa pressão, quando o ar quente no interior continental se eleva, atraindo o ar mais frio e úmido dos mares próximos. Esses ventos portadores de chuva trazem tempestades torrenciais de verão para regiões de climas de monções, como a Índia, onde a vida agrícola gira de acordo com esse ciclo anual. A monção de verão africana é mais fraca e menos reconhecida geralmente, mas ainda assim constitui a única fonte confiável de chuvas para o Sahel. Modelos climáticos projetam que as terras superficiais irão se aquecer muito mais depressa que os oceanos no século XXI, acrescentando potencialmente um aumento nas monções de verão. Assim, com um grau de aquecimento global, essa monção poderia ganhar força e mais uma vez penetrar bem no interior do continente africano, tornando verde o Saara.

Mas será que isso irá mesmo acontecer? Antes que alguém comece a fazer planos de deslocar para o Saara a produção em larga escala de alimentos, faz-se necessária uma nota de precaução. Durante o início do Holoceno, a diferença na distribuição do calor solar entre os dois hemisférios foi um impulso adicional às monções. Desta vez, o planeta inteiro está ficando mais quente, de modo que o passado não é exatamente análogo ao futuro. Além disso, seria um equívoco achar que um Saara mais chuvoso seria algo como um verdejante "país das maravilhas": o total das precipitações só chegaria, na maior parte, a 100 milímetros mais ou menos, o suficiente apenas para sustentar o mais despido tipo de vegetação de savana, e períodos mais chuvosos também seriam intercalados com longas secas. Entretanto, modelos de computador podem ajudar a conciliar uma saída entre as possibilidades conflitantes, e a resposta que eles dão tem implicações profundas para todos os habitantes da África setentrional.

O cenário preliminar é estabelecido por Martin Hoerling e dois outros cientistas do clima sediados em Boulder, Colorado, que usaram 60 diferentes modelos para confirmar que enquanto o sul da África se resseca com o aquecimento global, o norte do continente de fato começa a se tornar mais chuvoso. Na verdade, a antiga tendência a secas, que provocou tamanha miséria e devastação durante a segunda metade do século XX, sofrerá total reversão aproximadamente após o ano 2020 (com um grau, ou menos, de aquecimento global), quando o Sahel assistirá a uma duradoura recuperação nas suas chuvas. Até 2050 a recuperação estará em plena fôrça, com mais de 10% de chuvas de uma ponta à outra da região do sub-Saara.

Essa conclusão é apoiada por um segundo estudo, que projeta chuvas mais fortes tanto para a costa da África ocidental quanto para o Sahel, quando um oceano Atlântico tropical mais quente fornecerá enormes quantidades de vapor d'água para formarem nuvens de chuva. Com chuvas mais freqüentes, as plantações poderão potencialmente aumentar, equilibrando os declínios em outras regiões — presumindo-se que as temperaturas não sejam tão elevadas a ponto de as pessoas que antes morriam de fome venham agora a morrer de calor.

Entretanto, modelos de computador usados por pesquisadores sediados em Princeton, Nova Jersey, propuseram uma previsão de longo prazo bem diferente. O modelo deles simula com precisão a terrível seca dos anos 1970 e 1980, porém depois de um curto intervalo de fortes chuvas, ele projeta situações de seca ainda mais rigorosas para a região do Sahel, na segunda metade do século XXI.

Então, qual é o motivo das divergências entre os diferentes modelos produzidos pelas equipes de Princeton e de Boulder? Os pesquisadores de Princeton admitem estar perplexos. "Enquanto não compreendermos melhor que aspectos dos modelos respondem pelas diferentes reações naquela região", previnem eles, "advertimos que não se devem basear avaliações sobre futuras mudanças climáticas no Sahel em resultados individuais de qualquer modelo." No entanto, insistem: "Uma dramática tendência à seca no século XXI deve ser considerada seriamente como um possível cenário futuro."

Esta última descoberta também faz eco com estudos globais, que indicam secas mais rigorosas afetando áreas cada vez maiores, à medida que o mundo se torna mais quente. Uma das análises mais abrangentes foi empreendida por Eleanor Burke e seus colegas do Hadley Centre, do Meteorological Office, da Grã-Bretanha, que empregaram uma medida conhecida como "Índice Palmer de Severidade das Secas", para prever a provável incidência de secas no século vindouro. Os resultados foram muito perturbadores. A incidência de secas moderadas dobra até 2100, mas o pior é que a taxa de seca extrema (hoje 3% da superfície de terra do planeta) eleva-se para 30%. Fundamentalmente, um terço do planeta estará desprovido por completo de água doce e, assim, não será mais habitável por seres humanos.

Embora essas cifras se baseiem em taxas de aquecimento global maiores que um grau até 2100, elas efetivamente indicam a provável direção da mudança. À medida que a superfície da terra se torna mais quente, ela vai secando devido à evaporação mais acelerada. A vegetação se atrofia, e quando chegam as fortes chuvas elas simplesmente levam embora tudo o que resta da superfície do solo. Pode parecer estranho que se preveja enchentes e secas afetando a mesma região, porém com uma proporção maior de chuvas chegando em rajadas mais fortes, temporadas mais longas de secas afetarão a terra nesse intervalo. Esta, então, é a mais provável previsão para o Sahel: embora a totalidade de chuvas do planeta possa realmente aumentar, esses aumentos chegarão sob forma de chuvas devastadoras, ocorrendo enchentes repentinas intercaladas com períodos intensos de calor e de seca.

De acordo com alguns historiadores, o Saara verde de 6 mil anos atrás foi a base geográfica para o mítico Jardim do Éden, com seus habitantes originais sendo expulsos não por Deus, por causa do mau comportamento, mas sim por um arrasador ressecamento climático. Enquanto os cientistas continuam a discutir questões específicas do provável futuro climático do Saara e do Sahel, uma coisa parece clara: não será dentro de pouco tempo que a humanidade poderá retornar ao Éden.

Começa o degelo do Ártico

Nos últimos anos uma nova expressão passou a fazer parte do léxico científico: o "ponto de desequilíbrio". Originalmente popularizada pelo best-seller de Malcolm Gladwell que leva esse título, a compreensão de que os sistemas sociais ou naturais podem ser não-lineares é de importância crucial. Uma analogia freqüentemente usada é a da canoa sobre um lago: se a balançarmos um pouco, ela ainda poderá retornar à estabilidade na sua posição normal. Mas se passarmos do ponto — o "ponto de desequilíbrio" — e a canoa não puder voltar à mesma posição, ela virará e encontrará uma nova estabilidade, só que dessa vez emborcada, com o canoísta incompetente debatendo-se por baixo dela.

Cada vez mais os cientistas se dão conta de que o clima da Terra é um bom exemplo de sistema não-linear: através dos tempos ele foi estável em muitas regiões, algumas muito mais quentes ou frias do que são hoje em dia. Durante as eras glaciais, por exemplo, as temperaturas globais chegaram a ser, em média, 5°C mais baixas do que hoje, por milhares de anos. Além do mais, o sistema pode "desequilibrar-se" de um estado para outro com surpreendente rapidez. Aquecimentos repentinos esporádicos, intercalados na última era glacial, fizeram as temperaturas na Groenlândia subirem até 16°C em apenas algumas décadas. O motivo pelo qual o clima saltou tão depressa ainda não foi totalmente compreendido, mas está claro que mesmo diminutas mudanças "à força" — dos gases-estufa ao calor do Sol — levaram no passado a dramáticas reações no sistema climático. Em contrapartida, nosso clima relativamente estável é bastante incomum: o período Holoceno, durante o qual toda a civilização humana surgiu, assistiu a muito poucas mudanças nas temperaturas do planeta. Até agora.

Os cientistas estabeleceram, para além de qualquer dúvida razoável, que a atual ocorrência de aquecimento global — que foi de cerca de 0,7°C no século passado — empurrou as temperaturas da Terra até níveis sem precedentes na história recente. O relatório de 2007 do IPCC confirmou que nenhum "registro *proxy*" nas temperaturas — fossem eles baseados nos anéis de troncos de árvore, núcleos de gelo, cintas de coral ou em outras fontes — mostra qualquer período nos últimos 1.300 anos que tenha sido tão quente quanto hoje. Na verdade, relatórios sobre o fundo do mar indicam que as temperaturas estão a um grau abaixo de seus níveis mais elevados, e isso ocorreu há nada menos que um milhão de anos.

A parte do planeta mais vulnerável a essa súbita investida do aquecimento, e provavelmente a região que assistirá pela primeira vez à ultrapassagem do "ponto de desequilíbrio", é o Ártico. Ali, as temperaturas estão subindo a uma proporção duas vezes maior que a global. Particularmente o Alasca e a Sibéria estão ficando mais quentes com crescente rapidez. Nessas regiões, os termômetros já subiram de 2°C a 3°C nos últimos 50 anos.

Os impactos dessa mudança já são profundos. Em Barrow, no Alasca, o derretimento da neve ocorre agora, em média, dez dias antes do que nos anos 1950, e já começaram a brotar arbustos nas terras estéreis e musgosas da tundra. Cientistas em Fairbanks, Alasca, documentaram um súbito derretimento de blocos de gelo subterrâneo na North Slope, região daquele estado que é normalmente fria, formando-se novos lagos provenientes do descongelamento e modificando a paisagem. Essas massas de gelo haviam permanecido sólidas por no mínimo 3 mil anos, indicando como o atual aquecimento progride muito além da variabilidade histórica anterior.

Em outras regiões do estado, lagos inteiros estão escorrendo para as fendas do solo, à medida que a camada impermeável de *permafrost* degela por debaixo deles. Mais de 10 mil lagos já encolheram ou desapareceram completamente, no último meio século, destacando uma alarmante queda no nível freático* do estado. Em 2007, pesquisadores canadenses relataram que na ilha de Ellesmere, em Nunavut, lagos existentes há milênios tornaram-se hoje efêmeros, com sua água a evaporar-se ao calor do verão. Espécies dependentes da água, desde as larvas de insetos e camarões de água

* Profundidade em que se encontra a superfície superior do lençol freático, um reservatório subterrâneo de água. (N.R.T.)

doce até filhotes de pássaros, estão desaparecendo em resultado disso. A vegetação, que antes se desenvolvia nesses solos finos e saturados de água, agora está tão ressequida que facilmente pega fogo.

As geleiras nas montanhas do Ártico também estão reagindo. Na península Seward, no Alasca, a geleira Grand Union está se retraindo tão rapidamente que, segundo se estima, irá desaparecer por completo até o ano 2035. Outras geleiras muito maiores, em outras regiões do Alasca, também estão diminuindo rapidamente. Só na última década de 2001 estima-se que as maiores geleiras do Alasca tenham perdido 96 quilômetros cúbicos de gelo, elevando os níveis globais do mar até quase 3 milímetros. Através de todo o Ártico, as geleiras e calotas de gelo já perderam 400 quilômetros cúbicos de volume durante os últimos 40 anos.

Talvez o sinal mais evidente das mudanças se encontre no meio do mar. A camada de gelo do Ártico tem apresentado constante redução, desde cerca de 1980, vendo desaparecer a cada verão uma quantidade cada vez maior do seu gelo, que outrora era permanente. A cada ano, revela-se uma média de 100 mil quilômetros quadrados de oceano aberto, à medida que se derrete o gelo que antes o recobria. Só em setembro de 2005, uma área de mar gelado do Ártico do tamanho do Alasca desapareceu sem deixar vestígios. Mesmo na escuridão total dos meses de inverno, a camada de gelo que cobre o mar tem se retraído: tanto em 2005 quanto em 2006, a extensão da camada de gelo se reduziu até muito abaixo da dimensão média.

É aqui que entra o ponto de desequilíbrio. Enquanto o gelo branco e brilhante, recoberto de neve, reflete mais de 80% do calor solar que incide sobre ele, o oceano aberto, mais escuro, pode absorver até 95% da radiação solar incidente. Em outras palavras, uma vez que o gelo do mar começa a derreter, o processo rapidamente se torna auto-reforçador: maior superfície oceânica fica à mostra, absorvendo o calor do Sol, elevando as temperaturas e tornando mais difícil a recomposição do gelo no inverno seguinte. Os modelos climáticos divergem sobre exatamente onde poderá estar o ponto de desequilíbrio do mar Ártico, porém quase todos concordam que, uma vez ultrapassado determinado ponto de aquecimento, o desaparecimento de toda a camada de gelo polar do norte será quase inevitável.

Esses modelos indicam que ainda não se chegou a esse ponto crítico de desequilíbrio. Mas ele pode não estar muito longe. Uma série de modelos projeta uma abrupta destruição da camada de gelo do mar para depois de 2024, com a fusão de 4 milhões de quilômetros quadrados de gelo nos dez anos seguintes. Segundo essa simulação, descrita por uma equipe dos Estados Unidos e chefiada por Marika Holland, do National Center for Atmospheric Research em Boulder, Colorado, até 2040 todo o oceano fica praticamente sem gelo durante o verão. Enquanto outras séries de modelos, estudados pela mesma equipe, não prevêem a ultrapassagem do ponto de desequilíbrio antes de 2030 ou 2040, um deles simula uma falência na produção de gelo marinho a começar já em 2012.

Mesmo assim, a equipe de Holland deixa bem claro que "a redução de gases-estufa no futuro reduzem a probabilidade e a severidade de tais eventos", em outras palavras: nem tudo está perdido. Outra equipe, chefiada por Jim Hansen, da Nasa, chega a uma conclusão semelhante. A despeito de importantes mudanças já ocorrendo no sistema, Hansen e seus co-autores escrevem: "Pode ser ainda possível salvar o Ártico da perda total de gelo." Mas só se outros poluentes atmosféricos (como a fuligem, que escurece a superfície do gelo e acelera o derretimento) forem reduzidos da mesma forma que o dióxido de carbono. Se implementarmos um drástico programa de redução das emissões, "logo poderemos ter uma chance de evitar mudanças climáticas catastróficas", concluiu a equipe. Podemos não ter muito tempo para isso, no entanto: no momento em que escrevo um novo mínimo histórico de gelo marinho acaba de ser registrado no Ártico. Com um mês inteiro ainda de derretimento de verão para acontecer, a expectativa é que o registro recorde anterior de baixa, descrito em 2005, será "anulado". Particularmente preocupante é que as dramáticas reduções na extensão do gelo estão sendo observadas em todas as regiões da bacia Ártica, enquanto em anos anteriores apenas certas áreas foram atingidas. Talvez seja com isso que se pareça o ponto de desequilíbrio.

Mas por que é tão importante o gelo marinho do Ártico? Como será demonstrado no próximo capítulo, sem ele espécies emblemáticas do Ártico, como o urso polar e as focas, estarão condenadas à extinção. Porém, os impactos também chegarão mais perto de nós, muito longe da região outrora congelada do norte. Ted Scambos, cientista-chefe do US National Snow and Ice Data Center, no Colorado, explica: "Sem a camada de gelo sobre o oceano Ártico temos de esperar grandes mudanças no clima da Terra."

Essas grandes mudanças são inevitáveis devido à maneira pela qual o clima do mundo opera. A maior parte do clima nas latitudes médias é gerada pelo contraste entre o frio polar e o calor equatoriano: o Reino Unido obtém a grande incidência de chuvas durante o ano inteiro devido a sua localização nesse instável limite entre as massas de ar em oposição — o chamado "front polar". As tempestades de nordeste que se precipitam sobre a Costa Leste dos Estados Unidos no inverno também são geradas por esse contraste de temperaturas. Mas com o progressivo aquecimento do Ártico, tal contraste diminuirá, e a zona onde ele acontece migrará para o norte, à medida que as temperaturas em elevação contrairão os cinturões climáticos do mundo em direção aos pólos. Regiões do Reino Unido como a Cornualha e Gales, acostumadas a suportar o impacto de invernos tempestuosos, poderão ficar durante semanas e meses seguidos com ventos inativos e um clima de modo geral muito mais seco. Provavelmente apenas a Escócia permanecerá indefinidamente com o tempo chuvoso. E, como o Capítulo 3 demonstrará, o resultado nos Estados Unidos provavelmente será a seca também, embora numa proporção jamais sentida antes na história humana.

Tampouco são conjeturas essas previsões de mudanças: elas já estão a caminho. Medições por satélite nos últimos 30 anos demonstraram uma acentuada contração de 1° de latitude nas correntes que seguem em direção aos pólos, nos dois hemisférios. Uma vez que esses cinturões de ventos de grande altitude — estreitos corredores de ar movendo-se rapidamente no alto da troposfera — marcam os limites entre as diferentes massas de ar, o seu movimento gradual demonstra que a localização das zonas de climas típicos do mundo já está começando a mudar, em resposta à elevação das temperaturas globais.

O que já testemunhamos até aqui é apenas o começo. Um grupo de cientistas advertiu recentemente: "O sistema ártico está se deslocando em direção a uma nova condição que cai para fora do envelope da recente história da Terra." Como outros capítulos irão mostrar, esse desaparecimento do gelo do Ártico virá com níveis extremos de aquecimento, diferentes de tudo o que as regiões polares setentrionais já experimentaram por milhões de anos.

Perigo nos Alpes

Quando os ingleses Craig Higgins e Victor Saunders saíram da cabana em Hornli, às 4h da madrugada de 15 de julho de 2003, não tinham a menor idéia de que acabariam o dia tomando parte no maior resgate de todos os tempos, no emblemático Matterhorn, na Suíça. A subida deles começara em linha reta. Os dois montanhistas galgaram três torres de rocha, além das quais íngremes placas conduziam até uma pequena barraca de acampamento, a meio caminho da subida até o cume de Hornli. Higgins e Saunders acabavam de chegar à segunda cabana, às 6h da manhã, quando uma enorme avalanche de pedras precipitou-se sobre o flanco leste da montanha. Agachados por trás daquela verdadeira muralha, enquanto as pedras desabavam ao redor deles, o melhor que teriam de fazer naquele ponto era dar meia-volta e descer o mais rápido possível. Mas as montanhas costumam mesmo provocar estranhos efeitos na mente das pessoas, e os dois britânicos resolveram insistir.

Então, três horas mais tarde, a montanha se sacudiu novamente e um novo desabamento de rochas gigantescas se precipitou, desta vez pela face norte. Pouco depois, um terceiro desabamento aconteceu, e agora era o próprio pico de Hornli que estava desmoronando. Um guia de montanha suíço viu-se a apenas alguns centímetros do desastre, quando o solo começou a desabar logo à sua frente. Sem esperanças de poder atravessar aquela zona perigosamente instável, o guia pediu socorro pelo rádio. Nas quatro horas seguintes, dois helicópteros da Air Zermat transportaram os montanhistas para longe do cume, e de volta à cabana principal. "Quando descíamos lentamente", recordou Saunders, "através da nuvem de poeira de pedras provocada pela avalanche, os helicópteros retornando nos indicaram que um grande resgate estava acontecendo." Os dois montanhistas britânicos, percebendo que também estavam sem saída, juntaram-se ao grupo de pessoas que aguardavam para ser tiradas dali em segurança.

Noventa pessoas foram resgatadas naquele dia, e surpreendentemente não houve registro de mortos ou feridos — sinal do profissionalismo dos guias de montanha e dos serviços de emergência suíços. A montanha ficou fechada durante dois dias, enquanto os especialistas tentavam avaliar a probabilidade de novos desabamentos de rochas. Na verdade, aquela queda de rochas não constituiu o único risco na região. No mesmo dia em que se passava o drama em Matterhorn, maciços blocos de gelo soltaram-se de uma geleira acima do resort de Grindelwald, nas imediações, indo cair sobre um rio e provocando uma onda de dois metros de altura que se despejou montanha abaixo. A polícia, que agiu com rapidez, conseguiu retirar os turistas da área pouco antes que a massa de pedras e lama varresse o local.

Ao ouvir as notícias dos dois acidentes próximos um do outro, o glaciologista Wilfried Haeberli não teve dúvidas quanto ao que os provocou. "O Matterhorn confia no *permafrost* para permanecer unido", explicou aos repórteres o cientista da Universidade de Zurique. Pouco antes a Suíça tinha sofrido a sua maior onda de calor de todos os tempos. Com o pior calor de verão derretendo toda a neve de inverno muito mais cedo que o habitual, o *permafrost* e as próprias geleiras começaram também a derreter. Uma vez iniciado esse processo, alertou Haeberli, "a água começa a correr e os grandes blocos de rocha começam a se soltar da montanha".

A maior parte do solo acima de 3 mil metros nos Alpes é permanentemente congelada durante todo o ano, e é ancorada — na expressão de Haeberli — pelo *permafrost*. Mas no verão de 2003, a zona de derretimento atingiu a altura de 4.600 metros, mais alto que o cume do Matterhorn, e quase tão alto quanto o cume do Mont Blanc, a montanha mais alta da Europa ocidental. E se os montanhistas do Matterhorn foram muito afortunados de poderem descer a salvo no dia 15 de julho, pelo menos 50 outros não tiveram a mesma sorte, naquele verão de forte calor: a maioria foi morta no desabamento das rochas.

Haeberli, especialista internacional em *permafrost*, foi depois co-autor de um artigo científico sobre os impactos do forte verão de 2003 nos Alpes. Ele e os seus colegas calcularam que o degelo que aconteceu durante aquela onda de calor superou tudo que as montanhas haviam sofrido na história recente, e que a maior parte dos resultantes desabamentos de rochas aconteceu nos meses mais quentes de junho, julho e agosto. Também verificaram que o degelo de 2003 penetrou até meio metro mais profundamente na rocha do que qualquer outro degelo, nas duas décadas anteriores.

Surpreendentemente, entretanto, os piores desmoronamentos de rochas não aconteceram nas vertentes banhadas pelo sol, onde o calor era mais forte e direto, mas sim nos flancos sombreados do norte, onde a alta temperatura do ar penetrou na montanha. O estudo conclui, de forma assustadora, que com mais um grau de aquecimento global, será inevitável uma desagregação maior de *permafrost* nos Alpes. "Os grandes desabamentos de rochas e problemas geotécnicos causados pela infra-estrutura humana devem ser provavelmente conseqüências recorrentes do aquecimento do *permafrost* nas muralhas de rochas, devido às mudanças climáticas já previstas", advertiram Haeberli e seus colegas. "O verão extremamente intenso de 2003 e o seu impacto sobre o *permafrost* das montanhas podem ser considerados uma primeira manifestação dessas projeções."

À medida que descongelam e se enfraquecem as vertentes das montanhas, cidades e aldeias inteiras dos Alpes e de outras regiões montanhosas estarão correndo o risco de serem destruídas. Certas cidades, como Pontresina, no leste da Suíça, já começaram a construir abrigos subterrâneos para se protegerem contra fatais deslizamentos de terra provocados pelo derretimento do gelo nas montanhas acima delas. Porém, muitas outras continuarão desprotegidas e despreparadas, até acontecer o pior, com os desmoronamentos provocando repentinamente a morte, sem qualquer aviso. E mais ainda: este não será o único perigo associado às montanhas no mundo em aquecimento. Tão perigoso quanto isso será a probabilidade do desaparecimento da fonte mais preciosa da vida: a água.

Os sapos de Queensland fervem

Ninguém poderá acusar as autoridades australianas de não levarem a sério sua responsabilidade na proteção da floresta tropical de Queensland Wet Tropics. Os visitantes têm de se manter nas trilhas o tempo todo. Combustível para fornos deve ser levado para lá, uma vez que as fogueiras de acampamento poderiam perturbar o delicado ciclo nutriente da floresta. Cada tufo de musgo, folhas ou gravetos está protegido. Retirar qualquer material vivo é uma falta criminosa. Cachorros e gatos estão proibidos lá, como também sabão, pasta de dentes, protetor solar, pela eventualidade de esses produtos químicos vazarem nos rios, prejudicando os animais aquáticos. E com toda a certeza, *não* é permitido balançar-se nos cipós das árvores.

Existe uma boa razão para esse intenso foco na conservação. A floresta é reconhecida desde 1988 pela Unesco como Patrimônio Mundial. Setecentas espécies de plantas dali não são encontradas em nenhuma outra parte da Terra. O ecossistema da Wet Tropics contém muitas espécies que são as únicas sobreviventes de antigas florestas tropicais que outrora, há 120 milhões de anos, se desenvolveram no supercontinente de Gondwanan. Muitas das mesmas espécies de samambaias que ainda se encontram lá hoje já serviram de alimento para os dinossauros. Impressionantes plantas carnívoras, como as ascidiadas* e as dróseras, brotam do solo da floresta. As serpentes se enroscam pelos galhos, enquanto os camaleões e as lagartixas correm em disparada pelas pedras e sobem pelas árvores. Treze espécies de mamíferos, inclusive os cangurus-das-árvores e os gambás de cauda anelada (*ringtail possums*), também só existem em Wet Tropics. De modo geral, aquela região abriga um quarto dos sapos da Austrália, um terço dos peixes de água doce e quase a metade dos pássaros, tudo isso numa fração de 1% do continente.

No entanto, há uma ameaça diante da qual as autoridades australianas são impotentes, e que na verdade já conspiraram ativamente para ignorar. Ela não vem dos porcos selvagens ou dos sapos-cururus,** e nem mesmo dos milhares de seres humanos que se balançam nos cipós, fazem bagunça e escovam os dentes. Essa ameaça chega quando o clima que sustenta as florestas — que em algumas regiões atinge o impressionante índice pluviométrico de 8 metros por ano — começa gradativamente a esquentar. Acontece que a floresta tropical de Queensland Wet Tropics é uma das regiões mais sensíveis do planeta à mudança climática. Apenas um grau de aquecimento produzirá impactos devastadores sobre a diversidade e os hábitats das espécies.

O motivo encontra-se na topografia incomum de Wet Tropics. Ao contrário da floresta Amazônica, que abrange uma enorme e plana bacia, até erguer-se nas vertentes orientais dos Andes, a floresta de Queensland compreende um terreno montanhoso, começando nas brancas areias que margeiam o oceano e chegando a alturas de 1.500 metros ou mais, em alguns lugares. Muitas espécies que existem apenas naquela região só podem ser encontradas acima de determinadas alturas. Existe um gambá de cauda anelada que é encontrado somente acima de 800 metros de altitude, e muitos pássaros, répteis e sapos só vivem no alto das montanhas. Quando o clima se torna mais quente, as zonas de temperaturas elevam-se nas vertentes montanhosas, comprimindo essas espécies para ilhas cada vez menores de hábitat, deixando-as por fim sem absolutamente nenhum lugar para vi-

---

* Plantas insetívoras ou "carnívoras" que têm ascídias, ou seja, folhas modificadas que constituem um recipiente em forma de jarro ou trombeta, escorregadio, onde são capturados insetos de forma passiva. (N.R.T.)

** O sapo-cururu (ou *cane toad*) é venenoso e considerado uma praga em muitas das regiões onde foi introduzido, pois, quando ele é ingerido, sua pele tóxica mata muitos predadores nativos. (N.R.T.)

ver. Assim como as espécies polares no Ártico, elas terão sido literalmente expulsas do planeta.

O dr. Steve Williams, da Escola de Biologia Tropical da James Cook University, vem há anos alertando para os perigos que mesmo pequenos graus de mudança climática representam para a floresta tropical de Wet Tropics. Williams, que chefia equipes de colaboradores voluntários em suas viagens de pesquisa, já realizou 652 levantamentos de pássaros, 546 de répteis, 342 de sapos e em diversas ocasiões colocou 50 mil armadilhas noturnas para apanhar pequenos mamíferos. Armado desses volumosos dados sobre a vida selvagem, ele deu início a um modelo de representação por computador da região sob alteração climática e estudou os resultados para ver o que acontecia. Mesmo com o aumento de apenas um grau, os resultados eram alarmantes. Em particular, 63 das 65 espécies incluídas no modelo perdiam cerca de um terço do seu ambiente essencial. Uma espécie de sapo micro-hilídeo, que em vez de ter girinos nos lagos põe seus ovos em solo úmido, está prevista para se extinguir completamente. Com mais altos graus de aquecimento, as taxas de perda da biodiversidade se tornam cada vez mais dramáticas, somando-se, segundo as palavras de Williams, a "uma catástrofe ambiental de amplitude planetária".

E não são as espécies animais as únicas a serem afetadas. Um estudo de modelagem semelhante, feito por David Hilbert, do CSIRO Tropical Forest Research Centre, concluiu que um grau de aquecimento irá reduzir a região de florestas tropicais montanhosas pela metade, destruindo o hábitat de muitas das raras espécies de animais mencionadas. Como um todo, as florestas tropicais não irão desaparecer de Queensland enquanto aquela região continuar recebendo um alto índice de chuvas. Mas sem esses preciosos remanescentes do ancestral supercontinente, o mundo será incalculavelmente mais pobre. Além disso, o governo da Austrália, que se recusou por mais de uma década a encarar seriamente o aquecimento global, terá fracassado em seu dever internacional de proteger um sítio de Patrimônio Mundial da Unesco.

• • •

A apenas alguns quilômetros do litoral, longe das cintilantes e alvas areias da costa de Queensland, encontra-se outro sítio de Patrimônio Mundial ameaçado: a Grande Barreira Coralina. Este é o maior e o mais antigo de todos os recifes de coral do mundo, uma muralha maciça submarina de corais que constituem a maior característica natural da Terra, estendendo-se por mais de 2.300 quilômetros ao longo da costa nordeste da Austrália. Um dos mais espetaculares e diversificados ecossistemas do planeta, aqueles recifes abrigam 1.500 espécies de peixes, 3.359 tipos de coral duro, 175 espécies de pássaros e mais de 30 espécies de mamíferos. É um dos maiores refúgios de dugongos*, e acolhe seis das sete espécies da ameaçada tartaruga marinha que existem no mundo.

Mas os oceanos em volta da Grande Barreira de Corais estão ficando mais quentes — como, aliás, em todo o planeta —, ameaçando desequilibrar esse ecossistema único em direção a um irreversível declínio. Os recifes de coral são na realidade o esqueleto externo produzido por milhões de diminutos pólipos corais que secretam carbonato de cálcio em forma de ramos, leques e globos. Esses constituintes, por sua vez, combinam-se durante milhares de anos até formarem um recife. Cada pólipo contém algas, plantas pequenas que vivem em relação simbiótica com os seus hospedeiros animais. Ambas as partes se beneficiam: o coral obtém os açúcares produzidos pelas algas através da fotossíntese da luz (transformando-os em energia), enquanto as algas retiram a sua fertilidade dos produtos eliminados pelos pólipos. Mas esse cômodo relacionamento só poderá continuar em condições aquáticas corretas: uma vez que o limite de tolerância térmica dos corais, que é de 30°C, seja ultrapassado, as algas são expelidas e os corais morrerão, a menos que águas mais frias retornem com rapidez.

O branqueamento é, sem dúvida, um fenômeno recente, observado nos oceanos do mundo somente a partir de cerca de 1980. Os cientistas perfuraram profundamente os corais e não encontraram nenhuma evidência de que esse tipo de ocorrência pudesse ter acontecido nos milênios passados. Mas, como os oceanos se tornaram mais quentes devido ao efeito estufa intensificado pelos seres humanos, os episódios de branqueamento atingiram os recifes de coral de todo o mundo, com uma regularidade cada vez maior — e aniquiladora. O primeiro branqueamento em massa ocorreu na Grande Barreira de Corais em 1998. Desde então, as coisas só pioraram.

* Mamífero bastante semelhante ao peixe-boi, diferenciando-se visivelmente pela sua nadadeira caudal, que é parecida com a dos golfinhos e a das baleias. (N.R.T.)

Em 2002, outro episódio de branqueamento em massa ocorreu: dessa vez, de 60 a 95% de todos os recifes observados por todo o parque marinho estavam até certo ponto branqueados. Um pequeno número de recifes, sobretudo os mais próximos da praia, onde a água ficou mais quente, foram quase totalmente extintos.

Quis o destino que eu estivesse na Grande Barreira de Corais no verão de 2002, visitando a estação de pesquisa da Universidade de Queensland, na ilha Heron. O local é espantosamente eficiente: minutos após o meu desembarque do catamarã de Grahamstown, eu já aprendera a diferençar uma andorinha-do-mar de uma cagarra, e descobrira que o nome da ilha Heron era na verdade equivocado, pois aqueles pássaros brancos dali são na verdade garças brancas dos recifes do leste. O lugar era mesmo impressionante: "um aviário cercado por um aquário", segundo a acurada descrição de um cientista. Saracuras-de-listras-amarelas* corriam por ali feito galinhas domésticas, entrando e saindo das barracas de pesquisa. (Duas estudantes tinham adotado uma, batizando-a de Sheryl.) Em pouco tempo pude localizar a pessoa que eu realmente viera procurar, caminhando em passos determinados pelo posto, com a roupa de mergulho enrolada até a cintura. Ove Hoegh-Guldberg era evidentemente uma pessoa feliz, tanto dentro como fora d'água. Uma das suas histórias prediletas era de quando ele ficou com o dedo preso entre as mandíbulas de um molusco gigante, tendo de puxá-lo do fundo do mar para não morrer afogado na maré enchente. E, ao retornar à praia, ainda foi repreendido por uma autoridade do parque marinho por danificar uma espécie sob proteção.

Hoegh-Guldberg escreveu um memorável artigo em 1999, no qual pela primeira vez chamava a atenção do mundo para a ameaça à sobrevivência dos recifes de coral, pelo branqueamento. Tendo determinado o limite da tolerância térmica para os corais em diversas partes do mundo, ele então aplicou esse resultado a um modelo de elevação de temperaturas no mar durante o século XXI. A conclusão deixou até ele mesmo surpreso. Verificou que, até os anos 2020, com menos que um grau de aquecimento global os mares terão ficado de tal forma mais quentes, que 1988, quando aconteceu o episódio de branqueamento em massa, se tornaria um ano

---

* A ave citada aqui é, na verdade, a *buff-banded land-rail*, uma espécie de saracura típica da Oceania. (N.R.T.)

"normal". Uma vez que leva em torno de 30 anos para que um recife seriamente atingido se recupere, eventos anuais de branqueamento irão devastar o ecossistema, transformando — como mostrou Hoegh-Guldberg no seu artigo — "as comunidades da Grande Barreira de Corais em seres dominados por outros organismos (como, por exemplo, os sargaços), e não mais por corais construtores de recifes". Outros ecossistemas dos recifes de corais, do Caribe até a Tailândia, seriam igualmente transformados. Com o fim dos recifes de coral, um dos maiores tesouros da biodiversidade será para sempre destruído.

Foi com esse sombrio cenário em mente que partimos para um mergulho, na mesma tarde em que cheguei à ilha Heron. Nadando naquelas águas rasas, assustamos um imenso cardume de sardinhas, que formaram um bloco e se lançaram para mais longe da praia. Meia dúzia de grandes arraias adejavam preguiçosamente, distanciando-se, quando uma ventania mais forte começou a encrespar as ondas, bastante para transformar aquele mergulho numa experiência arriscada. A todo momento uma onda invadia a abertura do meu tubo de ar, fazendo-me de repente engolir água salgada. Ove mostrava-se imperturbável. Permanecemos à tona por alguns momentos, enquanto ele me indicava os corais afetados.

"Está vendo aquele brilhante ali, azul e vermelho? Na verdade, ele embranqueceu. É uma ironia que tenham as cores mais bonitas quando embranquecem." Um dos mais atingidos era um ramo de corais onde partes inteiras tinham ficado brancas como se fossem ossos. Em alguns lugares, só as pontas dos galhos submarinos tinham embranquecido, enquanto em outros toda a estrutura havia sido atingida. Mas apenas uma minoria apresentava a saudável coloração amarronzada, indicando que as algas simbióticas ainda estavam operando.

— Qual é a probabilidade de uma reversão nisso? — tentei falar, engolindo mais uma onda.

— Se o frio permanecer de agora em diante, possivelmente a maior parte poderá reverter — respondeu ele. — Mas alguns não, e se em breve as temperaturas se elevarem de novo, aí grande parte deles provavelmente morrerá.

O trabalho de Hoegh-Guldberg foi complementado por um estudo mais recente, cuja previsão é ligeiramente mais otimista. O trabalho de Andrew Baker e seus colegas no Caribe e no oceano Índico (posteriormente publicado na revista *Nature*) indica que os corais podem ser mais adaptáveis — e por isso menos vulneráveis a uma total extinção — do que se pensara. Os cientistas estudaram comunidades de corais que tinham branqueado nos episódios de 1998, para verificar se elas tinham se recuperado, e ficaram surpresos ao constatar que o tipo de alga simbiótica no interior do coral se transformara numa versão mais tolerante ao calor, em todos os locais pesquisados. Com um limite térmico mais elevado que antes, os recifes danificados podem ser capazes de sobreviver a mares mais quentes no futuro, sem perecerem completamente, declararam os cientistas.

Mas Ove Hoegh-Guldberg não concorda com isso. Mesmo com um aumento na tolerância ao calor, insiste ele, as temperaturas oceânicas ainda tendem a ficar muito quentes para que a maioria dos corais possa sobreviver. Ele e os seus colaboradores usaram os mais recentes modelos e análises de recifes para mais uma vez projetarem freqüências de branqueamento nas décadas futuras — e os resultados confirmaram as primeiras análises pessimistas. Graves ocorrências de branqueamento irão acontecer na maioria dos recifes do mundo, a cada três ou cinco anos, até os anos 2030, e até os 2050 acontecerão a cada dois anos.

Uma ocorrência mais recente de branqueamento, que atingiu o Caribe em 2005, também confirma isso. Naquele verão, as temperaturas marítimas na região chegaram a um nível nunca antes constatado, em 20 anos de registro feito por satélite. Essas foram as mesmas temperaturas elevadas que de fato tornaram a temporada de furacões de 2005 tão mortífera: o furacão Katrina atingiu Nova Orleans após percorrer aquelas mesmas regiões incomumente quentes do oceano. E eram temperaturas que seriam absolutamente improváveis numa atmosfera sem a atual carga de gases-estufa. O efeito sobre os corais do Caribe foi desastroso. De acordo com inspeções realizadas por mergulhadores com aqualung, 90% dos corais embranqueceram nas ilhas Virgens Britânicas, 80% nas ilhas Virgens Americanas, 85% nas Antilhas Holandesas, 66% em Trinidad e Tobago e 50% nas Índias Ocidentais Francesas. Alguns recifes poderão recuperar-se nos próximos anos, porém modelos de previsão indicam que naquela região episódios de branqueamento dessa magnitude irão acontecer a cada ano, até meados do século.

De qualquer modo, muito poucos recifes do mundo são capazes de enfrentar as ameaças da mudança climática. A interferência humana direta — do esgoto à pesca predatória e às enxurradas causadas pelo uso agrícola — já reduziu os recifes de coral por todo o planeta a uma pálida sombra do que já foram outrora. No total, 70% dos recifes do mundo estão hoje ou mortos ou agonizantes. Este é um desastre de dimensão quase incalculável para a biodiversidade global: atrás apenas das florestas tropicais, em termos da vibração e da diversidade da vida que eles nutrem, os recifes de corais pelo mundo abrigam e alimentam um terço de toda a vida nos oceanos, inclusive 4 mil tipos de peixe.

Os recifes da ilha Heron podem estar sob boa administração, mas não se pode dizer o mesmo dos que estão em outras regiões do Pacífico. Na mesma viagem em que visitei Ove Hoegh-Guldberg, também mergulhei na chamada costa de Coral das ilhas Fiji, num dos poucos espaços que pude encontrar entre hotéis cinco estrelas e luxuosos resorts que agora arruínam a região. Em lugar de recifes de colorido brilhante, transbordantes de peixes-papagaios e garoupas, o que vi foram montanhas de cascalho — os restos despedaçados dos corais — surgindo sinistramente por trás da água escura do oceano. Nenhum dos banhistas que lotavam a praia parecia se incomodar com isso. Mas, para mim, a experiência foi um deprimente teste da realidade. A costa de Coral das ilhas Fiji não está mais vulnerável à mudança climática, concluí contrariado. Simplesmente porque já está morta.

Outro grande centro de biodiversidade — e que, no entanto, é mais um sítio do Patrimônio Mundial que está ameaçado pelo aquecimento global — é a região de Cape Floristic, na África do Sul. Abrangendo um imenso arco do litoral e do interior, desde a Cidade do Cabo, a região abriga a maior concentração do mundo de espécies de plantas de grande porte, fora as florestas tropicais. Seus inóspitos solos rochosos e o clima árido mediterrâneo sustentam 9 mil diferentes plantas, mais de 6 mil das quais não se encontram em nenhum outro lugar do planeta. As plantas mais emblemáticas da região são as protéias. A protéia rei, com a sua flor maciça parecida com o Sol, é inteiramente merecedora do título de flor nacional da África do Sul. A região, entretanto, está longe de ser intocada: leões e rinocerontes outrora vagavam por aquelas montanhas, onde hoje vinhedos e plantações de chá *rooibo* se deslocaram para as últimas áreas selvagens.

De acordo com uma equipe de pesquisadores do National Biodiversity Institute da África do Sul, apenas pequenas mudanças no clima poderão ter impacto devastador nos redutos remanescentes das protéias e outras espécies endêmicas. Empregando o modelo do Hadley Centre do Reino Unido para as mudanças climáticas na região até 2020, a equipe de cientistas concluiu que até um terço das espécies de protéias estará ameaçado e em situação de risco, enquanto quatro serão completamente extintas.

Também na América do Norte um aquecimento médio de um grau poderia levar uma espécie ameaçada à beira da extinção — e esta é mimosa e peluda. Segundo a WWF, os coelhos-da-rocha,* pequenos bichinhos parecidos com os hamsters, de orelhas redondas e bigodes fartos, são os primeiros mamíferos a correr risco devido às mudanças climáticas. Eles vivem nas rochas quebradas nas altas montanhas do oeste dos Estados Unidos e do sudoeste do Canadá, e são notáveis não só por serem graciosos e peludos, mas também por suas atividades agrícolas: esses pequeninos parentes do coelho comum secam as folhagens ao sol e depois as armazenam para o inverno em típicos montes de forragem, no topo das rochas. (Como uma espécie carismática, os coelhos-da-rocha granjearam um verdadeiro séqüito de fãs: confiram no www.pikaworks.com para saber tudo, desde as músicas até as esteiras.)

Entretanto, à medida que o clima fica mais quente, os coelhos-da-rocha, que são animais tímidos e nunca se afastam mais de um quilômetro dos seus ninhos, estão a ponto de ficarem progressivamente isolados em ilhas geográficas cada vez menores, quando as zonas de temperatura migrarem para o alto, em direção aos cumes. Já foram documentadas extinções locais em algumas regiões dos Estados Unidos. Como declara o dr. Eric Beever, ecologista e entusiasta dos coelhos-da-rocha: "Estamos testemunhando alguns dos primeiros exemplos contemporâneos de como o aquecimento global aparentemente contribui para a extinção local de um mamífero americano, em zonas que abrangem toda uma eco-região."

Tornou-se um clichê falar do "canário na mina de carvão" quando se discutem os impactos do clima sobre o mundo natural, porém um grupo de animais mais do que qualquer outro serve de exemplo para essa questão: os anfíbios. Com sua pele úmida e a fase inicial da vida na água, as rãs, as salamandras e os sapos são particularmente vulneráveis às mudanças em seu meio ambiente. Na verdade um anfíbio — o sapo-dourado da Costa

* Em inglês: *pika.* (N.T.)

Rica — é muitas vezes citado como o primeiro caso conhecido de extinção causada pelo aquecimento global.

Outrora "jóia da coroa" da floresta úmida de Monteverde, na Costa Rica (parafraseando o cientista e escritor Tim Flannery*), esse anfíbio fosforescente e alaranjado já foi observado às centenas em 1987, reunido em grupos ao redor de lagos na floresta, preparando-se para o acasalamento. Mas já se detectavam sinais de perigo: Marty Crump, especializado em anfíbios, e que testemunhou o derradeiro frenesi de acasalamento daqueles sapos dourados, também observou que os ovos resultantes foram abandonados ao secarem os lagos da floresta. Só 29 girinos sobreviveram naquela semana, enquanto 43.500 ovos foram abandonados secos e podres. No ano seguinte, Crump encontrou apenas um macho solitário, e um ano depois, em 1989, de novo o mesmo macho apareceu. Aquele dia, 15 de maio de 1989, foi a última vez que alguém avistou um sapo-dourado. A espécie foi finalmente relacionada como extinta em 2004. A causa da morte parece ter sido a elevação do nevoeiro que nutre a floresta com gotículas úmidas de bruma: quando o ar que envolve as montanhas ficou mais quente, a nuvem na base simplesmente subiu alto demais, acima da floresta, fazendo com que os lagos de desova dos sapos secassem.

Esse animal memorável pode ser o primeiro, porém não é mais o único anfíbio a ser extinto devido à elevação das temperaturas: as populações de sapos entraram em colapso por todos os trópicos. Mais de 100 das 110 espécies tropicais americanas do sapo-arlequim desapareceram, mesmo em florestas aparentemente intocadas e muito distantes da perturbação direta de seres humanos. Ninguém sabe exatamente por quê: uns biólogos culpam doenças causadas pelos fungos quitrídios,** que estão invadindo novas áreas e podem estar causando esses súbitos colapsos das populações; outros atribuem a extinção a misteriosas doenças que até agora permanecem desconhecidas e não identificadas. Mas os especialistas concordam em grande parte num ponto: a elevação das temperaturas é um fator central na extinção epidêmica, seja por facilitar a expansão de novas doenças, seja por estressar as populações anfíbias, tornando-as mais suscetíveis à morte.

---

* Autor do livro *Os senhores do clima*, sobre o aquecimento global. (N.R.T.)

** Fungo que vem dizimando populações de anfíbios em todo o mundo e foi encontrado em cinco espécies da Mata Atlântica do Brasil. (N.R.T.)

Nessa particular cena de assassinato, a arma pode ainda ser discutível, mas o culpado em geral é muito evidente.

Parece que não existe nenhum lugar seguro. Um grande aquecimento global terá graves impactos sobre alguns dos mais exclusivos ambientes, aumentando a crise da biodiversidade que já está hoje em andamento, por motivos não relacionados às nossas mudanças climáticas. Empurrados para as margens, e isolados em redutos cada vez menores de hábitat natural pelas zonas sempre em expansão da influência humana, espécies selvagens vulneráveis não terão qualquer possibilidade de se adaptarem com rapidez às mudanças de temperatura, através da migração ou da alteração de comportamento.

Enquanto os recifes de corais desempenham um papel vital protegendo os litorais e fornecendo alimento para os viveiros de peixes, ninguém pode razoavelmente afirmar que os coelhos-da-rocha, as protéias e os sapos-arlequim sejam fundamentais para a prosperidade econômica mundial. O seu valor é intrínseco, não financeiro. Mas o mundo ficará muito mais pobre, se eles se forem.

Alerta de furacões no Atlântico Sul

Mesmo com todas as manchetes sobre furacões atingindo os Estados Unidos, existe uma tempestade que se coloca acima de todas as demais, pela forma como apanhou de surpresa a comunidade científica. Não foi o Katrina, que arrasou Nova Orleans e matou mais de mil pessoas. Não foi o Rita, outro monstro de categoria 5, que mais uma vez inundou partes da cidade apenas um mês depois do Katrina. Tampouco foi o furacão Wilma, que num só dia cresceu de tempestade tropical menor para se converter no maior furacão jamais registrado na bacia do Atlântico. Não. A tempestade que realmente fez os especialistas em previsão coçarem a cabeça, desnorteados, ocorrera um ano antes, em 2004. E atacou uma parte do mundo que supostamente nunca é atingida por furacões. Recebeu o nome de Catarina e atingiu a costa do Brasil.

O conhecimento científico normalmente aceito afirma que os furacões só podem se formar onde as temperaturas na superfície do mar chegam a 26,5°C. Tal como de oceanos quentes, as tempestades tropicais também necessitam de baixos "ventos cortantes", ou seja, ventos que atravessam grandes altitudes e que podem cortar pela metade o vórtex de uma tempestade em desenvolvimento. Essas condições, como qualquer meteorologista saberá explicar, só acontecem na região tropical do Atlântico Norte. Jamais um único furacão no Atlântico Sul foi documentado, ou melhor, antes de março de 2004. De fato, quando um estranho redemoinho de nuvens começou a se formar ao largo da costa do Brasil em 20 de março de 2004, os meteorologistas locais não davam crédito ao que viam. Um furacão no Atlântico era uma coisa tão inaudita que muitos deles ainda se recusavam a empregar a palavra "furacão", quando o Catarina — que além disso vinha com ventos de 153 quilômetros por hora e chuvas torrenciais — varreu o litoral próximo à cidade de Torres, arrasando 30 mil casas e matando muitas pessoas. Muitos dos que sofreram as conseqüências também se recusaram a crer na possibilidade de furacões no Brasil, e não acharam necessário proteger-se em abrigos quando a tempestade cresceu em direção à praia.

Na inevitável análise meteorológica posterior parecia de fato que a tempestade fora simplesmente um absurdo, dessas experiências únicas para os que a sofreram. O que era estranho é que as temperaturas marítimas não estavam extraordinariamente elevadas quando ela começou a ganhar força. Em vez disso, o que realmente imprimiu ao Catarina aquele impulso foi uma rara combinação de outros fatores atmosféricos, significando que o vórtex da tempestade recebera muito pouco do fatal vento cortante, que normalmente impede a formação de furacões no Atlântico Sul. É um quadro complexo, porém levanta uma questão bastante óbvia: irá o aquecimento global — além de tornar mais quentes os mares e por isso desencadear furacões com maior probabilidade — criar com regularidade condições mais favoráveis para que os ciclones tropicais ganhem força em novas regiões, como a do Atlântico Sul?

Dois meteorologistas da Austrália, Alexandre Bernardes Pezza e Ian Simmonds, apresentaram essa questão em seu relatório científico, fazendo uma detalhada análise do Catarina, que foi publicada em agosto de 2005 pelo jornal *Geophysical Research Letters*. A conclusão deles foi experimental, porém continha um alarmante prognóstico: parecia de fato que a atmosfera em aquecimento teria favorecido as condições propícias à formação do furacão em região tão inesperada. "Por isso", escreveram eles, "há evidências que indicam que o Catarina pode estar ligado às mudanças climáticas na circulação do hemisfério sul, e é mais provável que possam ocorrer outros furacões no Atlântico Sul, sob condições de aquecimento global."

Se apenas 0,8°C de aquecimento global até agora já permitiu a formação de um furacão, futuramente mais outro grau de aquecimento poderá tornar as tempestades muito mais possíveis nessa região vulnerável. Não só os brasileiros terão, com maior freqüência, de pregar tábuas nas janelas — e talvez evacuar grandes áreas de seu litoral densamente povoado —, como também os serviços de previsão de furacões terão de ser ampliados para uma bacia oceânica inteiramente nova.

A estação de furacões no ano seguinte, 2005, também guardava uma surpresa, indicando que o Brasil não será a única região a ter de manter um olho vigilante nos ciclones tropicais, em nosso futuro globalmente aquecido. Em 9 de outubro de 2005 uma nova tempestade tropical surgiu cerca de 80 quilômetros a sudeste dos Açores, no Atlântico Leste, e rapidamente ganhou força até chegar à condição de furacão, ao passar pela ilha da Madeira, em Portugal. Por sorte o furacão Vince perdeu força antes de atingir a terra, próximo a Huelva, na Espanha. Mas estabeleceu um novo recorde como o primeiro ciclone tropical a atingir a Europa.

Mais uma vez, o conhecimento convencional sustenta que as tempestades tropicais só se podem formar sobre águas mais quentes, a milhares de quilômetros da península Ibérica. No momento em que escrevo, os meteorologistas tropicais ainda estão tendo de analisar detalhadamente a incomum combinação de fatores responsáveis pelo Vince, porém de novo a dedução é bem clara: à medida que se acelera o aquecimento global, toda a experiência anterior sobre áreas de formação de furacões não mais constitui necessariamente um guia confiável sobre o futuro. Muitos outros especialistas em previsão de furacões podem ficar intrigados e desanimados antes de admitirem por fim que não só o Brasil, mas agora também a Europa, já está vulnerável a essas pavorosas tempestades.

De fato, existem agora evidências de como isso poderá acontecer: um artigo publicado em julho de 2007 por climatologistas espanhóis e alemães, observando a simulação de tempestades num modelo de computador, indica que a totalidade do Mediterrâneo poderá em breve chegar à linha de fogo, quando as temperaturas marítimas subirem a níveis capazes de desencadear genuínos ciclones tropicais — numa região que jamais os presenciou antes. O maior número de ciclones virtuais apareceu na parte mais quente do Mediterrâneo, entre a Itália e a Líbia, e uma vez formadas, as poderosas tempestades perduraram por uma semana ou mais. Um furacão gerado em computador formou-se na parte leste do Mediterrâneo e depois se desviou para o oeste, seguindo em direção ao litoral sul da França — para assombro dos cientistas que observavam. Outra tempestade formou um firme e simétrico olho de chuvas torrenciais, exatamente como acontece com os verdadeiros ciclones tropicais. A idéia de que os litorais outrora tranqüilos da Espanha até o Chipre estejam sob o risco de furacões, num futuro globalmente aquecido, é uma das mais espantosas projeções jamais feitas pelo mundo de modelos do clima.

Já as evidências do mundo real estão rapidamente emergindo, demonstrando que as características dos furacões estão se modificando à medida que os oceanos do mundo ficam mais quentes. Um dos avós da física dos ciclones tropicais, Kerry Emanuel, do Massachusetts Institute of Technology, publicou recentemente um artigo na revista *Nature* que desencadeou a sua própria tempestade acadêmica. Em oposição à visão habitual de que o aquecimento global é ainda um indício demasiadamente pequeno para produzir um impacto mensurável sobre os "ciclones tropicais", Emanuel examinou mais uma vez os dados e concluiu que as tempestades *estavam* efetivamente se tornando mais intensas e demoradas devido em parte à elevação das temperaturas marítimas provocadas pelo aquecimento global. O índice de intensidade das tempestades não subira simplesmente em alguns pontos percentuais nos últimos 30 anos, tampouco: na verdade, ele dobrou. Um aumento muito maior do que qualquer modelo ou teoria já havia previsto.

Os dados e os métodos de Emanuel foram questionados desde então, numa discussão acadêmica demasiadamente técnica para que a analisemos aqui, mas vale a pena observar que as conclusões dele foram apoiadas por outro trabalho, dessa vez publicado na *Science* por um grupo de especialistas do Georgia Institute of Technology, em Atlanta. Analisando quase os mesmos dados sobre as tempestades — recolhidos nas últimas três décadas por aviões, satélites e navios —, essa equipe científica identificou um grande aumento no número e na proporção desses furacões, que chegaram às categorias mais fortes de 4 e 5, apesar de um decréscimo geral no número de ciclones.

Tal como Emanuel, a equipe examinava tanto os dados sobre o oceano Pacífico quanto sobre o Atlântico, a fim de elaborar um quadro global. E também como ele (embora empregassem uma medida estatística diferente), os epecialistas do Georgia Institute verificaram quase a duplicação do número das mais fortes tempestades entre 1970 e 2004. A equipe concluiu que a subida dos furacões para as categorias 4 e 5 não devia resultar dos ciclos climáticos naturais, mas sim que provavelmente estaria ligada às temperaturas em elevação nos oceanos tropicais.

Um ano depois, em 2005, após a temporada de furacões do Atlântico naquele ano, que bateu o recorde — deixando mil mortos, um milhão de pessoas sem casa e um prejuízo de 200 milhões de dólares —, dois importantes climatologistas tentaram resolver a discussão para saber se o aquecimento global contribuiu ou não para a série de tempestades catastróficas. Ao observarem que as temperaturas quentes do mar medidas naquele ano — as mais altas de todos os tempos — sem dúvida alguma contribuíram para a ferocidade do Katrina, do Wilma, do Rita e das outras tempestades do ano de 2005, Kevin Trenberth e Dennis Shea usaram complexos cálculos matemáticos para demonstrar até que ponto o sinal de alarme do aquecimento do Atlântico era devido ao aquecimento global, e até que ponto se devia aos ciclos naturais. A conclusão devia ser um chamado para que afinal todos nós despertemos: no mínimo, metade do calor era proveniente do aquecimento global de causa humana. Como muitos já haviam suspeitado na época, o Katrina só em parte foi um desastre natural.

A submersão do atol

Detesto ter de mencionar isso de forma tão brusca, mas provavelmente nada poderá salvar a ilha de Tuvalu, no Pacífico. Como um caldeirão que ferve lentamente, o sistema oceânico tem uma resposta de longuíssimo prazo às mudanças nas condições, e os mares continuaram crescendo devagar, durante séculos, mesmo que todas as emissões de gases-estufa se detenham amanhã mesmo. Com Tuvalu já sofrendo enchentes com regularidade, devido à subida do nível do mar no passado — como já documentei em *High Tide* —, essa elevação extra dos oceanos do mundo fará repicarem os sinos fúnebres para aquela sociedade insular fascinante e vivaz.

Tuvalu, com apenas 9 mil habitantes, é atualmente um dos menores dos cinco países localizados em atóis, e que em breve deixarão de existir. Os outros são: Kiribati, irmã de Tuvalu no mesmo grupo de atóis, com uma população de 78 mil habitantes; as ilhas Marshall, com 58 mil; a pequena Tokelau (2 mil habitantes, um território dependente da Nova Zelândia); e as Maldivas, o maior e mais densamente povoado de todos os grupos insulares, com 268 mil habitantes. Somado à população deslocada das áreas litorâneas de outras ilhas, que não constituem atóis, isso já totaliza cerca de meio milhão de pessoas que, repentinamente divorciadas da sua cultura e de suas origens, terão de procurar novos lares. A Nova Zelândia já se ofereceu timidamente para receber um pequeno número de habitantes de Tuvalu, porém nenhum outro país deu qualquer passo para se oferecer como local de refúgio, muito menos os países ricos, que, antes de tudo, foram os que mais provocaram o problema.

A menos que incitado pelo surgimento de algum grande furacão ou tempestade, o fim para os países situados sobre atóis não será rápido, nem catarticamente dramático. Pelo contrário, será a morte à custa de mil pequenas incisões, a diminuição gradativa da capacidade de cada uma dessas nações se sustentar, enquanto os jovens perdem a confiança no futuro e os idosos mergulham em consoladores sonhos com o passado. Cada pedacinho de praia que se perde, cada jardim engolfado pela água salgada, cada coqueiro que cai sobre as ondas irá acrescentar-se ao repicar fúnebre dos sinos. Décadas antes que o derradeiro pedaço de coral desapareça no fundo do mar, os serviços da comunidade decairão, as crianças irão emigrar, as escolas serão fechadas e o tecido de toda uma nação começará a desmanchar-se.

Tenham sempre em mente que, enquanto os próximos capítulos deste livro forem se sucedendo, os países sobre atóis, desconhecidos e na maioria esquecidos, estarão submergindo, pedacinho por pedacinho.

2

Dois graus

As cidades que passam sede na China

Tome-se o trem de Hohhot até Lanzhu, no norte da China, e se atravessará uma estranha região de terras áridas extremamente atingidas pela erosão, onde profundos sulcos e penhascos se amontoam ao longo dos trilhos do trem, enquanto ele vai ondulando por um estreito desfiladeiro fluvial. Em vários locais foram abertas cavernas no despenhadeiro. A história delas é muito obscura, mas talvez elas fossem usadas por nômades, ou por pessoas expulsas das cidades, ou mesmo por dissidentes comunistas querendo insuflar o povo contra o nacionalismo nos anos 1930. Uma explicação mais simples seria que elas foram abertas por operários da construção da ferrovia, que trabalhavam na abertura da estrada em meio ao frio, aos ventos e a uma terra inóspita.

Essas terras áridas constituem os limites do planalto de loess* da China, uma gigantesca área de terra compacta, de centenas de metros de profundidade, depositada durante milhares de anos por tempestades de areia e fortes ventos que rugiam, provenientes do deserto de Gobi, na Mongólia. Esse planalto seco pode não ser muito bom para a agricultura, para as pastagens ou qualquer outra coisa (além de escavar grutas), mas constitui um verdadeiro

* Solo de coloração amarela, formado por sedimentos depositados pelo vento, encontrado em parte da Europa e principalmente na China. (N.R.T.)

tesouro para os paleoclimatologistas, que usam as suas camadas de poeira perfeitamente preservadas para reconstruir as flutuações dos antigos climas por toda a região norte da China.

Foi com esse propósito em mente que uma equipe de cientistas chineses de Lanzhou percorreu a pé as trilhas de quatro sítios arqueológicos do planalto de loess em 1999, perfurando mais de 30 metros naquele solo compacto, antes de extraírem cuidadosamente segmentos dele para levá-los de carroça para o laboratório. Perto da base de cada segmento encontrava-se o alvo da pesquisa: uma camada de solo pré-histórico — no jargão especializado, "paleossolo" — datando do Eemiano interglacial, o período quente anterior ao início da última era glacial. Os registros climáticos preservados nessa hostil camada marrom-avermelhada revelariam soluções não só sobre o passado, mas também sobre o futuro.

Como a África e o subcontinente indiano, o norte da China está sujeito a um ciclo anual de monções. No verão, o ar úmido sopra ali proveniente do oceano, trazendo fortes chuvas para o sul. No inverno, entretanto, o padrão se inverte, e fortes ventos se precipitam do norte, trazendo poeira e temperaturas geladas. Os cientistas de Lanzhou, empregando técnicas complexas para medir o tamanho das partículas e os dados magnéticos dos segmentos de paleossolo, puderam tirar conclusões a partir da sua amostra sobre a alteração de força das monções há 129 mil anos, quando o clima do Eemiano foi ficando gradativamente mais quente. Devido ao tempo que leva para os oceanos absorverem o calor, parece que a monção de inverno seco respondeu muito mais depressa à mudança das condições do que a do verão. O resultado foi um período de seca e de tempestades de areia em escala continental antes que a monção do verão avançasse bem mais para o interior, para trazer chuvas significativas para o planalto de loess.

Seria então plausível que tal mecanismo se repetisse num mundo dois graus mais quente? Os estudos dos sedimentos do oceano Pacífico indicam que o auge do Eemiano interglacial assistiu a temperaturas globais de cerca de um grau a mais que hoje, fazendo-se desse período uma analogia potencialmente útil com um clima mais quente no futuro — em particular na medida em que as temperaturas regionais, num grande continente como a Ásia, teriam sido cerca de um grau superior que a média global. E se de fato o clima de monções da China levou mais tempo para fazer a transição de frio/seco para quente/úmido 120 mil anos atrás, como crêem alguns cientistas, na verdade isso indica uma possível causa para as secas e as temperaturas em elevação que atingiram o norte da China nos últimos anos. Assim, enquanto o sul da China pode esperar mais enchentes à medida que o clima se torne mais quente, a demora de reação oceânica indica que pode levar muito mais tempo para que a monção de verão, trazendo chuvas, chegue até o norte atingido pela seca. Com a China dividida entre os dois extremos, a agricultura inevitavelmente irá sofrer, e cidades com carência de água, como Pequim e Tianjin, continuarão sofrendo racionamentos, sobretudo na medida em que a economia cresce numa espiral e os aqüíferos do subsolo são utilizados até secar. O governo chinês começou a construção de um grande projeto de transferência de água, com o objetivo de retirar bilhões de metros cúbicos de água do rio Yangtsé, no sul, para as cidades que estão passando sede, no norte. Entretanto, mesmo esse megaprojeto — o maior jamais construído sobre o planeta — irá (caso funcione, o que muita gente duvida) encontrar dificuldades em manter as torneiras jorrando. Com uma falta de água crônica, a China não só irá lutar para desenvolver um estilo de vida mais próspero, mas terá de lutar também para alimentar-se.

Oceanos ácidos

Os gases-estufa liberados mais ou menos nos últimos 100 anos não modificaram só o clima. Também começaram a alterar as condições no maior de todos os hábitats planetários: os oceanos. No mínimo, metade do dióxido de carbono liberado toda vez que entro num avião, ou ligo o ar-condicionado, vai acabar nos oceanos. Pode parecer um bom lugar para a natureza ir despejá-lo, porém a química dos oceanos é muito complexa e delicada. Por natureza, os oceanos são ligeiramente alcalinos, permitindo que muitos animais e plantas que habitam os mares construam conchas de carbonato de cálcio.

Entretanto, o dióxido de carbono se dissolve na água formando o ácido carbônico, aquele mesmo ácido fraco que nos provoca um leve arrepio toda vez que tomamos um gole de água com gás. Isso é ótimo numa garrafa de Perrier, mas passa a não ser tão bom assim se começa a acontecer numa proporção gigantesca e em todos os oceanos do planeta. E, na verdade, esse processo já começou: os seres humanos já conseguiram reduzir a alcalinidade dos mares em 0,1 unidade de pH. Como declara o professor Ken Caldeira, do Departamento de Ecologia Global da Carnegie Institution: "A taxa atual de absorção de dióxido de carbono está aproximadamente 50 vezes mais alta que o normal. Em menos de 100 anos, o pH dos oceanos irá cair até meia unidade abaixo de seu ponto natural, de 8,2 para cerca de 7,7." Isso pode não parecer muita coisa, mas esse meio ponto na escala do pH representa um aumento cinco vezes maior na acidez. E devido ao fato de os oceanos só circularem muito lentamente, por mais que os níveis atmosféricos de dióxido de carbono se estabilizem — quem sabe a humanidade se dê conta, afinal, da sua parte no aquecimento —, tais alterações na química oceânica ainda persistirão por milhares de anos.

Essa área de rápida evolução da pesquisa científica foi tema de um importante relatório da Royal Society em junho de 2005, identificando algumas das principais preocupações que cada vez mais tiram o sono dos biólogos marinhos. Antes de mais nada, existe a possibilidade de que mesmo com emissões relativamente pequenas no futuro, durante este século (equivalendo a dois graus, ou menos, de aquecimento da temperatura), grandes regiões dos oceanos do sul e de parte do Pacífico irão tornar-se efetivamente tóxicas para organismos com conchas de carbonato de cálcio, por volta do ano 2050. Com maiores emissões, na verdade, a maior parte de todo o oceano planetário se tornará por fim muito ácida para sustentar a vida calcária marinha.

As mais importantes formas de vida a serem afetadas são as que formam a base da cadeia alimentar oceânica: o plâncton. Embora minúsculos individualmente (apenas alguns milionésimos de milímetro de tamanho), os plânctons que realizam a fotossíntese, ou fitoplânctons, assim como também os cocolitóforos,* são talvez o mais importante recurso vegetal sobre a Terra. No mínimo eles abrangem a metade de toda a produção primária da biosfera — o equivalente a todas as plantas da superfície reunidas —, formando muitas vezes florações tão extensas que mancham de verde a superfície do oceano, e podem ser facilmente fotografadas do espaço. Os lugares onde os fitoplânctons se desenvolvem constituem as zonas de produção de alimento dos oceanos do planeta: todas as maiores espécies, desde a cavala

* Algas unicelulares. (N.R.T.)

até as baleias jubarte, dependem em última instância deles. Entretanto, os cocolitóforos têm uma estrutura de carbonato de cálcio, e isso os torna particularmente vulneráveis à acidificação oceânica. Quando os cientistas simularam os oceanos do futuro, bombeando artificialmente altos níveis de CO_2 dissolvidos em regiões de fiordes noruegueses, observaram com desânimo as estruturas dos cocolitóforos primeiro serem corroídas, e em seguida começarem a se desintegrar por completo.

A acidificação irá também afetar diretamente outras criaturas oceânicas. Os caranguejos e os ouriços-do-mar precisam de suas carapaças para sobreviver, enquanto as guelras dos peixes são muito sensíveis à química do oceano — da mesma forma que os nossos pulmões são sensíveis ao ar. Os mexilhões e as ostras, de importância vital tanto para os recursos econômicos quanto como parte dos ecossistemas litorâneos por todo o mundo, perderão a sua capacidade de construir conchas resistentes até o final do século — e irão dissolver-se completamente, caso os níveis atmosféricos de CO_2 cheguem a 1.800ppm (partes por milhão: essa medida, ppm, significa que para cada milhão de litros d'água há 1.800 litros de dióxido de carbono). Os corais tropicais, já seriamente atingidos pelo branqueamento, serão cada vez mais corroídos por esse ácido oceânico. Se alguém caminhar sobre um recife do mar no ano 2090, é possível que ele desmorone sob seus pés. Os navios, em vez de se romperem ao se chocar com rochedos de corais, poderão ver-se penetrando neles como se fosse numa esponja. Na verdade, fica difícil exagerar o perigo do experimento que estamos realizando hoje nos oceanos do mundo. Como diz um biólogo marinho: "Estamos correndo um grande risco. As condições químicas oceânicas daqui a 100 anos provavelmente não terão equivalente no passado geológico, e organismos de importância fundamental podem não ter mecanismos para se adaptarem às mudanças."

Os fitoplânctons são também cruciais para o ciclo global do carbono. Coletivamente, eles constituem o maior produtor de carbonato de cálcio da Terra, tirando de circulação bilhões de toneladas de carbono quando as suas conchas de calcário se precipitam sobre o leito oceânico. Não há nada de novo nesse processo: a cal nos penhascos e colinas do sul da Inglaterra formou-se originalmente do lodo calcário de incontáveis bilhões de cocolitóforos mortos desde o período Cretáceo. Entretanto, considerando que os oceanos se tornam cada vez mais ácidos, esse crucial componente do ciclo de carbono do planeta poderá ir pouco a pouco esfacelando-se, até desaparecer completamente. Com menos plâncton para fixar e remover o carbono, maior quantidade deste último permanecerá nos oceanos e na atmosfera, agravando ainda mais o problema.

Os fitoplânctons também são diretamente atingidos pelo aumento das temperaturas porque as águas mais quentes na superfície oceânica interrompem o suprimento de nutrientes de que essas pequeninas plantas necessitam para se desenvolver. Como acontece com a acidificação, as mudanças já estão sendo detectadas hoje: em 2006 os cientistas registraram um declínio na produtividade dos plânctons de 190 megatoneladas por ano, como resultado da tendência atual de aumento das temperaturas. Esses dois fatores juntos, o aquecimento e a acidificação, representam um duplo golpe arrasador na produtividade oceânica. Como diz Katherine Richardson — professora de oceanografia biológica da Universidade de Aarhus, na Dinamarca: "Essas criaturas marinhas prestam enorme serviço à humanidade ao absorverem a metade do dióxido de carbono que produzimos. Se as eliminarmos, esse processo irá parar. Estamos alterando toda a química dos oceanos sem fazer a menor idéia das conseqüências."

Eliminar os fitoplânctons acidificando os oceanos é o mesmo que lançar veneno sobre ervas daninhas na maior parte da vegetação do mundo, desde as florestas tropicais úmidas até os prados e a tundra do Ártico, e terá também efeitos catastróficos. Assim como os desertos irão se espalhar na Terra, com a aceleração do aquecimento global, também irão se propagar os desertos marinhos nos oceanos, na medida em que o aquecimento e a acidificação aumentam sem parar.

O mercúrio sobe na Europa

Em circunstâncias normais, o corpo humano se sai bem ao lidar com o calor em excesso. Os capilares sob a pele ficam vermelhos de sangue, permitindo que o calor extra se irradie pelo ar. As glândulas sudoríparas bombeiam a umidade para fora, desfazendo-se do calor por meio da evaporação. O calor pode mesmo perder-se na respiração, e o coração bate mais acelerado. Durante os exercícios, a temperatura normal do corpo, de 37°C, pode subir até 38°C ou 39°C graus sem nenhum efeito ruim.

O ano de 2003, no entanto, não teve um verão normal, e a onda de calor que a Europa experimentou nos meses de junho, julho e agosto também não produziu circunstâncias normais. Na Suíça, os termômetros subiram acima de 30°C já em 4 de junho, chegando a um máximo de 41,1°C no sudeste do país no dia 2 de agosto — o mesmo tipo de temperatura seca muito mais associada ao deserto da Arábia do que à Europa central. Por todo o continente, os recordes se acumularam: na Grã-Bretanha as tempestades atingiram pela primeira vez os 100 graus Fahrenheit. As praias ficaram lotadas com veranistas que foram desfrutar o calor, mas em grandes cidades como Paris um desastre oculto estava se preparando.

Os primeiros sintomas de estresse pelo calor podem ser de menor importância. Um indivíduo afetado irá sentir-se levemente nauseado e tonto, e talvez sinta certa irritação com as pessoas à sua volta. Este ainda não é um caso de emergência: deitar por aproximadamente uma hora, em um lugar mais fresco, bebendo água, pode curar a exaustão pelo calor, e os sintomas não duram muito tempo. Mas em Paris em agosto de 2003 não havia lugares mais frescos, principalmente paras os mais idosos, engaiolados em seus apartamentos abafados. Não eram tanto as temperaturas altas do dia, mas sim o fato de que as noites não refrescavam o suficiente para o corpo ter tempo de se recuperar. Os efeitos eram cumulativos, e a mais perigosa forma de estresse pelo calor, freqüentemente fatal, tornou-se então a mais provável: a hipertermia, ou colapso pelo calor.

Uma vez que a temperatura do corpo humano chegue a 41°C, seu sistema termorregulatório começa a falhar. Cessa o suor, e a respiração fica curta e rápida. O pulso se acelera e a vítima pode logo entrar em coma. Se medidas drásticas não forem tomadas para reduzir a temperatura central do corpo, o cérebro fica carente de oxigênio e os órgãos vitais começam a falhar. A morte virá dentro de apenas alguns minutos, a menos que os serviços de emergência possam conduzir rapidamente a vítima para um tratamento intensivo.

Esses serviços de emergência não conseguiram salvar mais de 10 mil parisienses vítimas de hipertermia no verão de 2003. Logo os necrotérios não tinham mais espaço para as centenas de cadáveres, principalmente de idosos e pessoas mais pobres, que eram trazidos todas as noites. A crise provocou um furor político na população, que acusava os políticos e os administradores municipais de estarem mais preocupados com suas longas férias de agosto do que em salvar vidas na capital. As estimativas variam, mas em toda a Europa avalia-se que entre 22 mil e 35 mil pessoas tenham morrido.

A onda de calor e de seca também arrasou o setor agrícola: as perdas nas colheitas chegaram ao total de 12 bilhões de dólares, aproximadamente, enquanto os incêndios florestais em Portugal produziam mais 1,5 bilhão de prejuízos. Rios importantes, como o Pó, na Itália, o Reno, na Alemanha, e o Loire, na França, baixaram a níveis sem precedentes, prejudicando o tráfego de cereais e causando falta d'água para a irrigação e a produção de energia hidrelétrica. Algas tóxicas proliferaram-se nos rios e lagos esvaziados. A taxa de derretimento das geleiras montanhosas dos Alpes duplicou em relação ao recorde anterior, de 1998, e algumas geleiras perderam 10% da sua massa total durante o calor daquele único verão. Enquanto isso — como descrevemos no Capítulo 1 —, o derretimento do *permafrost* provocou o desabamento de rochas em regiões montanhosas, como a do Matterhorn.

Não demoraram muito as perguntas sobre a possível contribuição do aquecimento global para aquele desastre. Os meteorologistas que investigavam as temporadas secas do passado verificaram que a onda de calor de 2003 estava fora da escala estatística — um evento que só acontece em intervalos de vários milhares de anos. De acordo com uma análise feita por climatologistas do Reino Unido, o aquecimento global do século XX já duplicou o risco de uma onda de calor semelhante. Em toda a Europa, segundo pesquisa publicada em 2007, a freqüência de dias extremamente quentes triplicou no século passado, e a duração das ondas de calor no continente foi duas vezes maior. E a conclusão é drástica: a temporada de calor do verão de 2003 não foi um desastre natural.

A intensidade da onda de calor também nos revela algo sobre o futuro. A média das temperaturas tomadas em todo o continente estava 2,3°C acima do normal. Será que isso significa que, num mundo dois graus mais quente, verões como o de 2003 acontecerão todo ano? Parece que sim: no estudo feito no Reino Unido e já mencionado, os cientistas usaram o modelo de computador *Met Office*, do Hadley Centre, para projetar futuras mudanças climáticas com maiores emissões de gases-estufa, concluindo que até os anos 2040 — quando as temperaturas globais, segundo seu modelo, ainda estarão abaixo de dois graus acima das atuais — mais da metade dos verões serão realmente mais quentes que em 2003.

Isso quer dizer que os verões extremos em 2040 serão muito mais quentes que o de 2003, e a taxa de mortalidade, por conseqüência, também irá subir, chegando provavelmente a centenas de milhares de pessoas. Os idosos podem ter de ser retirados por meses inteiros, cada ano, para abrigos com ar-condicionado, e o movimento externo durante a parte mais quente do dia vai tornar-se muito perigoso. As temperaturas poderão chegar a níveis que hoje só são registrados na África setentrional, com os rios e lagos secando e a vegetação murchando pelo continente inteiro. As plantações que requerem chuvas de verão irão assar nos campos, e as florestas mais acostumadas a climas amenos morrerão e pegarão fogo. Em conseqüência, os incêndios catastróficos podem chegar ao norte, a novas regiões, queimando florestas de árvores frondosas, da Alemanha até a Estônia.

O verão de 2003 também permite vislumbrar o que está por vir. Os sistemas de monitoramento de amplitude européia mostraram uma queda de 30% no crescimento das plantas por todo o continente, à medida que a fotossíntese começou a diminuir em resposta à combinação do estresse por alta temperatura com as secas devastadoras. Desde as efêmeras florestas de faias do norte da Europa até os sempre verdes pinheiros e carvalhos do litoral do Mediterrâneo, o crescimento vegetal por toda a extensão de terra se tornará mais lento, até cessar. Em vez de absorverem o dióxido de carbono da atmosfera, as plantas estressadas começam, pelo contrário, a emiti-lo. Cerca de meio bilhão de toneladas de carbono foram acrescentadas à atmosfera pelas plantas européias, o equivalente a 1/12 do total das emissões globais de combustíveis fósseis. Este é um feedback positivo de importância crucial, porque indica que à medida que sobe a temperatura — especialmente durante os episódios de intensa onda de calor — as emissões de carbono das florestas e do solo também sobem, dando impulso adicional ao aquecimento global. E se essas emissões da terra se sustentarem por longos períodos de tempo, e por grandes áreas da superfície terrestre, o aquecimento global poderá crescer numa espiral fora do controle, como irá demonstrar o próximo capítulo.

Perigosamente, podemos ter chegado perto daquele ponto, durante a seca médio latitudinal de 1998-2002 no hemisfério norte, que fez a vegetação murchar em regiões tão distantes quanto o oeste dos Estados Unidos, o sul da Europa e o leste da Ásia. Um estudo demonstrou que as emissões de carbono, que seriam normalmente absorvidas pelas plantas, em vez disso acumularam-se na atmosfera, o que veio a explicar os saltos tão extraordinariamente altos da concentração atmosférica de CO_2 verificados nos anos seguintes. (Saltos esses que provocaram grande inquietação entre muitos observadores das mudanças climáticas, a respeito de já terem ou não começado os feedbacks positivos imediatos.) Mais de um bilhão de toneladas de carbono extra foram lançados na atmosfera por plantas e solos, em resposta à seca e ao calor.

Quando escrevo, a onda de calor de 2003 já começou a se desfazer na memória das pessoas, e os verões "normais" dos dois anos seguintes terão começado a absorver parte do carbono adicional que penetrou na atmosfera, durante aquela temporada fatal.

Mas nós esquecemos o perigo que estamos correndo. O verão de 2003 foi uma "experiência natural", cujas conclusões deveriam ser assimiladas com a maior seriedade. Aquilo não foi apenas o resultado de um modelo de computador, cujas pressuposições e projeções podem ser questionadas. Aconteceu de fato. Além disso, a quase repetição da onda quente de 2003 no verão de 2006 indica que, no mínimo, os modelos estão subestimando a provável freqüência e a gravidade das futuras ondas de calor.

Já fomos avisados.

A queimadura de sol do Mediterrâneo

Talvez as mais impressionantes imagens do verão quente de 2003 tenham vindo de Portugal, onde gigantescos incêndios florestais se espalharam pela paisagem estorricada, destruindo pomares, queimando residências e matando 18 pessoas. No total, uma área quase do tamanho de Luxemburgo foi devastada. As conflagrações foram tão imensas que lançaram nuvens de fumaça diretamente sobre o Atlântico Norte, e os incêndios e a fumaça eram perfeitamente visíveis do espaço. Os incêndios devem ter sido especialmente chocantes para os turistas, muitos dos quais costumam ir em bandos para o sul de Portugal, vindos do norte europeu, em busca de sol, e não de vários dias respirando fumaça.

Entretanto, um estudo demonstra que esses incêndios incontáveis se tornarão uma imagem cada vez mais comum para os veranistas que procuram o sul da Europa e o Mediterrâneo. Simulações de mudanças climáticas mostram aquela região ficando mais e mais seca e quente, à medida que o cinturão subtropical árido desloca-se em direção ao norte, proveniente do Saara. No mundo com mais dois graus, o risco de duas a seis semanas de novos incêndios pode ser esperado para todos os países ao longo do litoral do Mediterrâneo, dos quais as piores regiões serão as do interior, a partir da costa, onde as temperaturas são mais elevadas. Na África setentrional e no Oriente Médio, praticamente o ano inteiro será classificado como "risco de incêndios".

Esses incêndios serão causados por temperaturas cada vez mais abrasadoras. O número de dias com o termômetro subindo a mais de 30°C deverá aumentar em cinco a seis semanas no interior da Espanha, no sul da França, na Turquia, no norte da África e nos Bálcãs. O número de "noites tropicais", quando as temperaturas não descem abaixo dos 20°C, irá ultrapassar um mês, e toda a região pode esperar por quatro semanas adicionais de verão. Uma duplicação do que o estudo chama de "dias extremamente quentes" também foi projetada, enquanto regiões ao redor do Mediterrâneo podem esperar de três a cinco semanas adicionais de "ondas quentes" (definidas como dias com temperaturas superiores a 35°C). Ilhas como a Sardenha e Chipre tendem a escapar do pior apenas graças à influência refrescante do mar.

As altas temperaturas serão agravadas pela seca, com projeções para áreas no sul do Mediterrâneo de perdas de cerca de um quinto das suas chuvas. A Espanha e a Turquia também serão muito afetadas, enquanto regiões do norte terão um declínio de aproximadamente 10% da precipitação de chuvas e um correspondente aumento de duas a três semanas com dias secos. Até um mês extra de seca pode ser esperado para o sul da França, Itália, Portugal e o noroeste da Espanha. A periodicidade das chuvas também irá mudar, acabando com as práticas agrícolas: no sul da França e da Espanha, por exemplo, projeta-se que a estação seca comece três semanas antes, terminando duas semanas depois.

O ar-condicionado nem sempre poderá ser uma opção: com o pico da demanda de energia ocorrendo durante a época mais seca do ano, quando os níveis dos reservatórios já estão baixos, os cortes de energia hidrelétrica poderão levar a apagões durante as piores ondas de calor. Os turistas, principalmente os idosos, precisarão ficar longe devido ao risco de hipertermia, enquanto os habitantes do Mediterrâneo podem realmente preferir passar o verão bem longe, no norte da Europa, em busca de temperaturas mais amenas. Os hábitos de vida terão de se modificar, provavelmente com as pessoas adotando rotinas mais parecidas com as do Oriente Médio ou do norte da África para enfrentar o calor.

A falta d'água se tornará um eterno problema por toda a bacia mediterrânea, particularmente na medida em que algumas áreas litorâneas mais áridas da Espanha e da Itália são também as mais densamente povoadas. Alemães e britânicos ricos, com planos de ir descansar na Espanha, ficarão melhor permanecendo onde estão. Com o calor abrasador e pouca água doce para refrescar, é possível que o fascínio pelo sol não seja mais, afinal, tão grande. O movimento em massa nas últimas décadas de gente vindo do norte da Europa para o Mediterrâneo provavelmente vai se reverter no mundo com dois graus a mais, transformando-se numa desordenada disputa para abandonar as zonas de temperaturas inóspitas, à medida que as ondas de calor do Saara assolem o Mediterrâneo.

Os corais e a calota de gelo

Voltando a 1998, três geólogos canadenses fizeram uma viagem às ilhas Cayman. Não foram lá para tomar sol nem fazer lavagem de dinheiro (atividades que tornaram tão famosas essas ilhas), mas sim para investigar uma estranha elevação de nível de uma camada de calcário em Rogers Wreck, região da grande ilha Cayman. A plataforma, conhecida dos geólogos como *Ironshore Formation*, tem cerca de 20 metros de espessura e contém camadas de antigos corais de centenas de milhares de anos. Aquela formação despertou o interesse dos cientistas porque, se eles conseguissem datar com precisão os corais, a sua altura acima do mar, hoje, os ajudaria a solucionar o mistério de como se modificaram os níveis do mar no passado.

Os recifes de corais tropicais formam-se em águas rasas, e, assim, os corais antigos estão agora acima do nível do mar. Só duas explicações são viáveis: ou o solo subiu, ou o nível do mar baixou. Depois de uma investigação meticulosa, os três cientistas — Jennifer Vezina, Brian Jones e Derek Ford, do Departamento de Ciências Atmosféricas e da Terra da Universidade de Alberta — rejeitaram a hipótese da elevação do solo, concluindo que os níveis do mar no período Eemiano interglacial anterior estavam muitos metros mais elevados que hoje. A conclusão dos cientistas canadenses estava de acordo com outros estudos do mundo inteiro, que também indicaram que os níveis do mar estavam de cinco a seis metros acima do atual durante o Eemiano, 125 mil anos atrás. Uma vez que as temperaturas globais eram então cerca de um grau mais altas que hoje (embora ligeiramente mais altas no Ártico, graças ao efeito polar de amplificação), isso por sua vez levantava outra questão: de onde teria vindo toda aquela água extra?

A primeira suspeita caiu sobre o manto de gelo do oeste da Antártida. Os glaciologistas há muito desconfiavam que ela poderia ser sensível a pequenas mudanças de temperatura, e no total ela contém gelo bastante para elevar o nível dos mares até cinco metros. De fato, já em 1978 um artigo na revista *Nature* advertia que a calota de gelo constituía "uma ameaça de desastre" — advertência esta que hoje está ainda mais premente, como vai revelar o Capítulo 4. Porém, as tentativas de modelar a destruição da calota de gelo mostraram-se inconclusivas, e em 2000 foi proposto um contribuidor inteiramente novo para a elevação do nível do mar: a Groenlândia.

A calota de gelo da Groenlândia contém água suficiente, em seu volume de três quilômetros de espessura, para fazer subir o nível do mar em sete metros, e quando os cientistas investigaram núcleos perfurados da parte superior da camada de gelo chegaram a uma surpreendente conclusão. A Groenlândia na verdade havia encolhido significativamente durante o período Eemiano — de fato, tanto que a maior parte da massa de terra do sul e do oeste ficou livre por completo do gelo por milhares de anos. Na verdade, recentemente surgiram evidências de que a Groenlândia foi outrora recoberta por florestas, em regiões que hoje se encontram debaixo de dois quilômetros de gelo — embora isso possa ter acontecido num período interglacial anterior ao Eemiano (e um pouco mais quente). Com um pico mais baixo, flancos mais íngremes e uma extensão muito reduzida, o manto de gelo do Eemiano, segundo a conclusão dos cientistas, teria contribuído com o aumento dos níveis globais do mar, na época, com uma faixa entre 4 e 5,5 metros. Isso, com contribuições de menor monta da Antártida e de outras geleiras, além de certa expansão térmica da água marinha, poderia explicar os altos níveis do mar.

Na época, o estudo foi recebido com algum espanto, mas só anos mais tarde as suas implicações começaram realmente a ser compreendidas. Retrospectivamente, talvez isso seja surpreendente: o estudo continha nítidas evidências de que um clima com cerca de um grau mais quente do que hoje poderá derreter bastante gelo na Groenlândia, capaz de inundar as cidades litorâneas por todo o planeta, cidades que abrigam milhões de pessoas. Tampouco ele era original: trabalhos mais recentes confirmam que a contribuição da Groenlândia para o aumento dos níveis do mar do Eemiano foi, de fato, de dois a cinco metros.

O relatório de 2001 do Painel Intergovernamental sobre Mudanças Climáticas (IPCC) concluiu, efetivamente, que temperaturas mais altas iriam por fim derreter o manto de gelo da Groenlândia — porém dentro de séculos apenas, ou de milênios, e foi considerada uma contribuição muito pequena da Groenlândia nas projeções de aumento do nível do mar: uma faixa entre nove e 88 centímetros para o século XXI. Segundo as advertências, não se tratava de alguma coisa terrivelmente urgente: a maioria das pessoas tem dificuldade de se preocupar com o que vai acontecer daqui a 100 anos, e muito mais se seus descendentes distantes, no ano 3000, haverão de ficar com os sapatos encharcados.

Um homem declarou discordar completamente daquilo, e não se tratava de um desses naturalistas "naturebas", que podem ser facilmente descartados: a nova advertência vinha de James Hansen, cientista da Nasa, cujo depoimento ao Congresso, naquele quente verão de 1988, tanto fez para que, pela primeira vez, se colocasse o aquecimento global na agenda internacional. Hansen escreveu um artigo, em sua típica linguagem direta, cujo título era "Será possível neutralizarmos a bomba-relógio do aquecimento global?", publicado depois pela revista *Scientific American*, onde fazia a pergunta crucial: "A que velocidade irão os mantos de gelo reagir ao aquecimento global?". O artigo criticava as garantias do IPCC de que o derretimento do manto de gelo seria gradual, mesmo num mundo em rápido aquecimento, palavras que Hansen achou que minimizavam a urgência da nossa situação.

Ele observou, ao contrário, que uma elevação da temperatura global superior a um grau poderá desestabilizar mantos de gelo polares suficientes para produzir elevações no nível do mar, até o ano 2100, muito maiores do que os modestos 50 centímetros, mais ou menos, considerados prováveis pelo IPCC. No fim da última era glacial, por exemplo, os níveis globais do mar subiram um metro a cada 20 anos, por quatro séculos, submergindo recifes de corais no Havaí e também os litorais mais baixos. Essa dramática enchente, batizada como Meltwater Pulse 1A pelos cientistas, ocorreu há 14 mil anos, quando os gigantescos mantos de gelo da última era glacial finalmente desmoronaram, dando lugar ao mais tépido Holoceno.

O que já aconteceu antes poderá acontecer novamente, afirmou Hansen, sobretudo levando-se em conta a enorme carga atmosférica de gases-estufa de hoje em dia, cujo impacto climatológico ultrapassa em muito as pequenas mudanças orbitais que regem as transições entre as eras glaciais e interglaciais. Exatamente como no passado, as futuras mudanças no manto de gelo poderão ser — para empregar a expressão de Hansen — "explosivamente rápidas".

Entretanto, Hansen obteve pouco apoio, até o ano seguinte, quando uma equipe de modeladores européia apresentou um número real para o limite crítico do derretimento da Groenlândia: 2,7°C. Esse número, além disso, não se referia ao aquecimento *global*, mas sim ao regional. Uma vez que o Ártico se aquece mais depressa que o planeta como um todo, esse ponto de desequilíbrio será ultrapassado mais cedo na Groenlândia do que a média global. Devido à amplificação polar, informou outra equipe de cientistas, a Groenlândia esquenta numa proporção 2,2 vezes maior que a planetária. Se dividirmos um número pelo outro, o resultado irá fazer soar o alarme pelas cidades costeiras de todo o mundo: a Groenlândia irá entrar numa fusão irreversível, quando as temperaturas globais ultrapassarem simplesmente 1,2°C.

Essas são as más notícias. As boas são que, segundo esse estudo, o manto de gelo da Groenlândia só irá se contrair lentamente, ao longo de milênios, até assumir o formato de uma ilha menor. Com níveis de aquecimento mais elevados (até oito graus regionalmente, por exemplo, se não forem reduzidas as emissões de gases-estufa), a maior parte do manto de gelo desaparecerá nos próximos mil anos, concedendo ainda à humanidade bastante tempo para que possa preparar-se para os sete metros de inundações, embora as regiões mais baixas já tenham submergido muito antes.

Além disso, parte do derretimento será contrabalançada por maiores precipitações de neve, levando a uma camada mais espessa no centro. Esse é mais um resultado das temperaturas em elevação, na medida em que uma atmosfera mais quente pode reter mais vapor d'água. Grande parte da Antártida e do interior da Groenlândia é classificada como "deserto polar", porque simplesmente faz frio demais para que a neve caia em significativas quantidades. Evidências já indicam que áreas de manto de gelo da Groenlândia, acima da linha de contorno de 1.500 metros, estão acumulando neve e gelo novo (numa proporção de 6 centímetros por ano, segundo um estudo). Tem-se sugerido que uma camada mais espessa de gelo na Groenlândia poderia contrabalançar a elevação dos níveis do mar.

Mas as evidências do mundo real se contrapõem a esses quadros otimistas, indicando que, afinal de contas, Hansen pode estar certo. Os modelos nos quais se baseiam as previsões de fusão do gelo na Groenlândia operam por meio de avaliações da diferença entre a perda de água proveniente de futuros degelos e o acúmulo de gelo de futuras precipitações de neve. Existem, no entanto, muito mais coisas na dinâmica do manto de gelo do que apenas a fusão e a precipitação de neve. Vastas quantidades de gelo estão constantemente afastando-se do centro da Groenlândia em gigantescas geleiras que surgem ao longo dos fiordes e despejam os icebergs no mar. Essas geleiras podem ter um efeito imediato sobre a estabilidade do manto de gelo e, no entanto, elas não se encontram devidamente relacionadas nos modelos. "Os atuais modelos tratam o manto como se fosse apenas um cubinho de gelo se dissolvendo, e o que estamos verificando é que a coisa não é assim tão simples", comenta Ian Howat, especialista nas geleiras da Groenlândia.

Em particular, à medida que acontece o derretimento na superfície, rios inteiros mergulham em buracos no gelo, chamados moinhos, até chegarem ao leito rochoso por debaixo do manto. Essa água proveniente do derretimento age, então, como um lubrificante por baixo do gelo, acelerando a movimentação das geleiras em direção ao mar. Como declarou um glaciologista à revista *Nature*: "Ao longo do litoral, todas as geleiras estão se afinando loucamente, e também se deslocam mais depressa do que deviam. As mudanças iniciadas nas regiões litorâneas irão propagar-se para o interior com muita velocidade." Quando Byron Parizek e Richard Alley, ambos glaciologistas da Penn State University, dos Estados Unidos, fizeram a primeira tentativa de incluir, num modelo de manto de gelo, a lubrificação pela água oriunda de degelo, verificaram que isso efetivamente produziu o afinamento do manto de gelo sobre a Groenlândia, dando uma contribuição maior à elevação do nível do mar.

As geleiras da Groenlândia estão também se modificando muito mais depressa do que se podia esperar. A maior fusão de geleira na massa total de terra, a de Jacobshavn Isbrae, no sudoeste, é de tal modo gigantesca que só ela provocou um impacto perceptível sobre os níveis globais do mar, respondendo por 4% da elevação do nível no século XX. Não só o imenso rio de gelo estreitou-se numa fantástica proporção de 15 metros por ano, desde 1907 (o que corresponde aproximadamente a quatro andares de um edifício por ano), como também o seu fluxo mais do que duplicou entre 1997 e 2003, indicando que uma crescente quantidade de gelo da Groenlândia está sendo arrastada para o mar. Para enfatizar essa mudança anormal, a camada flutuante de gelo de Jacobshavn Isbrae sofreu agora uma desintegração quase total, despejando um exército de icebergs ao longo da costa.

No lado leste da calota de gelo, uma segunda geleira também sofreu drásticas mudanças. Uma equipe de pesquisadores dos Estados Unidos, liderada por Ian Howat, estudou fotos por satélite do comportamento da geleira de Helheim entre 2000 e 2005, e se espantou ao descobrir que não só a fusão do gelo se havia acelerado, como, além disso, a geleira se afinara em mais de 40 metros, recuando vários quilômetros até o seu fiorde. Aproximadamente metade desse afinamento se deve à crescente fusão da superfície: nos últimos anos, áreas cada vez mais amplas da Groenlândia têm vencido o congelamento, e agora milhares de lagos com uma água azul, proveniente do descongelamento, espalham-se pela superfície do gelo durante o verão. Esse resultado é conseqüência da aceleração da taxa de fusão glacial, chegando ao ritmo de descongelamento de 11 quilômetros por ano.

Essa corrente mais veloz traz maior quantidade de gelo descendo do vale, afinando a geleira assim como um elástico fica mais fino ao ser esticado. Durante esse processo, que agora se repete nas geleiras imediatamente ao redor da calota de gelo, bilhões de toneladas adicionais de gelo estão sendo despejadas no Atlântico Norte, elevando ainda mais os níveis do mar. Segundo Howat, o afinamento atingiu um "ponto crítico" que começou "a mudar drasticamente a dinâmica da geleira". A conclusão é arrasadora: "Se outras geleiras na Groenlândia estiverem reagindo como a de Helheim, isso facilmente poderá reduzir pela metade o tempo necessário para destruir o manto de gelo da Groenlândia."

Outros cientistas também concordam com isso. O dr. Gordon Hamilton, da Universidade do Maine, falando em dezembro de 2005, no Encontro de Outono da Associação Americana de Geofísicos, também relatou "mudanças muito drásticas" na geleira de Kangerdlugssuaq, no leste da Groenlândia. Em um ano apenas, entre abril de 2004 e abril de 2005, essa imensa geleira duplicou sua velocidade de deslocamento e, simultaneamente, se contraiu em quatro quilômetros. Se outras grandes geleiras começarem a se comportar da mesma forma que a Helheim e a Kangerdlugssuaq — que já dobraram a proporção em que despejam gelo sobre o oceano (de 50 a 100 quilômetros cúbicos por ano) —, isso poderá abrir as torneiras da Groenlândia, advertiu o dr. Hamilton.

As evidências mais recentes indicam, entretanto, que nem tudo está perdido. Em março de 2007, Ian Howat e seus colegas relataram, na revista *Science*, que os resultados do seu último trabalho de inspeção poderão ser mais tranqüilizadores. Embora tanto a geleira de Helheim quanto a de Kangerdlugssuaq tenham efetivamente dobrado sua taxa de perda de massa em 2004, como fora registrado antes, dois anos mais tarde, em 2006, elas retornaram a algo mais próximo da normalidade. Entretanto, os glaciologistas Martin Truffer e Mark Fahnestock, num artigo da *Science* de março de 2007, mostram-se ansiosos por demonstrar que essa mais recente mudança "não significa que [as geleiras] tenham se estabilizado". Ao contrário, "continua a questão de saber se as mudanças ocorridas nos últimos cinco anos tornaram vulnerável o sistema em sua totalidade". Nitidamente, esses rios gigantescos de gelo são feras complexas que os cientistas ainda lutam para compreender.

Mas, sejam quais forem os comportamentos de escoamento individuais das geleiras, estudos por satélite em ampla escala da calota inteira da Groenlândia indicam de fato que grandes mudanças estão em andamento. Os cientistas que trabalham no programa de satélite GRACE (sigla em inglês para Experimento Climático e de Recuperação da Gravidade) informaram, em novembro de 2006, que atualmente grandes perdas estão em processo. Enquanto o manto de gelo provavelmente esteve equilibrado em grande parte dos anos 1990, entre 2003 e 2005 ele desprendeu cerca de 100 bilhões de toneladas de gelo por ano, o suficiente para elevar os níveis globais do mar em 0,3mm por ano.

Certamente Jim Hansen continua sua campanha para conseguir que o mundo desperte diante da ameaça da fusão das calotas de gelo, e as tentativas de silenciá-lo por parte da administração Bush e dos seus chefes na

Nasa conseguiram pouca atenção. (Quando o chefe de relações públicas da Nasa mandou que ele parasse de fazer palestras, ou de se comunicar com os jornalistas sem que antes a equipe aprovasse o material, Hansen partiu diretamente para relatar o ocorrido à imprensa, desencadeando embaraçosas manchetes sobre a "censura da Nasa" por toda a mídia americana.) Suas publicações — mesmo em periódicos científicos de peso — cada vez se mostram mais cheias de expressões fortes, como "perigoso" e "cataclismo", ignorando a convenção usual de que os cientistas devem se amordaçar por meio de um jargão desprovido de qualquer aspecto emocional. Um artigo de Hansen (com cinco outros importantes co-autores), publicado em maio de 2007, adverte com franqueza, no resumo, que "recentes emissões de gases-estufa colocam a Terra perigosamente próxima a uma dramática mudança de clima, que poderia escapar do nosso controle, com grandes riscos para os seres humanos e outras criaturas" — uma nítida declaração de fato, que, no entanto, deve ter provocado muitos muxoxos desaprovadores nos corredores acadêmicos.

Entretanto, a alegação de Hansen, de que os mantos de gelo do mundo poderão ser destruídos muito mais depressa do que propõe o IPCC, tem uma sólida base na física. A fim de explicar a realidade da rápida fragmentação dos mantos de gelo no final da última era glacial, Hansen resume um processo chamado *albedo-flip** — algo que, caso venha a repetir-se hoje, poderá destruir as camadas remanescentes de gelo muito mais depressa do que sugerem as projeções convencionais. Esse *albedo-flip* é preocupantemente simples: quando o gelo e a neve derretem e se transformam em água, fazem com que a superfície se torne mais escura e, por isso, mais capaz de absorver a luz solar. Isto eleva ainda mais a temperatura, desencadeando um derretimento mais vasto, num clássico feedback positivo. O *albedo-flip*, como sugere Hansen, constitui a razão pela qual a desintegração do manto de gelo pode ser "explosivamente rápida", em vez de constituir um processo mais grandioso, precisando de milênios para se concluir. E, uma vez que aquelas grandes áreas da Groenlândia e do oeste da Antártida já se encontram banhadas pela água proveniente do degelo do verão, Hansen sugere que esse "mecanismo de gatilho" da neve mais escura e úmida já se encontra em andamento hoje.

---

* Literalmente, é possível traduzir "albedo-flip" como "inversão da reflexibilidade". (N.R.T.)

Então, a que velocidade poderão elevar-se os níveis do mar? O relatório de 2007 do IPCC indica apenas uma faixa entre 18 e 59 centímetros — números tranqüilizadores para quem vive próximo ao litoral. Entretanto, isso também traz uma advertência, admitindo-se que a incerteza sobre o tempo de reação da camada de gelo poderia tornar mais altos esses números. Mas não se diz quanto serão mais altos, e ninguém mais na comunidade científica se aventurou a apresentar uma estimativa — exceto, mais uma vez, James Hansen, cujo alerta sobre o aquecimento global, já desde 1988, demonstrava notável capacidade de previsão. Num artigo intitulado "Scientific reticence and sea level rise", publicado em 2007 no jornal on-line *Environmental Research Letters*, Hansen repreende seriamente seus colegas por permanecerem "numa zona confortável", recusando-se a afirmar qualquer coisa que seja "ligeiramente equivocada". Em vez disso, diz ele, "hoje existe, em minha opinião, um conjunto de informações suficiente para tornar quase certo que o clima corriqueiro dos cenários artificiais criados pelo IPCC podem levar a uma desastrosa elevação de muitos metros no nível do mar, na escala temporal de um século". Se a proporção do derretimento do manto de gelo dobrar a cada década, o que é uma séria possibilidade, a conseqüente elevação do nível do mar irá totalizar cinco metros até o ano 2100, adverte ele.

Talvez então os avisos de James Hansen devessem ser levados mais a sério, principalmente a sua preocupação de que as taxas de degelo e de subida de nível do mar possam ter um drástico aceleramento no próximo século. Uma primeira advertência já se encontra lá: o nível do mar está subindo numa proporção de 3,3 milímetros por ano — com muito mais rapidez que os 2,2 projetados pelo relatório de 2001 do IPCC. Como Hansen sugere ser provável, se taxas de fusão tão rápidas quanto no fim da última era glacial começarem a se verificar novamente neste século, todo o manto de gelo da Groenlândia poderá desaparecer em 140 anos. A geografia dos litorais do mundo será, então, bastante diferente. Miami desaparecerá por completo, como também a maior parte de Manhattan. O centro de Londres ficará inundado. Bangcoc, Bombaim e Xangai também irão perder quase toda a sua área. No total, metade da humanidade terá de se deslocar para lugares mais elevados, deixando que paisagens, edifícios e monumentos, de tanta importância para a civilização por mais de mil anos, sejam gradativamente consumidos pelo mar.

O último reduto do urso polar

Nem todos consideram ruim a transformação do Ártico. Mesmo quando a água da fusão do manto de gelo da Groenlândia estiver jorrando, as mudanças climáticas naquele topo do mundo poderão estar enriquecendo muita gente. Pat Broe tem esperanças de vir a ser uma delas. Empresário norte-americano, Broe comprou em 1997 um porto arruinado no norte do Canadá, o porto de Churchill, pela magnífica soma de sete dólares. Para os pouco menos de mil habitantes daquela cidade sem graça, a vida tem sido difícil, mesmo no local que passou a ser conhecido como a "capital mundial do urso polar".

Mas, segundo Broe, a época do boom está bem próxima. À medida que o gelo polar vá derretendo, o pequeno e humilde porto de Churchill poderá tornar-se um importante eixo de lucrativas rotas marítimas, abrindo-se entre a Ásia, a Europa e a América do Norte, através de águas antes permanentemente congeladas. O que não será problema também, porque à época em que se abrirem essas rotas de navegação, a capital mundial do urso polar estará à procura de alguma outra *raison d'être*, pelo simples fato de que quando o gelo do mar desaparecer, também desaparecerão os ursos polares.

Uma ironia nada engraçada na questão do aquecimento global é que o recuo da calota de gelo, no norte, está desencadeando uma nova corrida do ouro em direção ao petróleo, trazendo mais combustíveis fósseis para os mercados mundiais. Inevitavelmente esses combustíveis, quando queimados, tornarão ainda pior o problema da mudança climática. Segundo algumas estimativas, um quarto das reservas de petróleo e gás ainda não descobertas encontram-se sob o oceano Ártico, em regiões que historicamente foram consideradas impossíveis de se perfurar por causa dos grossos bancos de gelo à deriva. Já se fizeram maciços investimentos para explorar esse recurso tão valioso economicamente: o governo norueguês está investindo bilhões de dólares na construção de um terminal de gás natural liquefeito no porto de Hammerfest, no extremo norte, enquanto uma grande descoberta de gás em águas árticas da Rússia — que se calcula conter o dobro de todas as reservas do Canadá — provocou uma indecente corrida entre os maiorais do petróleo a fim de se associarem à gigantesca russa Gazprom, para a exploração desses recursos. Segundo um analista de energia citado pelo *New York Times*, essa nova corrida do Ártico é o "grande jogo num clima frio".

No plano internacional, as nações do oceano Ártico — Canadá, Dinamarca, Estados Unidos, Noruega e Rússia — estão lutando para estabelecer direitos sobre minérios submarinos nas "suas" partes no fundo do mar. Em agosto de 2007, exploradores russos montaram um esquema particularmente audacioso para se apossarem da terra, dirigindo um submarino por debaixo do gelo e plantando uma bandeira metálica anticorrosiva no fundo do mar, 4 mil metros abaixo do Pólo Norte, reivindicando assim toda aquela região e as suas riquezas em combustíveis fósseis para sua pátria. "Ficamos felizes por termos fincado a bandeira russa no fundo do oceano, e não dou a menor importância para o que certos estrangeiros possam achar disso", declarou arrogantemente Artur Chilingarov, o chefe da expedição, ao retornar a Moscou e ser recebido como herói, em meio a taças de champanhe e arengas de grupos pró-Kremlin. Estendendo as ironias até um ponto insuportável, o triunfante Chilingarov foi presenteado com um grande e felpudo urso polar de brinquedo, o símbolo do partido Rússia Unida, pró-Putin (do qual Chilingarov é um deputado parlamentar), aos sons de uma banda militar de instrumentos de sopro. Entretanto, o Departamento de Estado norte-americano mostrou-se conscientemente impassível: "Uma bandeira fincada no fundo do oceano, seja ela de metal, de borracha ou de roupa de cama ... não tem qualquer embasamento legal", declarou à Reuters um porta-voz. "Não se pode sair por aí fincando bandeiras e dizendo 'Estamos reivindicando este território'", queixou-se irritado o ministro do Exterior canadense, acusando a Rússia de estar se comportando como um explorador colonial do século XVI.

Os ursos polares de verdade não podem competir com esse impiedoso tipo de imperativo econômico. O urso polar — *Ursus maritimus* — tem uma relação umbilical com o mar. Os animais adultos passam a maior parte da vida caçando focas e outras presas sobre o gelo, e são capazes de viajar milhares de quilômetros cada ano, através dos mares polares. São animais extraordinários, por qualquer ângulo que os analisemos. Com duas camadas de pelagem e mais dez centímetros de gordura, eles quase não experimentam qualquer perda de calor, mesmo nas temperaturas mais baixas. Graças a isso, eles podem aguardar imóveis, durante dias, junto a um buraco de respiração das focas, por um instante de cinco segundos em que poderão agarrar uma delas.

Os ursos polares que se vêem presos em terra, durante o verão sem gelo, enfrentam tempos de escassez, contando apenas com frutas silvestres, sargaços, velhas carcaças de animais e lixo deixado pelos homens para poderem se alimentar. Quanto mais cedo o gelo se rompe, na primavera, menor será a chance que terão os ursos polares de reabastecer suas reservas antes dos magros tempos do verão. Um estudo científico já encontrou evidências de que os ursos polares da baía de Hudson encontram-se em situação ainda pior quando o gelo marinho se rompe mais cedo. Cada vez menos filhotes sobrevivem, e também nascem em quantidades cada vez menores. A conclusão é clara: o gelo marinho, ao recuar, torna-se algo extremamente ruim para o urso, embora seja ótimo para as companhias petrolíferas e os insensíveis empresários norte-americanos.

No entanto, menos gelo marinho é o que cada uma das previsões projetam hoje, como demonstrou o capítulo anterior. Os modelos diferem sobre a época exata em que o gelo permanente do verão irá desaparecer do pólo. Mas não há desacordo sobre a direção da mudança. Um estudo realizado por Josefino Comiso, da Nasa, observou especificamente a quantidade de gelo que pode restar num mundo dois graus mais quente, concluindo que imensas áreas de água sem gelo se abrirão no norte do Canadá, no Alasca e na Sibéria talvez já em 2025. O gelo que resiste por todo ano ainda irá sobreviver, embora com uma área cada vez menor a cada verão, reunindo os ursos polares numa parte remanescente sempre mais reduzida, entre a região superior da Groenlândia e o Pólo Norte, ou os deixando abandonados e famintos sobre a terra. Como concluiu soturnamente a Avaliação sobre o Impacto Climático no Ártico, de 2004: "É difícil considerar a possibilidade de sobrevivência do urso polar como espécie, dado o quadro de existência zero de gelo marinho de verão."

E tampouco os ursos polares constituem a única espécie afetada: as focas aneladas, sua maior fonte de alimentação, passam a vida toda debaixo do gelo marinho. As morsas também precisam do gelo bem próximo da terra, onde a água é mais rasa: elas mergulham das plataformas de gelo e se alimentam no fundo do mar. Se as áreas restantes de gelo marinho forem arrastadas para longe da costa, afastando-se das rochas continentais, o mar estará muito fundo para que as morsas possam buscar seu alimento. (Mais uma vez, essas mudanças já estão em processo. No Alasca, os caçadores que trabalham no mar aberto descreveram o desespero das morsas tentando subir nos barcos, tomando-os pelas placas de gelo que desapareceram.)

Na verdade, toda a rede de alimentação irá mudar à medida que se elevarem as temperaturas e diminuir o gelo marinho — desde o plâncton, o primeiro produtor marinho, até os peixes, as aves marinhas e os mamíferos. Em terra, as renas poderão morrer de fome em grande número, quando a chuva gelada substituir a neve e as plantas que lhes servem de pasto forem recobertas por uma espessa camada de gelo. Muitas espécies de aves, como o ganso-imperador, deverão, segundo as projeções, perder mais da metade do seu hábitat. Peixes de água doce, como a truta do Ártico, o timalo e os lúcios do norte, vão também sofrer o declínio devido ao aquecimento das águas. Embora as espécies que gostam do calor possam se beneficiar, e se desloquem para o norte, os animais e as plantas do Ártico, adaptados ao frio, terão sua sobrevivência ameaçada e serão assombrados pela extinção.

A própria paisagem também irá mudar. Um estudo recente simulou o efeito de mais dois graus de aquecimento global sobre os tipos de vegetação próprios do Ártico, descobrindo que a tundra vai desaparecer quase por completo, comprimindo-se progressivamente nas cóstas setentrionais do Alasca, do Canadá e da Sibéria, enquanto as florestas se deslocarão para o norte. As árvores irão mesmo invadir a Groenlândia. O musgo frio e a tundra de líquen serão levados quase à extinção, com seus remanescentes agarrando-se à vida apenas nas montanhas mais altas e nas ilhas mais remotas do norte. O limite do *permafrost* se retrai centenas de quilômetros para o norte, desestabilizando florestas, construções e vertentes montanhosas, à medida que o solo se descongelará.

Mais uma vez, o culpado é o "amplificador ártico" do aquecimento global, o que significa que uma elevação global de temperatura no nível de dois graus levará a algo na faixa entre 3,2°C e 6,6°C de aquecimento no Ártico, até o ano 2050. A velocidade da transição será de no mínimo meio grau e de no máximo 1,5°C por década. Essas rápidas alterações no aquecimento não apenas irão superar tudo o que a região já testemunhou por centenas de milhares de anos, como também ultrapassarão o ritmo de adaptabilidade tanto das plantas quanto dos animais e dos seres humanos. Todos terão de lutar para sobreviver no novo século.

Os povos do Ártico — que, como todos nós, também fazem parte dos numerosos exemplares de *Homo sapiens* — poderão não estar ameaçados como espécie, devido ao aquecimento, porém com toda a certeza o estarão no nível cultural. Como observou um jornal canadense, a língua inuíte pode dispor de 20 palavras para exprimir "neve", mas quase não tem termos para designar "mudança climática" ou "gás-estufa". Entretanto, o povo tem uma expressão para "tempo maluco" — *uggianaqtuq* — e que se pode traduzir por algo como "comportamento inesperado".

Muito mais que as palavras, entretanto, o que está em questão são os modos de vida, que por milhares de anos dependeram da previsível mudança das estações, e que ficarão em desequilíbrio quando o inverno atenuar o seu domínio e os tradicionais suprimentos de comida desaparecerem. Como disse o dirigente Gary Harrison na Conferência da ONU sobre Mudança Climática em Montreal, em dezembro de 2005:

> Os povos indígenas do Ártico estão ameaçados de extinção, ou de um catastrófico declínio de populações inteiras de aves, peixes e animais selvagens, inclusive espécies de renas, de focas e peixes de importância capital para nossa segurança alimentar. As mudanças climáticas nos ameaçam com a privação dos nossos direitos, do direito que temos de nos sustentar, como temos feito por milhares de anos.

Entretanto, ao contrário dos animais e das plantas, os indígenas habitantes do Ártico podem dar o troco. A líder inuíte Sheila Watt-Cloutier apresentou recentemente uma petição à Comissão Interamericana de Direitos Humanos, em nome de todo o povo inuíte, requerendo a interrupção "das violações que resultam do aquecimento global e provocadas por atos e omissões dos Estados Unidos". Os signatários incluíam os moradores de Shishmaref, uma cidade no Alasca que visitei, quando escrevia *High Tide*, com o objetivo de descobrir como o desaparecimento do gelo marinho estava ameaçando a sobrevivência da comunidade devido aos índices mais altos de erosão litorânea.

O documento de 130 páginas afirma que os impactos das mudanças climáticas

> violam os direitos humanos fundamentais do povo inuíte, protegidos pela Declaração dos Direitos Humanos norte-americana, dos Direitos e Deveres do Homem e de outros instrumentos internacionais. Estes incluem os direitos

aos benefícios da cultura, da propriedade, da preservação da saúde, da vida, da integridade física, da segurança, dos meios de subsistência e da residência, do movimento e da inviolabilidade do lar.

O povo inuíte, ao contrário de muitos pelo mundo, que perderam o contato com o seu meio ambiente, sabe muito bem o que está em risco com o aquecimento global.

Verão indiano

Ao contrário dos inuítes, entretanto, é seguro afirmar atualmente que poucas pessoas, na Índia de hoje, dão muita importância à questão do aquecimento global. Uma das exceções, o atual presidente indiano do Painel Intergovernamental sobre Mudanças Climáticas, Rajendra Pachauri, tem sido uma voz de destaque a levantar a consciência sobre a ameaça das mudanças climáticas. Porém, mesmo ele tem de encarar a dura realidade: "Claramente, realizar neste momento coisas dispendiosas e que irão impedir nosso crescimento econômico, só para reduzir as emissões de gases-estufa, é algo que o povo indiano não aceitaria", admitiu recentemente Pachauri.

Um dos poucos indianos que ainda citam o epíteto de Gandhi "Seja você mesmo a mudança que quer ver no mundo", Pachauri mostra-se uma pessoa incomum ao parar para refletir em meio à desenfreada corrida pela riqueza. Enquanto a emergente classe média sai comprando automóveis, refrigeradores e aparelhos de ar condicionado aos milhares, as emissões de CO_2 na Índia estão subindo a 3% anualmente, e o consumo de petróleo deverá chegar, até 2010, aos 2,8 milhões de barris por dia. A Índia já ultrapassou o Japão como o quarto maior consumidor de energia em 2001. Mas esses números sequer fazem o governo se afligir um pouco. "Não há como se esperar que países como a Índia reduzam as emissões de gases-estufa nos próximos 20 a 25 anos", declarou recentemente à Reuters uma alta autoridade do Ministério do Meio Ambiente, S.K. Joshi.

Joshi deve ter faltado à reunião de setembro de 2005 — organizada pelo seu próprio ministério em conjunto com o Departamento de Meio Ambiente, Alimentos e Assuntos Rurais da Grã-Bretanha —, que destacou alguns impactos projetados do aquecimento global sobre a Índia. Estudos encomendados por ambos os governos prevêem reduções na produção agrícola tanto do trigo quanto do arroz, principalmente na maioria das lavouras que não são irrigadas, com dois graus a mais de aquecimento. Certos tipos de floresta também irão mudar, esperando-se que uma grande proporção se torne ressecada, especialmente as características florestas de savanas. Isso teria terríveis implicações para as 200 mil aldeias localizadas nas proximidades, ou em meio às florestas, extremamente dependentes delas para o sustento da população.

A pesquisa vem confirmar um estudo anterior, publicado em 2001, que projetou grandes impactos agrícolas na Índia com mais dois graus de aquecimento global. A mais prejudicada seria a produção de trigo dos estados setentrionais de Haryana, Punjab e, a oeste, Uttar Pradesh. Alguns estados, como Bengala Ocidental, iriam ganhar com isso, embora em menor proporção, e como resultado o país perderia de um modo geral 8% dos rendimentos líquidos. Para um país com a população em crescimento, as conseqüências para a segurança alimentar seriam graves.

Essas mudanças serão agravadas por alterações meteorológicas mais amplas, também associadas com as temperaturas em elevação, inclusive um reforço das monções e enchentes cada vez maiores. A Índia também vai sofrer influxos de refugiados, quando seus vizinhos se defrontarem com os próprios problemas climáticos. O vizinho Bangladesh, densamente povoado, sofrerá de modo desproporcional com as monções mais fortes. O país já tem quase dois metros e meio de precipitação de chuvas todo ano, inundando de 30 a 70% de suas terras, mesmo sob o clima "normal" de hoje. Com maiores chuvas e tempestades mais fortes, outros milhares de pessoas serão deslocadas pelas enchentes das monções, talvez em definitivo, caso suas casas sejam repetidamente arrasadas, obrigando-as a se mudarem para outros lugares.

Na Índia, o nível geral das chuvas durante a estação das monções — apesar de uma grande variabilidade entre os anos — tem permanecido mais ou menos o mesmo nos últimos 50 anos, segundo estudos científicos. Mas o aquecimento global está produzindo o seguinte efeito: o aumento da freqüência das chuvas mais intensas e a redução do número de precipitações mais leves durante a temporada das monções. Com maior precipitação anual chegando em tempestades torrenciais, a incidência de sérias inundações já está se acelerando, e ainda aumentará mais nas próximas décadas. Essa espécie de chuva desaba quase sem se anunciar, e as súbitas inundações provocam deslizamentos de terra e arrasam casas e cidades, quando os rios transbordam das margens minutos depois de começar o aguaceiro. Quase sem aviso do iminente desastre, as pessoas têm menos tempo para escapar das conseqüências, e as taxas de mortalidade por enchentes também poderão subir à medida que se acelera o aquecimento global.

No Nepal, o excesso de água também será um problema, embora essa água venha de uma fonte bem diversa. Quando as poderosas geleiras do alto do Himalaia derretem, as correntezas que produzem tendem a se acumular por trás das muralhas formadas pelos blocos deixados pelo gelo que diminui, formando-se legiões de novos lagos glaciais. Esses lagos retêm uma imensa quantidade de água por trás de suas instáveis muralhas naturais, e as rachaduras podem provocar catastróficas inundações de lama, que se arremessam pelos vales dos rios abaixo, às vezes percorrendo distâncias até 200 quilômetros, varrendo tudo pelo caminho. Em 1985, uma muralha de água de 10 metros de altura, de um lago glacial, desabou sobre os rios Bhote Koshi e Dudh Koshi, destruindo uma usina hidrelétrica, 14 pontes, 30 casas, e chegando até a abalar uma pista de pouso do Everest, em Lukla. Uma inspeção no ano 2000 descobriu 20 desses perigosos lagos passíveis de produzir inundações a qualquer momento. Num mundo dois graus mais quente, esse número crescerá substancialmente.

Entretanto, o derretimento nas montanhas terá um efeito mais traiçoeiro e muito mais grave a longo prazo. À medida que as geleiras forem desaparecendo completamente, a não ser nos picos mais altos, a sua correnteza deixará de alimentar os caudalosos rios que fornecem a vital água doce para milhões de habitantes do subcontinente indiano. Falta d'água e surtos de fome serão as conseqüências disso, desestabilizando toda aquela região, como irá demonstrar o próximo capítulo. E, dessa vez, o epicentro do desastre não será a Índia, o Nepal ou Bangladesh, mas sim o Paquistão, com as suas armas nucleares.

O ponto de fusão do Peru

Devido à sua crosta escarpada e à sua grande altitude, as poderosas geleiras do Himalaia não estão, até agora, a ponto de desaparecerem completamente. O mesmo, no entanto, não se pode dizer das camadas geladas dos Andes, mais vulneráveis. Ali, o aquecimento global já reduziu em um quarto, nas últimas três décadas, a área recoberta por geleiras. Lonnie Thompson, o climatologista pioneiro que perfurou os núcleos de gelo no cume do Himalaia, também passou vários anos perfurando esses núcleos na inigualável calota de gelo das montanhas orientais do Peru. Quando, em 1976, ele perfurou pela primeira vez o gelo, descobriu nítidas camadas anuais a recuarem até 1.500 anos no tempo. Mas, ao retornar lá, no início dos anos 1990, as camadas superiores e mais recentes já tinham sido destruídas por infiltrações de gelo derretido. Com tristeza, ele concluiu que aquela fortaleza nas montanhas, que estivera permanentemente congelada por mais de um milênio, estava agora a dissolver-se.

Lima, a capital do Peru, não tem o aspecto de uma cidade dependente das montanhas para obter sua água doce. Localizada na faixa árida do país, as montanhas mais próximas são desertos extremamente desolados de rochas e areia, incapazes de sustentar uma única folha de relva, muito menos uma cidade inteira. Então, como se explica que Lima sobreviva numa das mais secas regiões desérticas do mundo? Certamente não é por causa das chuvas: os ínfimos 23 milímetros de precipitação média anual chegam exclusivamente sob a forma de uma garoa gelada, que evapora imediatamente tão logo o sol aparece. Ao contrário, a resposta surge quando seguimos pela principal estrada para o interior, ao longo do profundo vale do rio Rimac. As montanhas do deserto, ressequidas pelo sol, logo são substituídas por outras recobertas de relva e depois por picos nevados, alguns dos quais com altitudes de mais de 5.500 metros — altos o bastante para provocar em mim uma sensação de profunda náusea, pela altura, quando cheguei perto, desesperado, tal como relatei em *High Tide*. Essas montanhas geladas são como as caixas-d'água de Lima, seus reservatórios naturais nas alturas. Elas sustentam a correnteza do rio Rimac durante a estação seca andina, quando até nas montanhas mais altas há pouca ocorrência de chuvas ou de nevascas.

Estranhamente, não foram realizados ainda estudos científicos, pelo que sei, sobre o provável impacto de 2°C ou mais de aquecimento global nas geleiras provedoras da vida em Lima. Entretanto, outros reservatórios de rios nos Andes peruanos já foram estudados com minúcia. O rio Santa, que recebe água da cordilheira Blanca (a qual inclui o Huascarán, o mais alto pico peruano, com 6.768 metros de altitude, cenário de outra das aventuras de perfuração de gelo de Lonnie Thompson), depende quase totalmente da fusão das geleiras para manter a sua correnteza durante a estação seca, de acordo com um estudo hidrológico conjunto austro-peruano. Descendo das altas montanhas, a água do rio Santa é canalizada através de turbinas hidrelétricas no espetacular cânion del Pato para produzir 5% de toda a eletricidade do país, e suas águas também sustentam vastos campos verdes de milho, melancias e cana-de-açúcar na planície costeira, que de outro modo também seria árida. Os habitantes das cidades costeiras de Chimbote e Trujillo — esta última com uma população de mais de um milhão de habitantes — também dependem do Santa para sua água potável.

Entretanto, até 2050 as geleiras da cordilheira Blanca terão encolhido entre 40 e 60%, segundo outro estudo feito por dois daqueles mesmos autores. O modelo deles prevê até a mesma data uma diminuição de quase a metade na corrente gelada, o que seria uma drástica redução da corrente na estação seca. Até esse estágio, as autoridades peruanas irão defrontar-se com algumas opções bastante difíceis. Deverão despejar no rio a água dos poucos lagos administrados, a fim de manter a estabilidade da produção de energia hídrica? Ou essa água deverá ser retida, a fim de evitar que o suprimento das cidades seja cortado? Por volta dessa época, a produção agrícola também estará minguando, com imensos aumentos no desemprego, enquanto os campos costeiros retornarão ao estado desértico do qual provieram.

A história antiga do Peru pode guardar uma ou duas lições nesse sentido. Mais ao norte, ao longo do litoral de Trujillo, está o vale do Jequetepeque, local das importantes civilizações pré-colombianas de moche (dos anos 200 d.C. a 800 d.C.) e de chimu (de 1100 a 1470), ambas as quais cultivaram extensas áreas do vale, hoje árido. Elas também construíram redes de canais de irrigação e de aquedutos para trazer de muito longe, das montanhas, a escassa água, e ergueram barreiras contra os ventos do deserto, para impedir o deslocamento das dunas, que de outro modo invadiriam seus campos e casas. As duas sociedades conseguiram enfrentar as enchentes resultantes das periódicas visitas do El Niño, e até mesmo aprenderam a fazer uma ou duas colheitas nas terras alagadas pelas inundações.

Uma coisa que não conseguiram dominar foi a seca. As regiões mais elevadas do rio Jequetepeque não têm geleiras: a sua correnteza, pois, depende inteiramente de um suprimento regular de água de precipitações de chuva nas montanhas. Parte de sua corrente, na estação seca, é retida por pequenos lagos e pântanos que, assim como o gelo, tendem a liberar lentamente a água. Mas se a chuva deixa de cair durante muito tempo, então o rio seca completamente, ficando o povo sem água para beber ou para a irrigação das colheitas. Existem claras evidências, recentemente descobertas por arqueólogos, de que as crises periódicas que engolfaram os povos chimu e moche estavam diretamente ligadas à seca. Quando as chuvas faltaram e os rios secaram, o inferno inteiro desabou de uma só vez. O resultado foi uma dolorosa confusão de guerras e migrações, culminando com o colapso da sociedade.

As sociedades urbanas de hoje são, evidentemente, muito diferentes daquelas construídas pelos moche e os chimu. Toda a civilização dos moche, em seu auge, continha apenas cerca de meio milhão de habitantes, espalhados por diversos vales costeiros. Lima hoje tem mais de 8 milhões de habitantes (um terço da população total do Peru) sobre uma vasta região, muitos dos quais ganham seu sustento em pobres cidades de palhoças que se espalham pelas montanhas em torno da capital. Os moche podem ter tido os seus canais e aquedutos, porém jamais poderiam sonhar com o tipo de infra-estrutura de água que hoje é considerada normal numa cidade moderna. Quando estive no Peru em 2002, visitei a empresa de águas de Lima, a Sedapal, cujos edifícios em estilo "era espacial" encontram-se nos arredores da cidade. Apesar dos eternos problemas relativos a questões de investimentos, a atividade da empresa estava efervescente como sempre, com seus imensos reservatórios protegidos, lembrando piscinas olímpicas, canalizando a água cristalina para diversas zonas da cidade.

Mas a Sedapal tem um problema: a cordilheira Central, situada no interior, e da qual depende o rio por conta do fluxo de água de degelo, é mais baixa que a cordilheira Blanca, cujas geleiras são mais amplas. Seus picos mais elevados mal ultrapassam os 5.500 metros de altitude. As geleiras são pequenas, sem extensos campos nevados para as alimentar. A Sedapal construiu reservatórios para captarem as águas da estação chuvosa, porém os locais acessíveis — e as verbas — são limitados.

É difícil considerar a sobrevivência de quaisquer geleiras da cordilheira Central num mundo com dois graus a mais de aquecimento. Mesmo os mais grosseiros rascunhos de cálculos indicam que os problemas estão fermentando. Uma regra empírica afirma que cada grau a mais na temperatura eleva os níveis de congelamento em 150 metros, e assim, se a média global extrapolar nas montanhas dos Andes, os níveis de congelamento — e, conseqüentemente, as geleiras — terão recuado para 300 metros mais acima do que estão hoje. Atualmente, só se encontram geleiras acima dos 5 mil metros. Com o gelo sobrevivendo apenas nas altitudes superiores a 5.330 metros, apenas pequenas faixas serão deixadas nos picos mais elevados à época em que as temperaturas da Terra estiverem dois graus mais altas. Na verdade, a situação é pior do que sugere esse cálculo grosseiro, pois as elevações de temperatura são maiores nas regiões montanhosas que na média mundial, graças a uma peculiaridade da física atmosférica, o que significa que as altas de temperatura ficam mais velozes quanto mais se sobe na atmosfera. De fato, a temperatura nos Andes tropicais já está subindo numa proporção duas vezes maior que a média global, acrescentando-se ao rápido derretimento que já está em processo. Só existe uma conclusão: os reservatórios naturais de água de Lima estão condenados a secar.

Além disso, Lima não é a única cidade da região a depender maciçamente da água vinda do descongelamento glacial: os países vizinhos do Peru — o Equador e a Bolívia — também sobrevivem graças às correntezas que descem de suas geleiras nas montanhas. Quito, a capital do Equador, obtém atualmente parte da sua água potável de uma geleira num vulcão das proximidades, o Antisana, onde, como em outras regiões dos Andes, o gelo diminui rapidamente. Todos esses países também dependem da água das montanhas para a produção hidrelétrica. E quando, no futuro, faltar a água da corrente do rio, nas estações secas, ou a população sofrerá longos cortes no fornecimento de energia, ou se deverão encontrar fontes alternativas, talvez com a utilização de combustíveis fósseis.

E então, qual será a reação dos habitantes de uma cidade como Lima? A experiência indica que os mais pobres serão atingidos em primeiro lugar. Os ricos podem conseguir água engarrafada, caríssima, trazida de longe em caminhões, canalizada das montanhas ou, talvez, extraída de usinas de dessalinização, cuja produção será muito dispendiosa para os mais pobres. A agricultura também sofrerá, pondo milhares de pessoas no desemprego ao longo de todo o litoral peruano. Numa situação de falta d'água crônica, as ruas de Lima poderão começar a se esvaziar, numa estranha espécie de migração invertida: ao invés de as pessoas se deslocarem do campo para a capital, poderão tomar a trilha de volta para as aldeias nas montanhas, onde a água é mais abundante e ainda se podem desenvolver plantações. A influência da capital irá reduzir-se, e metade da população peruana, que vive atualmente no deserto, poderá ser forçada a se deslocar para o alto das montanhas, desde que ali se encontrem espaço e terra cultivável para eles. São prováveis as ocorrências de rebeliões de refugiados, com conflitos por toda parte entre os consumidores de água, à medida que a correnteza do rio vai minguando até se tornar um filete d'água. A geografia humana costeira do Peru será muito diferente então, quando as altas geleiras dos Andes não existirem mais.

Sol e neve na Califórnia

Sem nenhuma grande geleira, a não ser no Alasca, os Estados Unidos poderiam julgar-se a salvo da crise da água que se abate sobre o Peru. Nada mais equivocado. Vilas e cidades em todo o percurso acima, até a Costa Oeste norte-americana, têm uma dependência extrema da água das montanhas geladas. Desta vez, não do gelo glacial, mas sim das neves de inverno. Nas grandes bacias dos rios da Califórnia, Washington e Oregon, muito mais água fica armazenada pela neve acumulada durante a primavera e o início do verão do que em reservatórios feitos pelo homem por trás de barragens. A neve acumulada se comporta como reservatórios naturais, retendo a precipitação do inverno e a liberando lentamente nos meses mais secos do ano, à medida que a neve vai derretendo aos poucos. Mas quando a temperatura global e regional subir mais, nas próximas décadas, a neve do inverno será cada vez mais substituída pelas chuvas em Sierra Nevada, Cascades e nas Montanhas Rochosas. Essas notícias não são negativas apenas para as indústrias de esquis. São ruins também para quem quer que deseje abrir as torneiras durante o verão e ver água doce jorrar delas.

Mesmo no clima atual, as fontes de água no árido oeste estão a ponto de rebentar. Com todas as suas represas e canais de irrigação, o rio Colorado foi sugado até secar, ao chegar ao golfo da Califórnia. Na maior parte do tempo, não chega até o mar absolutamente água nenhuma. (Em conseqüência disso, um produtivo ecossistema de pântanos teve a vida de muitos peixes e pássaros completamente destruída.) A água do rio Colorado não é usada apenas para irrigar campos de golfe em Las Vegas: ela também fornece água potável para grande parte da região sul da Califórnia e do Arizona. Já eclodiram conflitos entre vários estados: em agosto de 2005, os manifestantes ocuparam as ruas de Salt Lake City para protestarem contra um plano da Autoridade de Água do Sul de Nevada de bombear água do subsolo, ao longo de 800 quilômetros de tubulações, até Las Vegas, ao sul.

O rio San Joaquin, com as suas águas desviadas para alimentar os férteis campos do produtivo Central Valley, na Califórnia, também quase não chega até o mar em seu leito natural. Como declarou um repórter da Associated Press: "Onde antigamente cardumes cheios de salmões *chinook* nadavam durante a desova, agora são os lagartos e as ervas emaranhadas que habitam o leito do rio, que freqüentemente passa anos sem água." Em lugar de sustentar o salmão, o rio agora sustenta laranjas: 80% das laranjas da América são cultivadas naquele estado. Com importantes cidades como Los Angeles e Sacramento dependentes de uma rede de canais e de tubulações para conseguir sua água, a hidrologia da Califórnia se assemelha mais a um gigantesco sistema de bombeamento do que a um conjunto de rios naturais de vales.

Mas, por mais competentes que possam ser os engenheiros do sistema hídrico do estado, eles terão de lutar até encontrarem um modo de escapar da rota de colisão entre uma população em expansão e um fornecimento de água em declínio, à medida que o mundo se torna mais quente. Um importante estudo realizado recentemente e publicado no periódico *Proceedings of the National Academy of Sciences* em 2004 projetou o declínio dos blocos de neve acumulada numa proporção entre um terço e três quartos no mundo com mais dois graus de aquecimento. Além disso, a ocorrência das ondas de calor em Los Angeles irá quadruplicar, enquanto secas devastadoras deverão acontecer com uma freqüência 50% maior, aumentando a demanda de água, que estará escassa. Com o declínio dos blocos de neve acumulada em Sierra Nevada, e o derretimento precoce produzindo torrentes de primavera também mais cedo, o fornecimento de água superficial para 85% dos californianos — tanto os produtores de laranjas quanto os habitantes das cidades — também será reduzido.

E tampouco ficarão essas mudanças restritas à Califórnia: outro estudo também projeta declínios de neve acumulada no Oregon e em Washington, com as Rochosas e as Cascades tendo reduções de 20 a 70%. Com mais chuvas e derretimento de neve antes do tempo, também aumentará a probabilidade das enchentes de inverno, mesmo que a redução na correnteza provoque falta d'água durante o verão. Os locais mais afetados pelo aumento das enchentes serão as regiões montanhosas da cordilheira da costa da Califórnia e de Sierra Nevada. Mais ao norte, na bacia do rio Columbia, picos de enxurradas antes do tempo significam que os administradores da água terão de optar entre manter a água nos reservatórios, para a produção de energia hídrica durante o verão, e liberá-la mais cedo, no decorrer do ano, para impedir que os salmões sejam extintos. Na desagradável escolha entre manter as luzes acesas e satisfazer os peixes, não será difícil imaginar em qual delas a maioria da população irá votar.

Além disso, as secas de verão significam florestas cada vez mais vulneráveis aos incêndios. As Rochosas, no norte, a Grande Bacia e o sudoeste podem assistir a uma ampliação em duas ou três semanas da sua temporada de incêndios, que já é responsável por um grande número de mortes nos piores anos. O estudo conclui, de modo geral, em tom alarmante: "A atual demanda por recursos de água em muitas regiões do oeste não será satisfeita em condições climáticas plausíveis no futuro, muito menos a demanda de uma população e economia maiores."

O capítulo precedente viu como o interior do oeste dos Estados Unidos, de Nebraska até o Texas, poderá enfrentar, com alguns pequenos aumentos adicionais na temperatura global, uma grande e catastrófica seca muitas vezes pior que a *dust bowl* dos anos 1930. Nos tempos da *dust bowl*, estados do Pacífico como a Califórnia foram um refúgio para os que tiveram de se deslocar por causa da seca. Mas no mundo com dois graus a mais, esses refúgios da Costa Oeste estarão, também eles próprios, enfrentando situações críticas de falta d'água. As alterações nos blocos de neve acumulada e nas enxurradas não só significarão que os campos de golfe e as estações de esqui estarão às voltas com a poeira. Elas chamam a atenção para a capacidade de toda aquela região de sustentar grandes cidades e áreas agrícolas. A Califórnia não será mais o estado do ouro, quando o aquecimento global começar a atacar.

A alimentação de 8 bilhões

Por mais grave que seja a crise da água, é totalmente improvável que alguém passe fome no oeste dos Estados Unidos com dois graus mais de aquecimento. Certas regiões do continente poderão até mesmo se beneficiar com uma situação de produção maior. Além disso, como país mais rico do mundo, o poder de compra norte-americano nos mercados mundiais de alimento vai garantir que os seus cidadãos sobrevivam até mesmo às secas mais rigorosas no futuro previsível.

Isso, é claro, só será verdadeiro na medida em que houver comida para se comprar nos mercados mundiais — e o mundo dois graus mais quente irá assistir a desafios cada vez maiores, quando as regiões de produção agrícola tiverem de lutar para se adaptarem a um clima mais quente. Nesse meio-tempo, os países que mais sofrem, e que não dispõem de nenhum poder de compra maciço, serão irrevogavelmente arrastados para a fome e as crises estruturais. Por uma cruel ironia, entre esses países estão os que menos contribuíram para a mudança climática.

Entretanto, há algumas notícias boas. A parte centro-norte dos Estados Unidos, incluindo estados como Indiana, Illinois, Ohio, Michigan e Wisconsin, irá tornar-se uma importante zona de produção de trigo durante o inverno. Atualmente o cultivo é apenas marginal devido às baixas temperaturas da estação fria. Mas com invernos mais quentes, a produção deverá dobrar. Os estados de Dakota do Norte e de Minnesota assistirão a saltos na produção de milho, enquanto toda a parte norte do país poderá esperar o aumento na produção de batata, tão logo se tornem regulares as precipitações de chuva. Os plantadores de cítricos em estados como a Flórida — que no clima atual assiste a grandes perdas devido a ocasionais temperaturas geladas — irão ganhar também com a redução das geadas.

Do outro lado do Atlântico, o Reino Unido não estará ainda cultivando limões, mas irá assistir a colheitas cada vez melhores de milho verde, frutas tenras, como os morangos, e vegetais populares como a cebola e a abobrinha. À medida que os invernos ficarem mais brandos e úmidos, o trigo de inverno irá se desenvolver com legumes de clima quente, como o feijão-branco, que poderá se tornar uma safra importante no sul da Inglaterra. Muitas dessas plantações poderão também se beneficiar do efeito fertilizador de uma atmosfera mais rica em dióxido de carbono e, pela Europa como um todo, cultivos de clima quente como o do girassol e o da soja poderão se desenvolver muito mais ao norte. O trigo e o milho poderão até mesmo se expandir para novas áreas no oeste da Rússia e no sul da Escandinávia.

O milho é uma das grandes produções agrícolas do mundo, essencial para a economia doméstica e a segurança alimentar de muitos países em desenvolvimento. É aí que começa o problema: nas Américas Central e do Sul — a região onde pela primeira vez os antigos maias cultivaram o milho como alimento —, são projetadas perdas em todos os países, excetuando-se o Chile e o Equador. Essas perdas podem ser contrabalançadas por melhorias tecnológicas no futuro, porém os agricultores de subsistência familiar serão menos capazes de se adaptar do que os grandes cultivadores mecanizados.

Espera-se também que a maior parte da África venha a experimentar grandes declínios na sua produção. Em 29 países africanos, o risco de quebra da safra e de surtos de fome está previsto para aumentar, sendo os mais atingidos os países já vulneráveis à fome, como Burkina Fasso, Suazilândia, Gabão e Zimbábue. Só os países montanhosos, como Lesoto e Etiópia, podem esperar um aumento de produção em regiões que atualmente são demasiado frias para sustentar grandes produções de milho. Em Mali, até três quartos da população poderão correr o risco de passar fome com as mudanças climáticas — hoje são no máximo um terço —, enquanto em Botsuana um terço da safra de milho e de sorgo poderá ser arrasado pela diminuição de chuvas. No Congo, que se encontra no cinturão equatoriano e pode esperar um aumento na precipitação de chuvas, com o mundo mais quente, o suprimento de comida pode ainda declinar porque os agricultores precisam de uma boa estação seca para realizarem queimadas que tornarão possíveis as colheitas do ano seguinte.

Os Estados Unidos também serão afetados. No sudeste da América do Norte, as chuvas de verão menores e as temperaturas mais elevadas poderão reduzir pela metade a produção de soja, com semelhantes previsões de redução na produção de sorgo. E, embora as temperaturas mais elevadas abram novas oportunidades agrícolas para o Canadá, as fontes tradicionais de alimento — do açúcar de bordo até o salmão — irão sofrer perdas num mundo dois graus mais quente. As populações de peixes também sofrerão em ambos os lados do Atlântico, enquanto as populações de salmão diminuirão no Canadá. O bacalhau do mar do Norte será praticamente exterminado devido ao maior aquecimento da água, a menos que uma total proibição da pesca seja decretada.

Na pouco emocionante loteria do aquecimento global, o fato de se comer ou não dependerá do lugar onde se vive. Viver num país rico, com precipitações regulares de chuva, significará que não se passará fome, mesmo que os alimentos tradicionais como o peixe e a batata frita tenham de se modificar com o tempo. Porém, para os que vivem no subtrópico mais seco a vida ali vai se tornar cada vez mais precária.

É claro, os surtos de fome já estão ocorrendo no mundo de hoje, mesmo que haja alimento suficiente para todos, em sentido global. Como freqüentemente se queixam as agências de ajuda humanitária, o problema é a pobreza, e não só a seca. Mas se existe uma coisa inquestionável é que a fome tem maiores probabilidades de acontecer num mundo com menor circulação de comida de um modo geral. Com uma competição cada vez maior por colheitas cada vez mais escassas, os preços vão subir muito nos mercados mundiais durante os anos magros. A estabilidade do preço da comida no mundo dois graus mais quente dependerá da abertura de terras ao norte para novas lavouras, e numa velocidade suficiente para substituir as perdas na produção nas regiões mais secas e quentes do sul.

Com um cuidadoso planejamento e adaptação, o mundo não precisa cair num grave déficit alimentar. Entretanto, se a temperatura subir mais que dois graus será cada vez mais difícil a prevenção da fome em massa, como demonstrarão os próximos capítulos. Primeiro milhões, depois bilhões de pessoas enfrentarão uma batalha sempre mais árdua para sobreviver, enquanto as temperaturas em elevação tornam a tarefa de cultivar alimentos cada vez mais difícil.

O verão silencioso

A maioria dos leitores até agora deve ter concluído que dois graus de aquecimento global constituem provavelmente algo (excluindo-se quaisquer surpresas desagradáveis que possam ocorrer) a que grande parte da humanidade poderá sobreviver. Também concordo. Mas, infelizmente, o mesmo não se poderá dizer em relação a uma grande faixa da biodiversidade natural: as plantas e os animais que compartilham conosco este planeta. Com os ecossistemas já fragmentados e marginalizados devido ao incessante crescimento populacional humano e à atividade econômica, as mudanças climáticas parecem prontas para cobrar um implacável preço ao que resta da natureza.

Ameaças a algumas espécies emblemáticas, como os coelhos-da-rocha, como também os ecossistemas especialmente vulneráveis dos recifes de corais e das florestas úmidas de Queensland Wet Tropics, foram mencionadas no capítulo anterior. Todos vão sofrer novas e graves reduções no mundo dois graus mais quente. As protéias, majestosas flores da África do Sul, perderão muito do seu território, e 10% delas poderão estar extintas até 2050. Na floresta úmida de Queensland, cerca de um terço de todas as espécies estudadas estará a caminho do aniquilamento, à medida que as temperaturas atingirem mais dois graus. Em cada um desses casos, espera-se um clamor de protesto, quando animais e plantas tão queridos encontrarem seu fim. Mas quem vai verter uma lágrima pelo sapo-arlequim de Monteverde, na Costa Rica, pelo lemingue-de-colarinho, o *honeycreeper* do Havaí,* ou qualquer outra dentre milhões de espécies menos conhecidas, cuja sobrevivência está ameaçada, quando o aquecimento global os deixar presos numa zona climática não mais adequada às suas necessidades?

Dada a pressão a que a natureza já se encontra submetida pela atividade humana, as mudanças climáticas não poderiam ter acontecido em pior época. Independentemente de qualquer alteração climática no mundo, já estamos vivendo aquilo que os biólogos classificam como a sexta extinção em massa na Terra (a quinta foi a dos dinossauros e de metade de todos os tipos restantes de vida, no limiar entre os períodos Cretáceo e Terciário). Graças a pressões humanas combinadas, desde a perda de hábitat, a caça, a poluição, até o uso dos recursos e a introdução de espécies invasivas em novas regiões, as espécies naturais já estão sendo extintas numa proporção de cem a mil vezes maior que a taxa básica normal de perdas durante o período da evolução. A pesquisa mais abrangente de todos os tempos sobre a saúde do planeta — a Avaliação Ecossistêmica do Milênio, realizada pela ONU — reuniu 1.360 especialistas de 95 países, que concluíram que dois terços dos ecossistemas dos quais dependem os seres humanos estão atualmente sendo degradados ou usados de uma forma não-sustentável.

---

* Pássaros endêmicos do Havaí, ameaçados de extinção. (N.R.T.)

Está também claro, a partir de muitos estudos abrangentes, que a natureza já está sendo afetada. Um deles analisou cem espécies por todo o planeta, verificando um deslocamento médio de seis quilômetros em direção aos pólos (e de seis metros para cima, nas montanhas) a cada década. Algumas borboletas já deslocaram seus limites até 200 quilômetros. A primavera também está chegando antes do normal: e é mais cedo que os pássaros estão pondo seus ovos, e os botões estão eclodindo nas árvores e os sapos desovando mais cedo. Uma segunda análise global identificou nítidas mudanças relacionadas com o aquecimento global, da distribuição espacial e nos comportamentos, com centenas de espécies, desde os moluscos até os mamíferos, desde a relva até as árvores.

Muitos de nós já devem ter começado a reparar nessas alterações em nosso meio ambiente. As macieiras no pomar comunitário de minha localidade, por exemplo, começaram a florir indevidamente no final de outubro de 2006, depois que temperaturas mais quentes, fora da estação, as iludiram, como se a primavera já houvesse chegado. Também pude observar a estranha ausência da movimentação dos pássaros: por vários meses o jardim ficou praticamente silencioso. O clima na Inglaterra já se modificou drasticamente, em questão de poucos anos. Tenho lembranças infantis de muita geada durante o Halloween, por exemplo. Mas neste ano mesmo, no início de novembro, as temperaturas ainda não tinham baixado ao frio glacial. As árvores da floresta que separa a nossa propriedade do canal Oxford, nas proximidades, permaneceram decididamente com a coloração verde-escura até dois meses depois que as cores do outono deveriam ter começado a surgir. Quase todos os leitores poderão também acrescentar outras curiosas alterações desse tipo.

De importância crucial para as espécies naturais é a velocidade da elevação da temperatura. Um aumento de dois graus ocorrendo num período de mil anos significa uma elevação de apenas 0,02°C a cada dez anos, o que é uma proporção lenta de mudança, à qual a maioria das espécies, caso nada de inesperado viesse a acontecer, teria grandes chances de se adaptar. Mas se o mesmo aumento levar 50 anos (um aumento de 0,4°C por década, é uma possibilidade muito mais plausível), o impacto já seria catastrófico. Embora se possa argumentar que espécies móveis, como as borboletas, poderiam se deslocar com facilidade em reação às alterações na temperatura, os estudos do professor Jeremy Thomas sobre a borboleta-azul inglesa demonstram que ela poderá apenas dispersar-se por novas áreas numa proporção glacial de dois quilômetros por década, ao passo que outros insetos, como os besouros de terra, se deslocariam apenas a um décimo dessa proporção. Na iminência de terem de se deslocar 30 quilômetros por década — ou três quilômetros por ano — para acompanharem as zonas de mudança de temperatura, essas espécies sedentárias certamente estariam diante de um problema. O mesmo acontece com as plantas com raízes. Claro que elas não podem se deslocar. Por isso dependem da dispersão das sementes para o avanço gradual da sua população. O limite de dispersão das sementes é, para muitas florestas, de menos de um quilômetro por ano. A floresta não pode avançar mais depressa, e breve será vencida por um clima em rápida mutação.

A elevação das temperaturas não constitui a única variável, é claro: a seca, mais que o calor, é a pior ameaça para as florestas de faias perto da minha casa, em Oxford. À medida que se desfazem os ecossistemas, espécies perfeitamente ajustadas umas às outras não mais estarão em sintonia. Na Holanda, populações de papa-moscas-preto foram reduzidas em 90% nas duas últimas décadas, porque a incubação dos filhotes encontra-se atualmente em descompasso com o avanço da primavera. Na época em que os filhotes famintos nos ninhos mais precisam de alimento, as populações de lagartas, de que dependem, já diminuíram, e os filhotes começam lentamente a morrer de fome.

As espécies evoluíram para ocupar nichos ecológicos específicos, que podem desaparecer quando outras se extinguem ou migram. Os animais e as plantas também tendem a ser altamente adaptados a seu hábitat geográfico. A relva de terreno calcário, por exemplo, não conseguirá deslocar-se para o norte, se o solo em climas mais frios tiver uma base de barro ou de granito. A fragmentação do hábitat é outro problema: as cidades, os “desertos” de monoculturas agrícolas e as grandes estradas representam barreiras intransponíveis à migração das espécies. No sul da Inglaterra, o tímido rato silvestre jamais atravessará os campos abertos, e muito menos sairá em disparada pelas movimentadas ruas de Birmingham em sua suposta jornada para o norte. Conseqüentemente, as mudanças climáticas colocam em questão a própria base de conservação *in loco* da natureza: não tem sentido declarar determinado local como reserva natural se todas as espécies dali terão de fugir para o norte dentro de poucas décadas, a fim de evitar a extinção.

Todas essas preocupações se concentram no "invólucro" climático em que as espécies habitam, e isso também proporciona a abordagem daquele que pode revelar-se um dos mais importantes artigos escritos. Em estudo publicado na revista *Nature* em 2004, o ecologista Chris Thomas e mais uma dezena de especialistas revelaram que, de acordo com os seus modelos, mais de um terço de todas as espécies estarão "condenadas à extinção" à época em que a temperatura global tiver aumentado dois graus, em 2050. "Bem mais de um milhão de espécies poderão estar ameaçadas de extinção, em resultado da mudança climática", declarou Thomas à imprensa.

Algumas delas incluiriam a iridescente borboleta-jóia-azul-do-ocidente, nativa do sudoeste da Austrália; o dragão-de-boyd, um espetacular lagarto de crista natural da ameaçada Queensland Wet Tropics; a metade das 163 espécies atualmente encontradas na savana do cerrado brasileiro; entre 11 e 17% de todas as plantas européias e um quarto das aves do continente, com o milhafre-real, o ferreirinha, o chapim-de-poupa, o cruza-bico escocês e o estorninho preto encabeçando a lista; o *smokey pocket gopher* e o *jico deer mouse*,* do deserto plano de Chihuahua, no México; e 60% das espécies atualmente residentes no famoso Kruger National Park, na África do Sul, só para citar alguns.

Vale a pena fazer uma pausa de um minuto para nos impregnarmos do pleno significado dessa seleção global projetada. Eco deprimente de tempos mais inocentes, o artigo de Thomas e de seus colegas me faz pensar no lado inverso de *A origem das espécies*, de Charles Darwin. Enquanto a obra de Darwin apresentava a teoria da evolução das espécies através dos tempos, o artigo de 2004 da *Nature* mapeia o seu previsto desaparecimento. Tivesse Darwin de escrever o seu estudo hoje, talvez o título fosse *O fim das espécies*.

Consideremos o pensamento de que as espécies vivas que evoluíram sobre este planeta ao longo de milhões de anos poderão ser para sempre destruídas no espaço de uma geração humana. Que a vida, em toda a sua fascinante exuberância, poderá apagar-se tão rapidamente, e com tal deprimente finalidade. Como sugeriu o biólogo Edward O. Wilson, o próximo século poderá ser uma "era da solidão", quando a humanidade se encon-

* Espécies de roedores endêmicas do México. (N.R.T.)

trar praticamente sozinha num planeta devastado. Num tributo a Rachel Carson, chamo a isso de nosso "Verão silencioso"* — uma interminável onda de calor, desprovida da canção dos pássaros, do zumbido dos insetos e de todos os estranhos e maravilhosos ruídos que, inconscientemente, nos fazem companhia.

Devemos aceitar esse destino?, pergunta Wilson. Devemos conscientemente apagar a história viva da Terra? "Mas então queimem também as bibliotecas e as galerias de arte", exige ele, "façam lenha com os instrumentos musicais, pasta com as partituras, apaguem Shakespeare, Beethoven, Goethe, e também os Beatles, porque todos eles (ou pelo menos excelentes substitutos deles) poderão ser recriados." Ao contrário, é claro, do dragão-de-boyd ou do sapo-dourado — o primeiro correndo grave risco, o segundo já desaparecido para sempre, devido à mudança do clima.

E tampouco a perda da biodiversidade constitui apenas uma preocupação estética. Enquanto eu e muitas outras pessoas sentimos que a vida natural e a biodiversidade possuem um valor intrínseco, separado do seu uso pelos homens, a sociedade humana como um todo é profundamente dependente dos sistemas naturais. Isso pode ser novidade para o cidadão comum, que se empanturra de uma refeição pronta, diante da TV, o que não o torna menos verdadeiro. Do peixe até o carvão combustível, a generosidade da natureza nos alimenta, nos abriga, nos aquece e nos veste. Os solos não sustentariam a agricultura, não fosse a matéria orgânica decomposta pelas bactérias. As plantações não produziriam sementes, caso não fossem polinizadas pelas abelhas. O ar não seria respirável, não fosse a fotossíntese realizada pelas árvores e pelos plânctons. A água não poderia ser bebida, não fosse a ação purificadora das florestas e dos pântanos. Muitos remédios que prolongam nosso tempo de vida foram inicialmente desenvolvidos a partir de plantas e animais, e muitos outros, sem a menor dúvida, ainda estão para ser descobertos. A vida regula até os ciclos nutrientes do planeta: se os organismos que vivem nos oceanos não seqüestrassem o excesso de carbono na forma de calcário e greda durante milhões de anos, nosso planeta habitável há muito que se teria tornado outro Vênus, com temperaturas de 500°C na sua borbulhante superfície — quente o bastante

* Alusão ao livro *Primavera silenciosa*, de Rachel Carson, publicado em 1962 e considerado o primeiro manifesto ambientalista. (N.R.T.)

para derreter o chumbo —, graças a uma inóspita atmosfera composta por 96% de dióxido de carbono.

Muitos economistas podem sugerir que a tecnologia é capaz de substituir alguns desses serviços prestados pelos ecossistemas. Pensemos, por exemplo, na *hidroponia*: a substituição do solo natural por material de raiz sintética com um coquetel de produtos químicos. Mas a ecologia é uma trama tão complicada, que não podemos sequer compreender muitas das interações de vida que se passam no interior dos ecossistemas, e muito menos imaginar que de alguma forma poderíamos redesenhá-los e substituí-los. Certa vez os cientistas tentaram construir um mundo vivo lacrado, chamado Biosfera 2, partindo do zero, numa grande estufa no deserto do Arizona. Fracassaram. Quando os níveis de dióxido de carbono subiram dentro daquelas estufas lacradas, os moradores do Biosfera 2 certamente devem ter pensado nas lições que estavam aprendendo, enquanto arfavam em busca de ar. Ecossistemas em funcionamento não podem ser criados artificialmente. É a vida que nos mantém vivos, e nós a estamos destruindo para nosso próprio risco.

3

Três graus

O que deseja qualquer cidadão de Botsuana

Os habitantes de Botsuana têm uma grande obsessão nacional. Não é dançar: a capital, Gaborone, é relativamente monótona e decerto não é famosa por suas festas animadas ou vida noturna. Os botsuaneses também não se destacam nos esportes: nem no futebol, nem no atletismo, e os patriotas lamentam muito o fato de seu hino nacional jamais ter sido ouvido numa cerimônia de entrega de medalhas, em qualquer competição esportiva mais importante. A obsessão nacional a que nos referimos tem, entretanto, uma longa história: na verdade, outrora ela constituiu um elemento-chave da religião pré-cristã. E ainda está evidente nas conversas do dia-a-dia por todo o país e também no hábito que muita gente tem de ficar olhando fixamente, com ar pensativo, para o horizonte, nos dias mais quentes de verão — em janeiro e fevereiro. É uma obsessão tal que fez a bandeira ser azul e deu à moeda nacional o nome de *chuva*.

Ao contrário dos ingleses (embora isso possa mudar), os botsuaneses amam a chuva. O cumprimento setsuano *pula* significa literalmente "votos de chuva", da mesma forma como o termo hebraico *shalom* equivale a votos de paz. Na sua terra quente, poeirenta e, em grande parte, plana, os botsuaneses vivem à espera do dia em que nuvens retumbantes se juntem, que os céus se rompam e grossos pingos de chuva desabem sobre a terra crestada pelo sol. Quando Botsuana (antes Bechuana) tornou-se independente da Grã-Bretanha, em 1966, seu primeiro presidente, o ainda reverenciado sir Seretse Kama, ergueu o punho e bradou: "Que caia a chuva!" Raras vezes pode ter havido manifestação mais clara da vontade nacional.

Embora com uma história de relativo sucesso na África, Botsuana é um país nos limites da existência. Menos de 1% da superfície da terra é oficialmente considerada cultivável, e o deserto de Kalahari domina o sul e o oeste do país. O rio Okavango não nasce em Botsuana, mas termina lá, extinguindo-se aos poucos debaixo do sol quente, num delta plano cheio de pequenas lagoas salgadas e pântanos ricos em vida selvagem. Embora o diamante seja o principal sustento da economia (ao lado do turismo), o gado é vital para a vida agrícola e cultural. Possuir mil cabeças de gado impressiona muito mais os botsuanos do que ser dono de um condomínio de classe alta na 5ª Avenida, em Nova York.

Mas, infelizmente para Botsuana, as previsões de longo alcance mostram muito pouca chuva. Por volta da época em que o aquecimento global chegar aos três graus, a seca já se terá tornado permanente, tanto naquele país quanto na maior parte do restante do sul da África. Mesmo enquanto as regiões tropicais e as latitudes médias mais elevadas forem tragadas por enchentes, as subtropicais estarão simplesmente tostando até a morte. O culpado não é, como se poderia esperar, a terra ressecada, mas sim o mar. O oceano Índico, ao leste, já está rapidamente ficando mais quente e encontra-se envolvido nas devastadoras secas que nos últimos anos têm atingido o sul da África. O problema é o seguinte: nuvens de chuva se formam sobre o oceano aquecido e, em vez de serem levadas para o interior, para aliviar o tormento do verão botsuanês e de seus países vizinhos, elas despejam inutilmente os seus torrenciais aguaceiros de volta na superfície do oceano. Assim, o sul da África não obtém a sua tão necessária chuva, fica só com as seqüelas: o ar, que se elevou nas tempestades sobre o oceano Índico, desce agora seco, depois que toda umidade lhe foi retirada.

Esse mecanismo é confirmado por modelos do clima atual, e provavelmente futuro, feitos em computador. Uma equipe liderada por Martin Hoerling, da US National Oceanic Atmospheric Administration, verificou que a África estava dividida ao meio pelo aquecimento global. A metade ao norte terá provavelmente uma recuperação das chuvas, enquanto a do sul se tornará, aos poucos, mais quente. A equipe de Hoerling não usou apenas um modelo de computador para chegar a esse resultado: eles viram o mesmo mecanismo se repetir em 60 diversas simulações, empregando cinco modelos diferentes, o que tornou robustas as suas previsões em termos científicos. Mesmo já em 2010, o sul da África permanece consistentemente seco nas projeções, por fim perdendo de 10 a 20% da sua precipitação de chuvas. É, de fato, uma previsão sombria.

Os cínicos poderão comentar que os africanos do subsaariano já estão acostumados com a seca. Mas as evidências indicam que a extensão das secas, no mundo três graus mais quente, será muito além de qualquer escala que permita a adaptação humana. E para as pessoas que já ganham a vida nos limites da subsistência, o resultado disso poderá resumir-se numa única palavra: fome.

Exatamente como e onde esse desastre vai produzir-se não é algo previsível com alguma segurança. Mas um outro estudo indica que particularmente Botsuana estará no epicentro. Além disso, os países vizinhos não estarão em condições de absorver grande número de refugiados botsuaneses, pois eles também estarão seriamente atingidos. A razão é muito simples: com um certo nível de aquecimento global, o deserto de Kalahari — que atualmente mantém vastas regiões de savanas e cerrados — vai tornar-se mais uma vez um verdadeiro deserto hiperárido, com devastadoras tempestades de areia e uma vegetação em acelerado declínio.

Como as altas planícies norte-americanas, grande parte da região do Kalahari consiste hoje em campos de dunas "estabilizadas" — mares de areia que desde muito cessaram de se expandir e que sustentam grandes áreas rurais de rebanhos de gado e de agricultura de subsistência. Por toda a região, milhões de pessoas sustentam a si e suas famílias cultivando gêneros básicos, como o sorgo, o painço, abóboras e milho, em pequenos campos cultivados manualmente. Para um olhar inexperiente, as dunas adormecidas não são óbvias de imediato: a paisagem tem o aspecto de colinas suavemente onduladas, como uma versão mais amarronzada das English South Downs. Mas cada pequena montanha e vale constitui uma duna linear, uma formação única de terra que pode chegar a dezenas de quilômetros de comprimento, parte de um mar de dunas que, tal como as ondas do oceano, marcha através de milhares de quilômetros quadrados de paisagem. Essas dunas de areia estabilizadas cobrem vastas extensões: o campo de dunas ao norte do Kalahari estende-se pelas atuais Zâmbia, Angola e Namíbia, enquanto a parte leste abrange imensas áreas do oeste do Zimbábue. O campo de dunas ao sul, enquanto isso, estende-se por toda a região que segue até o extremo norte da África do Sul. E lá, bem no meio disso tudo, firme, está, é claro, Botsuana.

Há duas razões para que as dunas permaneçam inertes hoje. Em primeiro lugar, a precipitação de chuvas, por mais limitada que seja, ainda é suficiente para sustentar a vegetação. Em segundo, a velocidade dos ventos é baixa o bastante para que a areia não seja deslocada a uma grande distância, e, assim, as grandes dunas permanecem firmes. Entretanto, o estudo de modelagem realizado por David Thomas, da Universidade de Oxford, prevê que os grandes mares de areia do Kalahari estarão plenamente em via de remobilização total quando o aquecimento global atingir os três graus. Mais uma vez, usaram-se vários modelos diferentes de computador, que foram testados inicialmente para conferir a sua capacidade de retroprojetar com sucesso o clima regional que se observou entre 1961 e 1990. Todos foram aprovados no teste.

Embora os modelos não componham um par perfeito com o estudo de Hoerling, eles efetivamente indicam uma seca em larga escala — desta vez não causada pelo oceano Índico, mas sim pelo fato de que as temperaturas mais quentes por toda a região aumentam a quantidade de evaporação da água da camada superficial da terra e da vegetação. Por si só, essa mudança poderia não ser suficiente para remobilizar as dunas do Kalahari. Mas os modelos também projetam grandes aumentos na velocidade dos ventos — que duplicará por volta de 2040 —, o que irá multiplicar a força erosiva a que estarão sujeitas as antigas dunas. O mais atingido será o campo de dunas ao sul, mas, depois de 2040, as áreas norte e leste, compreendendo Botsuana, Namíbia, Angola, Zimbábue e Zâmbia, provavelmente assistirão ao aumento da atividade das dunas, muito antes que o aquecimento global chegue aos três graus.

Uma vez atingido esse limiar de aquecimento global, os modelos prevêem que pouca coisa permanecerá no Kalahari além de areias deslocando-se violentamente. Com altíssimas temperaturas e ventos uivando furiosamente, tempestades colossais irão deslocar imensas quantidades de areia e poeira por toda aquela região, erguendo novas dunas e eclipsando aldeias, cidades e até capitais inteiras, como Gaborone. Mesmo na resolução grosseira de uma grade de modelo computacional, o destino de Botsuana é muito claro: o país será totalmente encoberto por dunas "ativas" após cerca de 2070.

Como observam Thomas e seu grupo, com preocupação: "Essas [dunas] irão representar consideráveis limitações, catastróficas mesmo, para a agricultura atual nesses ambientes." Em outras palavras, a maior parte da região não poderá mais abrigar habitações humanas. Botsuana, tal como a conhecemos hoje, será afogada, não pela água, mas pela areia.

Os perigos do Plioceno

Os leitores mais céticos poderão questionar se é sensato depositar tanta confiança em estudos de modelagem quando, por definição, estes só podem ser tão bons quanto os seres humanos que os idealizaram. Mesmo quando são feitos por supercomputadores, como o Earth Simulator, do Japão — uma máquina do tamanho de quatro quadras de tênis, capaz de processar 35 trilhões de cálculos por segundo —, os modelos ainda não podem repetir acuradamente cada realidade em pequena escala de como funciona a atmosfera, por causa da sua grande complexidade. O modelo HadCM3, do Hadley Centre, por exemplo, divide a atmosfera em uma grade global de 9.673 células, produzindo recortes de cerca de 300 quilômetros quadrados nas latitudes médias. Isso dificilmente pode resolver a questão das ilhas Britânicas, tampouco a das terras altas da Escócia e menos ainda a das Cairngorms.* Sua representação das mudanças na precipitação induzida nas montanhas da Escócia não terá, por isso, uma precisão total.

Uma solução é encaixar um modelo de clima regional, com resolução muito maior, dentro do modelo global. Muitos dos artigos citados até agora neste livro operam segundo esse princípio. A fim de resolver acuradamente os furacões, por exemplo, cujos poderosos olhos têm normalmente apenas alguns quilômetros de um lado a outro, os modeladores precisam "aninhar" dentro de um modelo global um modelo regional (com uma grade de alta resolução, cujos recortes tenham somente 9 quilômetros cada um).

Mas, na medida em que se trata de pinceladas amplas, como o cálculo da média das temperaturas globais, os atuais modelos fazem um bom tra-

* Uma cadeia de montanhas no oeste das terras altas escocesas. (N.R.T.)

balho. As mudanças climáticas no decorrer do século passado podem ser simuladas com uma precisão quase sem erro pelos poderosíssimos modelos recentes, indicando que as equações que regem as respostas da atmosfera aos efeitos do aprisionamento do calor pelos gases-estufa estão, agora, bem próximas da realidade. E a avaliação através de um modelo baseia-se em muito mais do que suposições. "Retroprojetar" o século XX é uma maneira de conferir qual modelo funciona, mas os modelos também podem ser ajustados usando-se outros períodos: as profundezas da última era glacial, por exemplo, ou períodos mais quentes no passado mais longínquo. Afinal, para ser confiável como previsor do futuro, um modelo precisa ser capaz de simular acuradamente o passado.

Entretanto, muitos céticos baseiam suas objeções na suspeita de que, de algum modo, os modelos sejam fraudados com antecedência pelos cientistas, ávidos pelo próximo financiamento contra o aquecimento global, de forma que providenciem as "respostas certas": "você colhe o que planta", como diz o velho ditado. Mas os modelos climáticos realmente têm um importante fundamento: eles se baseiam não em julgamentos subjetivos de seus elaboradores, mas nas leis fundamentais da física. Essas leis físicas observáveis, que regem tudo, desde os deslocamentos no interior das nuvens até a reflexibilidade do gelo marinho, não podem ser modificadas por ninguém, seja qual for a sua política. Afinal, modelos não fazem mágicas. Tudo o que eles fazem é resolver equações físicas. Todos os processos do HadCM3, por exemplo, poderiam teoricamente ser resolvidos manualmente — mas, nesse caso, seriam necessários séculos de trabalho humano para completar uma "rodada do modelo". O que os computadores fazem é acelerar o processo, tal como as calculadoras de bolso aceleram as aulas de matemática nas escolas.

Ninguém, no entanto, está sugerindo que os modelos de computador sejam perfeitos. Todos eles tendem a apresentar respostas ligeiramente diferentes à mesma questão, reflexo dos seus diversos projetos. A razão aqui é que algumas leis físicas que os sustentam não são conhecidas com precisão. O modo como interagem as nuvens com a vasta atmosfera constitui uma grande incerteza, por exemplo, e assim alguns parâmetros dos modelos de nuvens são, no máximo, especulações. Tampouco se sabe exatamente quanto os "aerossóis" de sulfato — diminutas partículas de poluição responsáveis pelo "escurecimento global" — podem esfriar as coisas.

Mas os modelos constituem uma útil ferramenta e fornecem uma valiosa percepção sobre as prováveis condições futuras neste planeta: algo a que a humanidade jamais teve acesso. Diversamente dos oráculos consultados pelos antigos, os modelos oferecem um modo de adivinhação do futuro baseado não nas miraculosas visões de profetisas invisíveis, mas sim em dados físicos passíveis de observação.

Além dos modelos, há uma outra opção para se estudar o futuro, que é voltar os olhos para o passado. Muitos estudos de caso examinados até agora, neste livro, basearam-se em pesquisas paleoclimáticas, em que os períodos mais quentes na história da Terra podem constituir úteis analogias do que poderá acontecer neste século. Os capítulos anteriores se voltaram para a fase inicial do Holoceno, menos de 10 mil anos atrás, e a última era interglacial, há cerca de 130 mil anos. Para uma analogia do mundo três graus mais quente, temos de recuar muito mais, até antes que a Terra entrasse em seus ciclos regulares de eras glaciais e interglaciais. Temos de retornar um total de 3 milhões de anos, até um período denominado Plioceno.

A época do Plioceno é de particular interesse porque em muitos modos é perfeitamente parecida com o mundo em que vivemos agora. A geografia global era quase a mesma de hoje. Grandes cadeias montanhosas, como os Andes e o Himalaia, já existiam quase em suas altitudes atuais, e o istmo do Panamá fora recentemente obstruído, cortando a comunicação entre o médio Atlântico e o Pacífico e estabelecendo padrões de circulação oceânica que se verificam ainda hoje. Até as ilhas Britânicas estavam separadas do continente pelo canal, exatamente como são hoje.

Não existia, entretanto, vida humana na Grã-Bretanha. Nossos ancestrais primatas concentravam-se exclusivamente na África. Na verdade, o famoso fóssil hominídeo chamado "Lucy", encontrado na Etiópia, é do período Plioceno. Ela e outros ancestrais humanos, segundo um estudo recente, podem bem ter evoluído para a bipedestação (caminhar sobre duas pernas, em vez de quatro) nas extensas florestas do leste da África, estimulados pelo clima quente do Plioceno.

Esse calor significa que, se não geograficamente, ao menos climaticamente tratava-se de um mundo muito diferente do de hoje. Uma pista de quanto ele era diferente foi descoberta em 1995 pela geóloga Jane Francis — uma das quatro únicas mulheres que receberam a Medalha

Polar — nas terrivelmente frias montanhas Transantárticas. Trabalhando com Robert Hill, um colega australiano, Jane Francis examinou mais de perto um afloramento de sedimentos que ela sabia pertencerem ao Plioceno e se surpreendeu ao descobrir troncos e folhas fósseis de faias preservadas nas rochas.

Aquelas folhas fossilizadas não provinham de florestas altas e vigorosas, como as da Inglaterra: as formas desenvolvidas dos troncos mostravam que elas vinham de arbustos atrofiados, que cresciam recurvos, próximos ao chão, presumivelmente devido ao clima áspero e aos fortes ventos. Mesmo assim, a Antártida de hoje não sustenta qualquer planta, em parte alguma, a não ser no extremo norte da península, e muito menos perto do frígido centro do continente. O sítio fóssil — logo acima da geleira de Beardmore, na linha de influência das montanhas Transantárticas — fica a apenas 500 graus do Pólo Sul e hoje tem uma refrescante temperatura média de -39°C.

No outro extremo do mundo, no Ártico, uma descoberta tão surpreendente quanto essa aguardava o seu momento. Dessa vez foi a região norte da Groenlândia — a porção de terra seca mais próxima do Pólo Norte — que apresentou antigos troncos do Plioceno, quando da visita do geólogo Ole Bennike, em 1997. Bennike identificou algumas peças como originárias de pinheiros e outras coníferas numa área que hoje está a centenas de quilômetros ao norte do limite das árvores. Na verdade, a região hoje é tão fria que a maior parte dela é completamente árida, com apenas poucas zonas de tundra em locais mais abrigados, que na curta estação do verão crescem regadas pela neve derretida. Durante o Plioceno, é evidente que as regiões antártica e ártica eram muito mais quentes do que são hoje.

O quanto eram mais quentes é indicado por remanescentes de plantas e de insetos, recuperados num antigo depósito de turfa do Plioceno na ilha de Ellesmere, extremo norte do Canadá. A turfa vem de um lago de castores, e os tipos remanescentes de plantas e de besouros que ela contém revelam um clima com invernos 15 graus mais quentes do que hoje. Uma fascinante variedade de mamíferos teve a má sorte de acabar naquele lago: um urso, um musaranho, um carcaju e até mesmo um pequeno cavalo, todos ancestrais extintos da fauna de hoje. O clima brando e a rica ecologia indicam florestas relvadas de lariços e bétulas, tudo a 2 mil quilômetros ao norte do atual limite de árvores. De fato, as geleiras continentais eram totalmente ausentes do hemisfério norte, contribuindo para um nível do mar 25 metros mais alto do que hoje.

Por muitos anos uma discussão agitou os círculos acadêmicos a respeito dos motivos de os pólos no Plioceno terem sido tão mais quentes do que hoje. Um lado sustentava que uma circulação oceânica particularmente intensa deslocava mais água quente dos trópicos para as regiões polares — talvez devido à obstrução da passagem entre a América do Norte e a do Sul —, levando a um planeta com uma distribuição mais equilibrada de calor oceânico. Os oponentes sugeriam que os níveis mais elevados de dióxido de carbono na atmosfera é que aqueciam todo o planeta, de forma mais ou menos equilibrada.

A discussão não foi resolvida até 2005, quando um estudo de modelagem de peso empregou análises químicas de sedimentos do fundo do mar para realizar uma sofisticada reconstrução das temperaturas marítimas no Plioceno. Para que a turma da circulação oceânica vencesse, o modelo teria de mostrar trópicos mais frios e pólos mais quentes, o que não ocorreu. Em vez disso, tanto os trópicos quanto os pólos eram mais quentes — descoberta consistente com o dióxido de carbono como causa. Como autor principal do projeto, o dr. Alan Haywood, da British Antarctic Survey, declarou: "O padrão de temperatura do mar que encontramos aponta diretamente para o CO_2, em vez das correntes oceânicas." E Haywood chegou a uma conclusão óbvia: "Nossa descoberta é da maior importância para se compreender como o clima pode reagir no futuro às emissões de gases-estufa."

A simulação do Plioceno tem alguns claros sinais de advertência para hoje. De acordo com o modelo do dr. Haywood, tanto o oceano Ártico quanto os mares ao redor da Antártida ficaram sazonalmente sem gelo. O gelo do inverno também foi em grande parte reduzido. Como o gelo nos pólos age como um gigantesco espelho, rebatendo de volta o calor do Sol, o seu desaparecimento trabalha em conjunto com o dióxido de carbono para manter o planeta mais aquecido. Na verdade, o Plioceno foi possivelmente a última vez, nos 3 milhões de anos passados, em que o Pólo Norte perdeu completamente o seu manto de gelo. Os padrões de circulação oceânica também mudaram. A circulação atlântica (discutida no Capítulo 1) provavelmente também foi reduzida em sua força.

Mas quais seriam os níveis do CO_2 no Plioceno, e quanto esse período foi mais quente, em termos globais? Uma possível resposta à primeira questão vem novamente dos fósseis, como as folhas de faia encontradas por Jane Francis no frígido interior da Antártida. Todas as folhas dos vegetais possuem pequeninos furos, chamados estômatos, que permitem que o dióxido de carbono entre e o oxigênio escape durante a fotossíntese. Experiências em estufas com maiores concentrações de CO_2 no ar mostram que o número de estômatos por folha muda de acordo com a quantidade de dióxido de carbono na atmosfera. Muitas folhas fossilizadas aparecem tão bem preservadas que se podem contar os seus estômatos, e os estudos sobre a densidade dos estômatos no Plioceno levam a uma surpreendente conclusão: as concentrações atmosféricas de CO_2 iam de 360 a 400 partes por milhão (ppm). (Essa medida ppm significa simplesmente que para cada milhão de litros de ar havia mais ou menos 360 litros de dióxido de carbono. Expresso em porcentagem, a atmosfera do Plioceno tinha, assim, 0,036% de CO_2.)

Se formos minimamente versados na questão do aquecimento global, as concentrações de CO_2 no Plioceno podem nos parecer bem familiares: hoje, elas são de 382ppm, e se elevam em 2ppm anualmente. Num artigo para a *Geology Today*, o dr. Haywood explica: "A concentração de CO_2 na atmosfera do Plioceno parece ter sido quase idêntica às concentrações atmosféricas de hoje, que resultam da emissão de gases-estufa na atmosfera." As temperaturas da época também foram reconstituídas, usando-se dados "*proxy*" de fósseis marinhos e terrestres datados daquele período. Então, quanto mais quente ele foi globalmente? Podemos adivinhar: pouco menos que três graus.

Isso sugere uma conclusão bastante óbvia: se as concentrações de CO_2 nos níveis de hoje, lá no Plioceno, produziram três graus de aquecimento global, certamente farão o mesmo hoje? Talvez. Mas por um período mais longo que um simples século. São necessários milhares de anos para que as temperaturas mais quentes penetrem nas escuras profundezas dos oceanos, por exemplo. E enquanto os mares prosseguem com o aquecimento, a atmosfera não poderá chegar ao equilíbrio, porque o calor ainda estará se transferindo para baixo. Este é um exemplo da "inércia térmica" do planeta: as temperaturas sempre se atrasam em relação a mudanças "impostas" pela radiação solar ou pelos gases-estufa, devido ao longo tempo de reação do sistema da Terra. Do mesmo modo, demora vários minutos para que a água ferva numa chaleira, depois que se acende o fogão.

O aquecimento global deste século é conseqüência de gases-estufa acumulados desde os primórdios da Revolução Industrial. (Parece incrível pensar que o carvão queimado pelos primeiros trens a vapor, como o Stephenson's Rocket, ainda esteja esquentando o planeta hoje.) Mesmo que estabilizássemos imediatamente as concentrações atmosféricas de CO_2, levaria muitos séculos para que a Terra chegasse novamente ao equilíbrio térmico, em um estado novo e mais quente. Esperar que os níveis de CO_2 hoje equivalentes aos do Plioceno resultem amanhã nas temperaturas desse período seria o mesmo que esperar que uma chaleira começasse a ferver instantaneamente.

Analisando pelo aspecto positivo, isso sugere que, se desligarmos rapidamente a "chaleira" do CO_2, provavelmente poderemos evitar chegar aos três graus a mais, pelo menos por mais um século. Por outro lado, se as emissões continuarem crescendo como estão atualmente, as temperaturas globais poderão subir mais que os três graus já em 2050. A escolha é nossa. E o relógio não pára.

O "Menino Jesus" está de volta

Um bombardeio de tempestades arrasa o Atlântico Norte. Enchentes no rio Yangtsé inundam Xangai, afogando 100 mil pessoas nas províncias rizicultoras de Henan, Hubei e Anhui. Uma grande seca atinge a Amazônia. As colheitas minguam na Austrália, enquanto a fome varre o norte da África e a Índia.

O ano não é 2050, e o responsável não é o aquecimento global. O ano é 1912, e o culpado é o El Niño. O nome completo, dado pelos cientistas, é Oscilação Meridional El Niño (Enso) e trata-se da fase quente de uma oscilação na corrente do Pacífico, que pode acabar com o clima no mundo. O nome (que significa "Menino Jesus" em espanhol) foi aplicado pela primeira vez à corrente quente por pescadores peruanos que observaram que o fenômeno costumava surgir sempre em meados do Natal, arrasando com as suas pescarias, tão abundantes nas águas frias. Não há nada de novo sobre o aspecto do El Niño ou a destruição que ele pode provocar: secas relacionadas ao Enso, mais de mil anos atrás, foram responsáveis pelo fim da civilização moche no deserto costeiro peruano. Em 1912 ele pode inclusive ter contribuído para o naufrágio do *Titanic*: tempestades incomuns ligadas ao El Niño trouxeram os icebergs muito mais para o sul do que de hábito, até a rota de navegação, bem no momento em que o capitão Smith ordenava que o malfadado transatlântico seguisse adiante em velocidade total.

Como o El Niño inverte efetivamente os padrões climáticos do Pacífico, provocando enchentes no deserto de Atacama, no Peru, e secas na Indonésia e na Austrália, ele tem um efeito dominó (conhecido como teleconexões) por todo o planeta. Olhando-se pelo lado positivo, o nordeste dos Estados Unidos tende a experimentar invernos brandos, e a maior redução de ventos sobre o Atlântico tropical arrefece a estação de furacões do Caribe. Por outro lado, secas em áreas florestais, desde a Amazônia até Papua-Nova Guiné desencadeiam devastadores incêndios, enquanto quedas nas precipitações de chuvas também provocam perdas na lavoura e surtos de fome no sul da África. No século XIX, o El Niño ajudou a desencadear a seca que matou milhares de pessoas na Índia britânica — e, na verdade, um registro histórico de precipitações de chuvas durante 130 anos mostra que a falta das monções, provocando graves secas na Índia, sempre foi acompanhada por ocorrências do El Niño.

Separar as possíveis relações entre o aquecimento global e o El Niño constitui há muito um grande desafio para os cientistas do clima. Os últimos 20 anos assistiram a El Niños mais fortes e freqüentes, como de 1977-78, que foi o mais poderoso já registrado. Recentes evidências, provenientes tanto de estudos por modelo quanto de investigações sobre o clima passado da Terra, indicam que o El Niño não só pode se tornar mais forte, como pode vir a se tornar permanente, lançando a tragédia a populações humanas e ecossistemas por todo o planeta. No momento, enchentes e secas transitórias significam terríveis dificuldades para os povos atingidos, porém cedo ou tarde a normalidade acaba sempre retornando. Esse pode não ser o caso em nosso futuro globalmente mais quente.

Entretanto, a comunidade científica está longe de concordar quanto à questão do El Niño. Alguns estudos de fato mostram um movimento em direção a um estado quase permanente de El Niño no futuro, com temperaturas mais quentes no leste do Pacífico e nuvens de chuva deslocando-se para mais perto da costa peruana. Um estudo recente, entretanto, chega a uma conclusão exatamente oposta, prevendo eventos mais fracos do El

Niño num mundo mais quente. Outro trabalho sugere que haverá poucas alterações ou conclui que os complexos modelos de computador, construídos pelos cientistas para reproduzir o clima do mundo, ainda não são suficientemente bons para reproduzir os detalhes específicos do ciclo do Enso e prever o futuro de forma confiável. Pelo menos no mundo da modelagem, o júri parece ainda não ter chegado a um veredicto.

Uma vez mais, entretanto, o passado vem fornecer evidências úteis para ajudar a prever o futuro. Alguns estudos sugerem que os El Niños foram mais fracos, ou totalmente ausentes, durante períodos mais frios como a fase mais intensa da última era glacial. Além disso, existem fortes indícios de que, durante a fase quente do Plioceno, discutida antes — quando as temperaturas globais ficaram em média quase três graus mais quentes do que hoje —, prevaleciam as condições de um El Niño permanente.

As razões são relativamente simples: um mundo mais quente levou a uma superfície oceânica mais quente, reduzindo a corrente fria ascendente que emerge hoje ao longo do litoral da América do Sul. Com um menor contraste de temperaturas entre as partes oeste e leste do Pacífico, os ventos alíseos do leste enfraqueceram, ou cessaram, levando menos água para o oeste e mantendo fechada a corrente fria. Nesse processo, as nuvens *stratus* de nível baixo, familiares a todo peruano do litoral (em Lima, a interminável névoa baixa se chama *neblina*), teriam sido drasticamente reduzidas, refletindo menos a luz do Sol no espaço, ao reduzirem a brancura do planeta. Temperaturas mais quentes resultam disso, e o domínio do El Niño seria permanente. Em vez de ser a inversão das correntes oceânicas, isso seria normal. Hoje os ventos alíseos já começaram a enfraquecer devido à influência humana, indicando que o processo pode estar acontecendo mais uma vez.

Uma pessoa que acha que os "super-El Niños" constituem um sério perigo é James Hansen, o climatologista da Nasa cujas recentes advertências sobre o colapso do manto de gelo foram estudadas no capítulo anterior. Embora Hansen e seus colegas não sugiram que os El Niños necessariamente se tornarão permanentes, de fato eles apresentam uma sólida base teórica para eventos muito mais intensos e danosos. O rápido aquecimento global já está elevando a temperatura do oeste do Pacífico, onde, se forem apropriadas as condições, nascem os El Niños. Isso em oposição ao leste do Pacífico, onde as correntes ascendentes, tendo perdido o contato com a atmosfera em aquecimento durante as décadas passadas no fundo do oceano, permanecem frias. É esse diferencial de temperatura que, segundo Hansen, serviria como combustível para os "super-El Niños", desencadeando o caos climático por todo o planeta.

Num cenário como esse, a Europa pode esperar invernos mais quentes. Enquanto a estação de furacões do Atlântico seria abrandada pelos aumentos do corte dos ventos, dificultando o desenvolvimento das tempestades, enchentes maciças e deslizamentos de terra poderiam assolar regiões normalmente secas da Califórnia. Com a falência das monções indianas, milhões de vidas estariam correndo perigo no subcontinente indiano. Na América do Sul, uma das regiões mais úmidas do mundo — a grande floresta tropical da bacia Amazônica, a leste dos Andes — rapidamente se tornaria uma das mais secas. No processo, como será visto na próxima seção, o duradouro retorno do "Menino Jesus" acenderia o pavio de uma das mais destruidoras conflagrações que o mundo jamais presenciou.

A morte do Amazonas

Tenho na minha estante de arquivos uma cópia gasta e amassada de um artigo publicado na revista *Nature* no ano 2000. Grampeada na parte de trás dele há uma página cheia de anotações rabiscadas por mim na época, onde eu expressava a minha espantada descrença no seu conteúdo. Esse artigo, talvez mais do que qualquer outro que eu tenha lido, me convenceu de que este livro precisava ser escrito — não só pelo que afirmava, mas pela recepção que teve. Apesar de conter as mais alarmantes projeções jamais publicadas na literatura científica, ele mal produziu alguma agitação na mídia ou nos círculos políticos. Devia ter causado pânico nas ruas, gente gritando em cima dos telhados, declarações no Parlamento e cobertura 24 horas pelos telejornais. Nada disso aconteceu. O artigo, cujo modesto título era "Modelo climático da aceleração do aquecimento global causada pelo feedback do ciclo do carbono", escrito por uma equipe do Hadley Centre, da Grã-Bretanha, foi amplamente ignorado.

Lembrei-me dele de novo durante a seca de 2005 no Amazonas, a pior em décadas, quando a água doce teve de ser canalizada para as aldeias que costumam ficar na beira dos grandes rios. Percorrendo as manchetes, era como se as projeções daquele artigo do Hadley Centre estivessem se concretizando, meio século mais cedo. Incêndios irrompiam em áreas que jamais haviam presenciado queimadas. Extensões inteiras de rios tortuosos tinham secado e se transformado em lama gretada. Já teria a Amazônia atingido o "ponto de desequilíbrio"? Felizmente, dessa vez a grande floresta pôde retornar daquele ponto extremo. A seca terminou antes do fim do ano, a água das chuvas lentamente voltou a cair sobre os principais afluentes do rio, trazendo alívio para as árvores ressecadas. Os incêndios foram contidos, e o mais diverso e precioso ecossistema do mundo foi salvo. Por enquanto.

O artigo do Hadley Centre na *Nature* deveria fazer soar o alarme pelo mundo afora. Em primeiro lugar, ele mostrou que o aquecimento global podia começar a gerar o seu próprio impulso, se entrasse em ação um feedback positivo, antes imprevisto — um círculo vicioso, pelo qual o aquecimento liberaria mais gases-estufa, causando um aquecimento ainda maior e, dessa forma, ainda mais gases a serem liberados, numa espiral impossível de controlar. Isso, o "feedback do ciclo de carbono" a que se referia o título do artigo, potencialmente deixaria os seres humanos como impotentes espectadores no meio de um devastador e desenfreado cenário de aquecimento global. Em segundo lugar, o artigo revelou que a principal fornalha desse feedback positivo iria arder não apenas nas capitais industriais do mundo, mas também no remoto coração da América do Sul, a começar pelo colapso quase total da floresta tropical amazônica.

Os autores do artigo, liderados pelo modelador climático Peter Cox, chegaram a essa terrível conclusão dando o passo que parece óbvio para tornar mais realista o seu modelo global. Enquanto modelos anteriores tinham tratado as temperaturas em elevação como um simples processo linear, a equipe de Cox se deu conta de que os sistemas do solo e do oceano não permaneceriam estáticos durante o rápido processo de aquecimento global. *Eles próprios* seriam também afetados pelo clima em mutação. No caso dos oceanos, os mares mais quentes absorvem menos CO_2, deixando que uma maior quantidade do gás se acumule na atmosfera, intensificando ainda mais o aquecimento global. Em terra, as coisas seriam ainda piores. Imensas quantidades de carbono ficam atualmente armazenadas nos solos do planeta, remanescentes semi-apodrecidos da vegetação morta há muito tempo. De acordo com as estimativas aceitas de modo geral, o total dos reservatórios de carbono do solo chega aproximadamente a 1.600 gigatoneladas, mais que o dobro do total de carbono da atmosfera. À medida que o solo se torna mais quente, as bactérias aceleram a sua tarefa de decompor esse carbono armazenado, liberando-o de volta à atmosfera como dióxido de carbono. Enquanto a maioria dos modelos climáticos trata a superfície da terra como alguma coisa inerte, o grupo de Cox incluiu, pela primeira vez, esse "feedback positivo" de liberações de carbono pelos solos e a vegetação mais quentes — chegando a um impressionante resultado.

De acordo com o modelo recentemente atualizado, uma elevação de três graus nas temperaturas globais — algo que poderá acontecer já em 2050 — inverte efetivamente o ciclo do carbono. Em lugar de absorver CO_2, a vegetação e os solos começam a liberá-lo em quantidades maciças, à medida que as bactérias do chão trabalham mais rápido para decompor a matéria orgânica, num ambiente mais aquecido, e o crescimento das plantas segue um sentido inverso. É tanto carbono lançado na atmosfera que as concentrações atmosféricas aumentarão numa taxa de 250 partes por milhão (ppm) até o ano de 2100, produzindo mais um salto de 1,5°C no aquecimento global. Em outras palavras, a equipe do Hadley Centre descobriu que os feedbacks positivos do ciclo de carbono poderiam, até meados deste século, desequilibrar o planeta numa espiral descontrolada de aquecimento global, muito mais cedo do que ninguém até então havia sugerido. Até 2100 o aquecimento global, segundo o modelo do Hadley, subiria de 4°C para 5,5°C, perigosamente próximo do pior cenário do IPCC. É por isso que as minhas notas rascunhadas expressavam um tal choque e desalento, quando li pela primeira vez aquele artigo, em 2000.

Os políticos podem não se ter mexido, porém outros cientistas puseram-se em alerta. Seguindo a pista do Hadley Centre, modeladores climáticos norte-americanos do National Centre for Atmospheric Research, no Colorado, acrescentaram ao seu modelo um componente do ciclo de carbono e também verificaram um decréscimo na quantidade de carbono armazenado nos solos globalmente aquecidos. Uma equipe francesa repetiu o experimento do Hadley, novamente com um modelo diferente, chegando ao mesmo resultado. Um outro grupo, dessa vez sediado nos Estados Unidos e na Itália, verificou que o CO_2 atmosférico aumentou até 90ppm e o aquecimento global, até 0,6°C quando eles acrescentaram feedbacks do ciclo de carbono ao seu modelo. Esses resultados podem diferir na sua magnitude, porém a direção que apontam é a mesma.

Mesmo que todos esses modelos estejam errados, outro perigo significativo jaz por debaixo da terra das florestas tropicais, na Indonésia, na Malásia e na Amazônia: é a turfa. Durante milhares de anos a vegetação morta desenvolveu-se embaixo da floresta viva, formando em alguns lugares camadas de turfa de dezenas de metros de espessura. Mas essa camada de turfa só é mantida estável porque é alagada. Na Indonésia, foi o incêndio da turfa que contribuiu com a maior parte dos 2 bilhões de toneladas extras de carbono que chegaram à atmosfera durante a devastadora temporada de incêndios de 1997-98. Grande parte desse fogo ficou durante meses latente no subsolo, continuando a liberar carbono, mesmo quando os focos na superfície foram extintos com o retorno das chuvas. Esse é um outro potencialmente devastador feedback do ciclo de carbono: se os padrões pluviométricos se modificarem num futuro globalmente aquecido, deixando esses inflamáveis montes de turfa prontos a pegarem fogo em milhões de hectares do sudeste da Ásia e da Amazônia, então grandes quantidades extras de carbono penetrarão na atmosfera, agravando ainda mais o aquecimento global. Os resultados dos modelos que examinaram esse feedback potencial são inconclusivos, ainda que preocupantes: um estudo de 2007 verificou que sete entre 11 modelos examinados previram uma redução na precipitação das chuvas sobre as turfas indonésias, durante as estações secas, enquanto seis entre 11 previam uma diminuição semelhante sobre a Amazônia.

Esse último resultado ilustra a incerteza que cerca as projeções de futuras alterações na precipitação das chuvas: enquanto o modelo do Hadley Centre mostrava uma dramática tendência de seca sobre a Amazônia, outros modelos mostram menos que uma mudança, e outros ainda projetam um aumento nas chuvas. Saber qual deles está correto dificilmente seria algo importante, pois aquele colossal ecossistema abriga a metade da biodiversidade mundial e responde por um décimo da produtividade primária real (resultado da fotossíntese das plantas) de toda a biosfera planetária, numa área de exatamente 7 milhões de quilômetros quadrados. Alimentado pelo derretimento de neves dos Andes e por chuvas torrenciais periódicas (de mais de 2,5 metros por ano em algumas regiões), o rio Amazonas contém 20% de toda a água despejada nos oceanos do mundo: dez vezes mais que o volume do Mississippi. A energia liberada por essa imensa quantidade de precipitação desempenha um papel importantíssimo na circulação do clima do mundo inteiro. Como explica o cientista Peter Bunyard: "O funcionamento da bacia do Amazonas, como mecanismo de energia hidrológica, é um componente crucial do clima contemporâneo."

Mas a Amazônia já está sob um estado de sítio, independentemente do aquecimento global. Mais de meio milhão de quilômetros quadrados — área do tamanho da França — já foram desmatados, e mais árvores estão sendo derrubadas todos os anos para abrir espaço para as pastagens de gado e plantações de soja. A população humana que invade a floresta já aumentou dez vezes no último meio século, e cada nova estrada que o governo brasileiro constrói atravessando regiões intactas rapidamente é cercada por novas áreas desmatadas em ziguezague. A agricultura que utiliza as queimadas é também uma séria ameaça, enquanto meio milhão de camponeses sem terra convergem para essa derradeira grande floresta brasileira em busca de uma vida melhor para si mesmos e suas famílias. A extração ilegal de madeira é desenfreada: quando o Greenpeace afirmou que 80% da extração de madeira era feita de forma ilegal o governo brasileiro, em vez de publicar veementes negativas, bateu palmas e concordou.

Mesmo que essa destruição toda acabasse amanhã, o modelo do Hadley Centre indica que a floresta tropical amazônica ainda estaria condenada, a menos que os níveis do aquecimento global parassem nos dois graus. Se o mundo ultrapassar esse crucial ponto de desequilíbrio, o modelo simula uma gigantesca onda de destruição, começando no nordeste da Amazônia e avançando para o sul e o oeste, através do continente. De acordo com os modelos, a precipitação de chuvas se reduziria a quase zero em algumas regiões até o ano 2100. As temperaturas elevariam-se aos níveis do Saara, atingindo uma média de 38°C. Uma vez completada a destruição, o interior da bacia amazônica ficaria completamente deserto, privado de qualquer vegetação mais significativa. Apenas uma pequena quantidade de pasto e de savana persistiria nos pontos mais exteriores.

Toda temporada de queimadas dá uma previsão de como tal colapso aconteceria de fato. As árvores da Amazônia são habituadas a uma umidade constante e não têm resistência ao fogo. Muito diferentes das árvores de outros ecossistemas florestais, que não só são adaptadas a queimas ocasionais, como necessitam de queimadas regulares para que a floresta se mantenha saudável. Em contrapartida, as árvores amazônicas, sem nenhuma experiência de queimadas em sua evolução, continuam a morrer muito depois de cessarem as chamas. A regeneração é muito lenta, permitindo que a luz solar penetre através da cobertura natural da vegetação e deixe ainda mais seco o solo da floresta. Espécies de aves e de animais estão revelando catastróficas reduções da sua população. E a chuva é ainda mais suprimida pelas nuvens de fumaça, que durante meses pairam acima da floresta ferida.

Quando acontecer a conflagração final, será em proporções muito diferentes de tudo o que já se viu até agora. A comparação mais próxima pode ser com os incêndios que se alastraram em 1998 por toda a Indonésia, encobrindo durante meses vários países com uma fumaça sufocante. No Brasil, na Venezuela, no leste do Peru e na Bolívia, a vida se tornará cada vez mais difícil à medida que o ar for transformado numa irrespirável mistura ácida de gases e fumaça. O sol será encoberto por uma nuvem escura e espessa, enquanto cairá do céu um escuro chuvisco de cinzas.

Do espaço, os satélites poderão assistir às gigantescas muralhas de fogo marchando através das últimas regiões intocadas da floresta. Milhares de indígenas ianomâmi, ashaninka e de outras tribos, que tiveram aquela floresta como seu único lar desde a pré-história, serão banidos de lá. Privados dos seus meios de subsistência e de sua cultura, incapazes de compreender o súbito desaparecimento de tudo aquilo que conheceram a vida inteira, eles irão chorar pelo seu mundo perdido. Para essa gente, a própria Terra terá desaparecido. Pois, uma vez passada a tempestade de incêndios, tudo o que restará do poderoso Amazonas serão pilhas de cinzas brancas, cinzentas e negras, cercadas por troncos fumegantes em brasa.

Nascerá uma nova e irreconhecível paisagem. Nas partes mais profundas da bacia, onde outrora o único ruído eram os guinchos dos macacos e o farfalhar da vegetação, um vento lamentoso começará a soprar. A poeira se aglomerará nos ocos dos restos carbonizados das árvores. Mais perto do chão, um suave silvado começará a se ouvir: são as dunas de areia erguendo-se. O deserto chegou.

Quarta-Feira de Cinzas na Austrália

O deserto chegou à Austrália há algum tempo — como também o fogo. A Austrália é o continente mais seco do mundo, e no verão os incêndios florestais devastam até perto dos limites de cidades como Sydney, Perth e

Adelaide. Não há nada de novo nos incêndios florestais na Austrália. Certas espécies de eucalipto até precisam ser queimadas antes de se abrirem as suas vagens de sementes. Os aborígines da Austrália usavam as queimadas como forma de controlar as suas áreas de caça, numa técnica chamada de "agricultura com bastão de fogo", muito antes que os invasores brancos chegassem por lá.

Mas essa longa história não torna os incêndios florestais da Austrália nem um pouco menos perigosos para as pessoas: os tições em brasa podem às vezes desencadear outras labaredas, a quilômetros de distância do foco principal, cercando os bombeiros entre duas muralhas convergentes de fogo. Os incêndios mais temidos são os chamados *crown fires* — "incêndios-coroa" —, que não só se espalham velozmente pelos topos das árvores, mais depressa do que as pessoas podem correr, como também sugam todo o oxigênio do ar, asfixiando quem quer que esteja embaixo. No dia 16 de fevereiro de 1983, uma Quarta-Feira de Cinzas, 12 voluntários das equipes contra incêndio foram colhidos por um desses incêndios-coroa nos arredores de Melbourne, que numa fração de 15 segundos alastrou-se por 500 metros. Nenhum dos bombeiros sobreviveu. Em janeiro de 1994, Sydney quase foi cercada por mais de 800 incêndios separados, que lançaram uma chuva de cinzas sobre o principal centro de negócios, encobrindo totalmente o sol enquanto a fumaça marrom se espalhava por várias regiões.

No mundo três graus mais quente, muitas outras partes da Austrália serão incendiadas. O risco e a intensidade desses incêndios dependerão da convergência de dois fatores-chave: a seca e o calor. As projeções de mudanças climáticas mostram a maior parte da Austrália tornando-se mais seca e quente no decorrer deste século, aumentando seriamente o risco dos incêndios. Segundo um importante estudo publicado pela CSIRO Atmospheric Research, os dias com temperaturas máximas acima dos 35°C podem aumentar de 100 a 600% (duas a sete vezes) em New South Wales até 2070. Dias realmente tórridos, quando o mercúrio subirá acima de 40°C, podem aumentar seis vezes nas cidades situadas no interior das florestas.

Embora os modelos sejam menos claros quanto às mudanças na precipitação, a freqüência das secas poderá triplicar, de acordo com o estudo da CSIRO. Em média, as chuvas por todo o estado poderão reduzir-se em

25%. E ventos extremamente fortes, que podem arrastar pequenos incêndios em minutos, transformando-os em infernos mortíferos, estão previstos para aumentar durante o verão, quando o fogo produz maiores danos.

Outros estados também irão sofrer. A metade norte de Victoria poderá ter perdido até 40% de sua precipitação de chuvas por volta de 2070, segundo um outro estudo da CSIRO. O sudeste da Austrália também assiste a uma tendência de declínio de chuvas. Não surpreende que a saúde também sofra em situações de tal violência. Entre 8 mil e 15 mil idosos irão morrer anualmente nas capitais estaduais da Austrália de causas relacionadas com o calor, de acordo com a Australian Conservation Foundation. Novas doenças também poderão aparecer: até 2070 a zona de contágio potencial da dengue, transmitida por mosquitos, poderá expandir-se para o sul, até Sydney.

Outra grande preocupação da Austrália, além dos incêndios, será com a água. Apesar da relativa aridez do país, comparado a outros continentes, uma família mediana da Austrália atinge anualmente um gasto impressionante de 350 litros de água por dia, com descargas, bebida, lavagens e mangueiras. Tal extravagância não pode sustentar-se quando o total de precipitação de chuvas está caindo e os rios, secando. As regiões do norte, como Darwin e Queensland — que já são bem irrigadas pelas monções australianas — poderão esperar aumentos na precipitação, à medida que se intensificam as monções no mundo em aquecimento. Mas a maior parte do resto do país — excetuando-se talvez a Tasmânia, de latitude média — caminhará para uma situação de falta d'água crônica e de colapso na agricultura, processo que já começa agora, quando o país cambaleia sob as garras de cinco anos de seca. Um estudo sobre a potencial produção futura de trigo no sul da Austrália mostrou que somente as fazendas mais ao sul e mais próximas ao litoral permanecerão viáveis no clima do futuro.

A bacia do rio Murray Darling, que se estende através de cinco estados e fornece água para grandes cidades como Camberra, Melbourne e Adelaide, irá perder, segundo as projeções, entre um quarto e metade da sua corrente à época em que as temperaturas globais se aproximarem dos três graus. Perth, que já assistiu ao declínio das chuvas nos últimos anos, é ainda mais vulnerável. À medida que os sistemas de tempestades, que trazem as chuvas, forem gradualmente deslocados para o sul, sobre o oceano — resultado previsível da contração dos cinturões regulares do clima mundial para mais perto dos pólos —, eles serão substituídos por persistentes zonas de alta pressão de clima seco sobre a superfície. A conseqüência é direta: uma grande queda na precipitação pluviométrica anual, acabando com a futura produtividade agrícola da região, que atualmente cultiva metade de todo o trigo australiano.

Essa combinação entre incêndios, calor e seca tornará a vida na Austrália cada vez mais insustentável, à medida que o mundo ficar mais quente. A produção agrícola e de alimentos vai cair de forma irreversível. A água salgada irá penetrar os sistemas hídricos, envenenando o suprimento dos lençóis freáticos. As temperaturas mais elevadas significam maior evaporação, vegetação e solos mais secos, levando a enormes perdas nos minguados reservatórios armazenados por trás das represas.

Essas mudanças significam, no mínimo, grandes perturbações na vida cotidiana do australiano médio, perdas econômicas expressivas e um severo racionamento de água. Na pior das hipóteses, elas podem conduzir a deslocamentos populacionais para fora das regiões com pouca água, em direção à Tasmânia e à zona tropical norte, onde há maior segurança quanto à incidência das chuvas. A vida poderá simplesmente deixar de ser possível em grande parte do interior, quando as temperaturas atingirem alturas causticantes e inéditas. E se as torneiras efetivamente secarem na maior parte da Austrália nas décadas futuras, as pessoas terão certamente duras reclamações contra a recusa em controlar as emissões de gases-estufa pelo governo Howard, de 1996-2007. Mas então, é claro, será tarde demais.

Muito adequadamente, Camberra, capital da Austrália, pôde sentir o gosto do novo regime de incêndios em 18 de janeiro de 2003. Antes disso, por diversos meses o leste da Austrália sofrera uma precipitação de chuvas anormalmente baixa, ao lado de temperaturas causticantes. No dia 18 de janeiro, o termômetro chegou aos 37°C no aeroporto de Camberra, enquanto ventos fortes e secos sopravam do oeste, criando situações de extremo risco de incêndios. Ninguém sabe como foi acesa a primeira fagulha, mas, quando o incêndio florestal começou, seu desenvolvimento foi tão explosivo que os meteorologistas compararam a fumaça resultante com a coluna que subiu da erupção do monte Pinatubo.

Em apenas dez minutos, no auge daquela tempestade de fogo, foi liberada mais energia do que pela bomba atômica em Hiroshima. Imensas nuvens de tempestade criadas pelo fogo — chamadas *pyrocumulonimbus* —

concentraram-se acima das labaredas devido à convecção e ao calor. Não caiu nenhuma chuva, porém um granizo negro se precipitou sobre o solo, a leste, a 30 quilômetros de distância. Um tornado de potência F2 atingiu a terra exatamente a oeste, no limite da cidade. A fumaça foi lançada ao ar com tamanha força explosiva que penetrou a estratosfera, passando a circular ao redor do planeta, vedando alguns raios solares num "inverno nuclear" de menor escala. Quando a calma foi restaurada, quatro pessoas tinham morrido e quinhentos prédios tinham sido reduzidos a cinzas.

Visto que os políticos se recusaram a pensar no futuro, foi o futuro que fez uma visita aos políticos, e na própria cidade deles.

Houston, temos um problema (de furacão)

Houston, Texas, 5 de agosto de 2045, 21h. Quando vai se dissolvendo a luz da tarde, uma onda recoberta de óleo começa a se erguer no golfo do México. Algumas nuvens macias captam a luz esmaecida do Sol, mas o aspecto do céu está demasiadamente tranqüilo. Somente um véu, que aos poucos se vai espessando, feito de cirros de grandes altitudes, dá algum indício do que está para acontecer.

Em terra, entretanto, é como se o inferno inteiro desabasse. Freneticamente, os proprietários comerciais vedam suas lojas com tábuas. O preço do compensado subiu quatro vezes, e as últimas casas comerciais ainda abertas já esgotaram todo o seu estoque de alimentos em conserva e de garrafas d'água. Um milhão de aparelhos de TV transmitem, por satélite, seqüências mostrando o superfuracão Odessa à medida que ele vai evoluindo sobre o golfo aquecido, ao mesmo tempo que as fontes oficiais alertam a população para que evacue *imediatamente* toda a região metropolitana. Enquanto isso, as mais altas temperaturas já verificadas no mar impulsionam ventos de 180 quilômetros por hora. Todos se aglomeram para embarcar em ônibus expressos. Os que ficam para trás tomam à força qualquer veículo que encontram e se juntam à crescente multidão de gente desesperada que se desloca para o interior, muitos a pé, como um exército subindo pela Northwest Freeway. Ironicamente, alguns deles são refugiados de Nova Orleans, depois que seus habitantes desistiram finalmente de lutar contra o mar e as tempestades, e a cidade acabou abandonada, uma década antes.

Ao longo do rio, em Galveston, a maré já se eleva acima do quebra-mar e invade as ruas mais próximas ao cais. Quase ninguém está ali para assistir: ainda subsistem as recordações populares do furacão Galveston, de 1900, que por mais de um século foi considerado o pior desastre natural da história norte-americana, e ninguém quer esperar, sobre uma ilha no nível do mar, para ver o episódio repetir-se.

A primeira faixa de chuvas do Odessa avança encoberta pela escuridão, descarregando aguaceiros torrenciais por toda a costa do Texas, de Corpus Christi, ao sul, até a divisa com a Louisiana. Essa tempestade é gigantesca, e Houston se encontra bem no meio do seu percurso previsto. Perto da madrugada o vento ganha força e a luz cinzenta da manhã revela uma cena muito diferente daquela deixada pelo sol poente, na noite anterior. Ventos uivantes rugem em direção à baía de Galveston, lançando jorros d'água que sobem da tempestade e varrem o interior com a velocidade de um tsunami. De repente chuva, mar e vento quase não mais se distinguem, misturando-se num lamaçal de água e de violência.

E a tempestade cresce mais. A onda agora se desloca rio acima, a água desabando primeiro em volta dos prédios situados no limite leste da própria cidade de Houston. Com a chuva ofuscante precipitando-se durante horas sobre todo o condado de Harris, o Buffalo Bayou — o rio que Houston conseguiu dominar há tanto tempo — começa a se tornar selvagem novamente. As primeiras enchentes acontecem nos estacionamentos e nos shoppings subterrâneos. Os canais de escoamento de tempestades começam subitamente a jorrar as águas da enchente. As tampas dos bueiros são arremessadas longe, sem nenhum aviso, liberando jatos de espuma de cinco metros de altura. Os automóveis abandonados flutuam pela correnteza do rio, que se avoluma rapidamente, e com eles seguem os destroços produzidos pelos ventos e lançados nas ruas inundadas.

Quando o olho do superfuracão Odessa atravessa a costa, ainda constitui um monstro da categoria 6. Galveston inteira está debaixo d'água, mais uma vez, açoitada por imensas ondas de dez metros de altura. Quando os ventos das muralhas do olho se arremessam sobre Houston, as brilhantes torres do centro comercial da cidade começam a balançar de forma sinistra. Violentas rajadas e jatos d'água uivam pelos cânions de concreto, enquanto muito acima as janelas de vidro explodem sob a força do impacto. O Commercial Houston, sede da indústria petrolífera norte-americana, é saqueado. Redemoinhos de documentos de algumas das mais poderosas corporações do planeta elevam-se no vórtex central do furacão, espalhando-se pelo alto da troposfera. Os ventos barulhentos são tão violentos que arrancam as folhas e também as cascas das árvores no parque das proximidades. O ruído é como o de um trem de carga a precipitar-se pelo céu. As casas de madeira se quebram e desmoronam. Só o concreto e o aço resistem.

Pelas televisões do mundo inteiro, as pessoas assistem àquela destruição com um crescente sentimento de pavor. Desde a baía de Bengala até as Filipinas, de Taiwan até a Austrália, os meteorologistas localizados em todas as bacias de ciclones tropicais encontram-se em alerta máximo. Eles sabem que o furacão Odessa é apenas o começo. Iniciou-se a era dos superfuracões.

Como sugere o cenário imaginário acima, na época em que o mundo se aproximar dos três graus a mais, quaisquer dúvidas que poderiam permanecer sobre a conexão entre o aquecimento global e os furacões mais violentos terão sido eliminadas, diante da brutal realidade de uma atmosfera mais energética. Com maior energia nos mares mais aquecidos para produzir ciclones tropicais, os furacões litorâneos irão devastar as áreas costeiras vulneráveis, precisamente ao longo dos trópicos. Nova Orleans foi a primeira cidade, porém muitas outras a seguirão, de Houston a Xangai. E dois cientistas, especialmente, ficarão registrados na história por terem tentado nos avisar disso com antecedência.

Tom Knutson e Bob Tuleya, dois recatados autores de modelos climáticos dos Estados Unidos, escreveram um artigo num número do *Journal of Climate* de 2004, alertando sobre a crescente intensidade dos furacões no mundo dos gases-estufa. Knutson e Tuleya conseguiram fazer com que os computadores simulassem furacões até mesmo com o seu característico formato de rosca e o seu tranqüilo olho, a fim de investigar o que poderia acontecer com essas mortíferas tempestades num mundo mais quente.

Depois de fazerem agir, por uma impressionante seqüência de 1.300 vezes, os furacões simulados em computador, numa situação climática com o dobro de CO_2, eles chegaram a uma conclusão extremamente preocupante: à medida que se intensificar o aquecimento global, o mesmo acontecerá com os ciclones tropicais, acelerando-se as velocidades máximas dos ventos em 6% e a precipitação de chuvas em 8%. Esses números podem parecer pequenos, mas no mundo real eles significarão tempestades de categoria 5 muito mais destrutivas, acometendo os litorais do mundo inteiro. No nosso clima atual, a categoria 5 é a máxima classificação de um furacão. Mas no futuro mais quente, quando todas as tempestades terão sua força aumentada em meia categoria ou mais, os piores temporais serão mais mortíferos do que tudo o que já se experimentou até hoje.

O surgimento de um novo Ártico

Um furacão plenamente maduro demonstra, com uma simetria quase perfeita, que a atmosfera é um fluido em movimento, cheia de ondas, redemoinhos e turbilhões, assim como a correnteza de um rio está constantemente deslocando-se sobre a superfície da Terra. Os redemoinhos são sistemas de baixa pressão — dos quais os ciclones tropicais constituem um determinado tipo —, enquanto as calmarias são sistemas de alta pressão, nos quais o ar que desce produz ventos suaves e dias secos. Como a água de um rio, toda a atmosfera é interligada, não só consigo mesma, como também com os oceanos e a biosfera. Os furacões, por exemplo, misturam as camadas superiores do oceano tropical com os seus ventos fortes, ajudando a conduzir as maciças correntes que, por fim, levarão a água quente para os pólos.

As mudanças nos pólos, dessa forma, terão um efeito dominó em outras regiões distantes. Um resultado provável é que a redução no gelo marinho do Ártico irá estimular a seca do oeste norte-americano. Ao invés de o calor oceânico permanecer aprisionado debaixo da superfície do gelo, durante o inverno, uma vez desaparecida a maior parte da calota de gelo, grandes áreas do oceano aberto permanecerão expostas aos ventos, alterando o padrão usual da estação do inverno na América do Norte. Num estudo por modelo, os sistemas de baixa pressão portadores de chuva desviam-se ainda mais para o norte, para o Canadá e o sul do Alasca, longe das planícies marcadas pela seca do oeste norte-americano. O resultado é uma queda vertiginosa de 30% na incidência de chuvas por toda a Costa Oeste da América do Norte. A falta d'água se propaga até bem para o interior, levando as emergências da seca a 11 estados, de Nevada ao Wyoming.

Além disso, como examinamos no Capítulo 1, as mudanças são apenas uma parte da tendência mais ampla do cinturão climático do mundo de se contrair em direção aos pólos, com a elevação das temperaturas.

No próprio Ártico, simulações por modelo indicam que 80% do gelo marinho já terá se perdido, à medida que o mundo se aproximar dos três graus a mais, com apenas uma faixa resistindo, entre o pólo e a costa norte da Groenlândia. Como vimos no capítulo anterior, é possível que esse projetado declínio de 80% subestime seriamente a realidade: o mais provável é que, então, todo o gelo tenha desaparecido. A maior parte dos modelos mostra um Ártico a aquecer-se muito mais lentamente do que já acontece no mundo real: uma recente análise mostrou que as reduções no gelo marinho estão atualmente 30 anos à frente das que foram projetadas nos modelos do IPCC. Os autores, alguns dos mais importantes especialistas do mundo sobre o Ártico, concluem razoavelmente que "a sensibilidade dessa região pode bem ser maior que a sugerida pelos modelos" e que a "transição" para uma nova condição no Ártico irá ocorrer "bem em meio a este século".

Em terra, as calotas de gelo e as geleiras também descongelarão rapidamente. O mundo três graus mais quente verá a água jorrar da Groenlândia em fabulosas quantidades, convergindo para imensos rios glaciais, enquanto a borda gelada se retrai para o centro daquela gigantesca ilha. À medida que as geleiras recuam, novas áreas de terra se abrem depois de terem ficado debaixo de gelo por milhares de anos. Formam-se novos lagos enormes, aprisionados entre barragens compostas de sedimentos de cascalho e de calotas de gelo. Com o avanço da zona de descongelamento para o interior a cada verão, surgem agora lagos azuis sobre toda a extensão do manto de gelo. Outro feedback positivo prepara-se para entrar em atividade: neste momento, a parte alta da Groenlândia é mais fria que a base, devido à sua abrupta altitude (assim como é mais frio o pico de uma montanha do que os seus flancos inferiores), mas quando aumenta o descongelamento, cada vez menos partes da gigantesca calota de gelo mantêm-se frias por se encontrarem muito alto na atmosfera. Com uma quantidade maior do manto de gelo presa em zonas de temperatura mais quente, o descongelamento se acelera ainda mais.

Calotas de gelo menores, como a de Vatnajökull, na Islândia, vão desaparecer muito mais depressa do que as imensas e pesadas da Groenlândia.

Famosa entre os turistas que em bandos vão conhecer os vulcões, os gêiseres e as quedas-d'água da Islândia, Vatnajökull é uma grande cúpula que domina o lado sudeste do país. Sendo a maior massa de gelo da Europa, tem debaixo de si diversos vulcões, alguns dos quais de vez em quando entram em erupção sob a camada de gelo de 400 metros de espessura, fazendo com que a cada dez anos, mais ou menos, jorre a famosa *jökulhlaup*, uma torrente de água. No total, as geleiras da Islândia contêm cerca de 3.500 quilômetros cúbicos de gelo — o suficiente para formar uma camada de gelo de 40 metros de espessura estendendo-se pelo país inteiro.

Até o ano 2100, apenas a metade de Vatnajökull terá sobrevivido, e por volta de 2200 toda a calota de gelo desaparecerá. As enxurradas dos rios duplicam à medida que entra em ação a engrenagem do descongelamento, levando enormes volumes de água lamacenta a derramarem-se pelas planícies, até chegarem ao mar. As calotas de gelo menores da Islândia, como a Hofsjökull, vão desaparecer ainda mais depressa. As geleiras das montanhas alpinas, na Suécia e na Noruega, também derreterão rapidamente, com as do Alasca e do norte do Canadá. Embora o seu conteúdo de água seja diminuto, comparado aos das massas de gelo polar da Groenlândia e da Antártida, se todas as pequenas calotas de gelo e geleiras derretessem em conjunto, os níveis globais do mar teriam uma elevação de 25 centímetros.

Essas mudanças refletem-se em outras regiões do Ártico. Olhando-se pelo lado positivo, talvez as estações produtivas se tornem mais longas, permitindo que, como nunca antes, as plantações sejam feitas mais ao norte e talvez ajude a preencher parte da lacuna alimentar surgida nas plantações mais ao sul, afetadas pela seca. Até 2050, por exemplo, a Noruega desfrutará uma estação produtiva equivalente à de hoje no sul da Inglaterra, na Holanda e no norte da Alemanha. Na Finlândia a estação produtiva aumentará em até dois meses.

No entanto, é improvável que novas e importantes áreas agrícolas se possam abrir: a maior parte do Ártico é rochosa e ácida, com apenas solos finos. Algumas áreas de pântanos, antigamente congelados, poderão secar e se tornarem aptas à lavoura, mas isso à custa de enormes emissões de carbono provenientes da turfa em decomposição. Numa região em que os previsíveis ciclos das estações há muito terão desaparecido, essa pode não ser a única surpresa a ficar de tocaia logo adiante.

Os mistérios dos maias

Muitos visitantes das ruínas maias do México sentem que existe algo especial com relação a Palenque. As suas pirâmides não são tão imensas quanto as de Chichen Itzá, e os seus templos não são tão remotos e nublados nas fotografias quanto os de Tikal. Talvez o estranho seja saber que só 5% da antiga cidade tenha sido escavado até hoje, além da emocionante visão dos misteriosos montes ainda recobertos por árvores, perto de trilhas que conduzem ao interior da selva. Ou os hieroglifos recentemente decifrados, contando os feitos sobrenaturais dos reis sagrados e dos bravos guerreiros. Ou a exuberância dos arredores, onde fontes naturais brotam das pedras até se juntarem ao rio Otolum, que foi simbolicamente canalizado pelos arquitetos maias por baixo da principal praça de Palenque.

Seja lá como for, a simples beleza e o mistério se combinam para fazer com que o local tenha um ar sobrenatural e, de certa forma, transcendental. Quando ainda estudante, ignorante, de mochila nas costas, achei difícil acreditar que os ancestrais daquele povo indígena descalço, simples, mostrando as frutas na beira das estradas, tivessem sido responsáveis, séculos antes, pela criação de monumentos tão extraordinários. Os primeiros arqueólogos tiveram o mesmo problema, principalmente diante da escassa população encontrada na região, quando os primeiros europeus ali chegaram. Como poderiam aqueles aldeões, nas suas cabanas de barro, ter esculpido tamanhas maravilhas? E por que teriam sido abandonadas aquelas grandes cidades? Muitos preferiram atribuir Palenque e outros lugares aos egípcios, aos polinésios ou até mesmo às tribos perdidas de Israel, particularmente porque a população local tinha pouco conhecimento ou memória folclórica para explicá-los.

À medida que se foram tendo novos conhecimentos sobre os maias, os mistérios só fizeram aumentar. Evidentemente, aquela sociedade fora uma das mais avançadas a jamais surgir no Novo Mundo. Milhões de pessoas tinham vivido em terras agrícolas irrigadas e tão densamente povoadas quanto Bangladesh hoje. Os maias clássicos (entre 50 a.C. e 900 d.C.) fizeram amplo uso da escrita, sulcada na pedra ou mesmo aplicada a livros fabricados com cascas de árvore e gesso, cujos restos fragmentados foram encontrados nos túmulos reais. Eles tiveram um calendário, conhecido como a Longa Conta, que remontava ao ano 3000 a.C. e previa guerras e sucessões dinásticas. Já foi sugerido mesmo que eles compreendiam a astronomia e eram capazes de prever eclipses lunares.

No entanto, à época em que os invasores espanhóis chegaram, as cidades clássicas maias de Palenque e de Tikal há séculos já tinham sido abandonadas, as altas pirâmides desmoronavam, entregues ao avanço da selva. Somente alguns lavradores permaneceram nos arredores, sobrevivendo do plantio de milho e feijão mirrados, num solo extremamente pobre. À medida que prosseguiram os trabalhos de escavação, aos poucos tornou-se claro para os arqueólogos que algo dramático e terrível havia acontecido aos maias, alguma coisa que precipitara o colapso de sua civilização inteira, praticamente da noite para o dia.

Esse "algo", como depois foi esclarecido, foi a seca. A maior parte das regiões maias tem camadas subterrâneas de calcário, que mal retêm a água em épocas de pouca chuva. Os maias compensavam isso construindo reservatórios e aquedutos rebocados e cavando grandes poços, chamados *cenotes*, nas regiões baixas do norte, para atingirem o lençol d'água. Mas o relógio da seca estava sempre em funcionamento: os reservatórios maias podiam apenas reter água suficiente para 18 meses.

Essa era uma grande preocupação tanto para os reis quanto para os camponeses: a unidade cultural da sociedade maia era uma espécie de acordo segundo o qual, em troca de luxos e de adulações, os reis realizavam sacrifícios e rituais para satisfazer os deuses e manter as chuvas chegando em seu devido tempo. Quando das secas ininterruptas, a pretensão dos governantes à divindade começou a se desgastar, e os seus súditos, outrora leais, passaram a considerar a possibilidade de se revoltarem, ou até mesmo de cometerem o regicídio, quando a fome começou a surgir.

Ao chegar a longa seca, parece que foi isso mesmo que aconteceu. Registros feitos através da perfuração nos leitos dos lagos mostram claras evidências de secas duradouras, exatamente à época do colapso dos maias. Novas evidências de sedimentações oceânicas confirmaram que o Período Clássico Maia terminou com o duplo golpe de um extenso período seco "pontuado por repetidas secas anuais intensas" entre 810 e 910 d.C.

No seu livro *Colapso: como as sociedades escolhem o fracasso ou o sucesso*, Jared Diamond identifica o colapso maia como um caso clássico de excesso ecológico, em que uma sociedade altamente desenvolvida passou da conta em relação à sua base de recursos, tornando-se vulnerável a um desastre natural como a seca. Jared Diamond também adverte que o crescimento populacional e o desenvolvimento econômico estão mais uma vez colocando os recursos da América Central sob grande pressão. Grandes áreas do sul do México já perderam novamente a sua cobertura vegetal. A erosão das vertentes montanhosas já está de novo destruindo as terras agrícolas. Deslizamentos de terra devidos a enchentes matam às vezes milhares de pessoas, quando a terra é atingida por um grande furacão. E se as secas retornarem?

Infelizmente, as secas são um elemento central nas previsões para aquela região, quando o mundo estiver três graus mais quente. Embora se preveja um crescimento nas precipitações nas regiões medianas dos trópicos, a zona subtropical ficará mais seca, e a América Central se encontra precisamente no meio de uma dessas zonas de seca. O modelo do Hadley Centre prevê declínios nas chuvas de um a dois milímetros por dia, metade do total anual de precipitações em algumas regiões. E, assim como durante o colapso maia, uma situação média mais seca significará que secas de maior intensidade vão acontecer com maior regularidade. O tempo seco poderá também agravar o desmatamento, exterminando as árvores que restam. Em grande parte por esse motivo, a América Central, num estudo de 2006, foi identificada como um dos pontos críticos das mudanças climáticas mundiais, ou seja, áreas que constituem a maior preocupação do planeta.

É difícil imaginar como os milhões de pessoas que atualmente vivem na América Central poderão sobreviver por muito tempo em terras tão improdutivas. Uma antevisão disso aconteceu durante uma seca moderada, em 2001, que desencadeou cortes de alimentos para aproximadamente 1,5 milhão de pessoas, deixando milhares precisando da ajuda humanitária para se alimentarem por vários meses. Um tipo de ajuda desses não será possível num mundo onde os suprimentos alimentares já se encontrem no limite da ruptura. Assim, à medida que se aceleram as mudanças climáticas, esses vulneráveis países da América Central estarão entre os primeiros a ver sua produtividade agrícola enfraquecer-se, o seu povo marginalizar-se e migrar. Enquanto regiões inteiras são despovoadas, os emigrantes deixarão para trás cidades fantasmas, pouco mais que ruínas poeirentas, em terras não mais capazes de sustentá-las.

Essas cidades e aldeias abandonadas poderão permanecer intocadas por séculos, tal como as ruínas dos ancestrais maias que ali residiam antes deles. Elas também guardarão uma lição para o mundo do futuro. Mas se ainda existirão por perto seres humanos para aprendê-la, isso está longe de ser algo certo, como irão demonstrar os capítulos seguintes.

As monções de Bombaim

As colheitas de 60% da população mundial dependem de um único fator climático recorrente: as monções de verão da Ásia. Milhões de pessoas levam anos passando fome quando as monções não conseguem trazer as chuvas prometidas, e outros milhões perdem as suas casas nas enchentes, quando as monções trazem um verdadeiro dilúvio ao qual a terra não pode resistir. Não são raros os totais diários de 40 centímetros de chuva durante esses aguaceiros tropicais, e em Bombaim, em julho de 2005, houve a quebra de um recorde de chuvas, com uma precipitação de quase um metro em menos de 24 horas. As enchentes resultantes causaram mil mortes. Mas, sem essas chuvas anuais, as férteis planícies da Índia e de Bangladesh — que sustentam algumas das populações mais densas do mundo — seriam áridas e desprovidas de vida. A periodicidade das monções num futuro mais quente é, assim, uma questão de vida ou morte para milhões de pessoas.

Como foi explicado no Capítulo 1, as monções dependem de diferenciais de calor entre a terra e o oceano ao redor. Esses contrastes terra-oceano serão intensificados num mundo mais quente, indicando não ser provável um colapso total das monções indianas de verão durante o próximo século. Na verdade, as épocas passadas em que as monções foram mais fracas tendem a ser associadas a períodos mais frios, como o auge da última era glacial. Os modernos poluentes, como os aerossóis (na maioria dióxido de enxofre e partículas liberadas por incêndios), também podem ter um efeito resfriador, e, na ausência do aquecimento global, a chamada "nuvem marrom asiática" poderá perturbar seriamente as monções, de acordo com um estudo. Seus autores apresentam a hipótese de que uma situação de "montanha-russa" ainda poderá verificar-se, entretanto, quando os poluentes resfriadores primeiro enfraquecerem as monções, antes que o controle da poluição e os níveis crescentes dos gases-estufa as tragam de volta, com força maior do que nunca. Porém muitos e variados estudos, que examinam apenas o impacto dos gases-estufa, chegaram à firme conclusão de que o mais provável resultado será a precipitação mais forte das monções, especialmente graças ao fato de que uma atmosfera mais quente retém mais vapor d'água.

A intensificação das monções apresenta dois problemas. O primeiro deles é que um aumento na média da precipitação das chuvas, durante as monções, significará eventos mais fortes associados a grandes enchentes, devido a essa atmosfera mais aquecida e mais úmida. Um aumento na intensidade e na freqüência de situações de fortes chuvas já se verificou sobre a Índia. Em segundo lugar, provavelmente as monções também se tornarão mais variáveis. Em alguns anos elas poderão faltar totalmente em algumas regiões, só para retornarem com renovado vigor na estação seguinte. Os meteorologistas já estão lutando para prever o fluxo e o refluxo anual das monções, e essa tarefa se tornará ainda mais difícil à medida que o clima do mundo for mudando para novos padrões.

Esses novos padrões climáticos poderão afetar áreas que se encontram a distâncias surpreendentemente grandes do subcontinente indiano. Estudos sobre os corais da costa da Indonésia demonstraram que há 6 mil anos, durante uma temporada de fortes monções, Sumatra e outras ilhas indonésias foram atingidas por uma dura seca, causada pelas mudanças de padrão dos ventos por todo o oceano Índico tropical. Isso indica que mais uma vez a seca poderá tornar-se perene naquele país densamente povoado, se as monções indianas se tornarem mais fortes, tal como muitos modelos climáticos prevêem. Os anos de seca na Indonésia já podem ser desastrosos, com cortes de alimentos e incêndios florestais tão graves que imensas regiões do país — e da vizinha Malásia — sumirão debaixo de densas nuvens de fumaça, durante semanas. Mesmo regiões distantes como o sul da Austrália poderão sofrer a redução das chuvas em resultado da modificação das monções indianas.

Na própria Índia, os lavradores lutarão para cultivar plantações bem-sucedidas, caso a ocorrência das monções se torne mais incerta. Em anos mais intensos, as enchentes serão catastróficas, submergindo várias regiões. As áreas que serão especialmente mais afetadas são as que já sofrem com as chuvas mais pesadas: a costa oeste da Índia, a baía de Bengala, Bangladesh e o nordeste da Índia. É quase como o provérbio bíblico: aos que já têm, mais lhes será dado. E o contrário também é verdadeiro: as chuvas poderão reduzir-se nas áreas que hoje recebem quantidades insuficientes, como o norte da Índia e o sul do Paquistão.

Na verdade, será o Paquistão que examinaremos a seguir porque, à medida que as temperaturas mundiais subam três graus, esse país estará à beira de uma crise sem paralelo na história humana mais recente. E, como acontece tão freqüentemente, esse desastre decorrerá não dos efeitos diretos do aumento do calor, mas sim das suas conseqüências indiretas. O Paquistão caminha para perder maciças quantidades do mais precioso recurso que existe: a água.

Onde antigamente corria o Indo

As duas mais altas montanhas do mundo espalham-se sobre fronteiras internacionais. O Everest forma o limite entre o Nepal e o Tibete, enquanto o K2 divide o Paquistão e a remota província chinesa de Xinjiang. O K2 também constitui o cume da poderosa cadeia de Karakoram, que ostenta quatro picos com mais de 8 mil metros de altura e outros dez com mais de 7 mil metros. Uma das mais altas e inacessíveis cadeias de montanhas do mundo, o Karakoram contém a maior região glacial além dos pólos. Os alpinistas precisam caminhar uma semana até a geleira Baltoro, por exemplo, antes de poderem ter a sua primeira visão do inacessível pico piramidal do K2.

Essas geleiras representam um maciço depósito de água doce, e os três principais rios do subcontinente indiano — o Indo, o Ganges e o Brahmaputra — nascem dentre as neves do Karakoram, do Himalaia e do grande planalto tibetano, mais além. Já que os rios Mekong, Yangtsé e Amarelo também têm as suas nascentes naquela gigantesca região de terras elevadas, não é nenhum exagero afirmar que os rios que nascem nas vertentes desses picos gelados sustentam, de fato, metade da população do mundo.

Enquanto as águas da região do Everest vão finalmente penetrar no Ganges, as enxurradas vindas do lado norte da divisão continental do Himalaia juntam-se ao Brahmaputra, que corre de oeste para leste antes de executar uma volta em forma de U através da cadeia de montanhas a leste de Bhutan, e ao sul, na direção de Bangladesh. O Indo, enquanto isso, deriva grande parte de sua primeira corrente da geleira Siachen, de 72 quilômetros de comprimento, uma das oito geleiras da região do Karakoram de comprimento maior do que 50 quilômetros. Mais abaixo, na correnteza, o Indo prossegue pelo pico extremamente alto de Nanga Parbat, com 8.126 metros, na distante extremidade oeste do Himalaia, onde outro conjunto de geleiras acrescenta-lhe mais água. Nesse ponto, o vale do Indo já é essencialmente árido, e a visão das altas vertentes daquela gigantesca montanha — a nona mais alta do mundo — constitui um alívio para a névoa quente e cintilante ao longo da superfície plana e pedregosa do vale.

No conjunto, a bacia do Indo reúne mais de 3.500 geleiras individuais, mais que o Ganges e o Brahmaputra juntos. Entretanto, ao longo do seu percurso, o Indo atravessa um clima mais árido do que os outros dois rios, os quais recolhem mais água das monções das chuvas de verão nas suas regiões mais baixas. Essa combinação entre aridez e uma elevada captação glacial torna o Indo particularmente dependente da água das montanhas. E é esse o seu calcanhar-de-aquiles: as neves da montanha, antigamente perpétuas, estão agora derretendo. Um capricho da dinâmica atmosférica significa que as temperaturas do ar, naquela elevada região, estão subindo duas vezes a média do planeta, e um recuo glacial acelerado foi registrado por todas as mais importantes montanhas cobertas pela calota de gelo. Até mesmo o poderoso Everest tem perdido massa glacial: a geleira de Khumbu se retraiu em mais de cinco quilômetros, no local onde Hillary e Tenzing partiram para conquistar o pico, nos idos de 1953.

Enquanto as geleiras na sua fonte forem retrocedendo gradualmente, no século à nossa frente, o Indo irá mudar de forma drástica. Nos primeiros estágios dessa grande transformação, o rio será avolumado pelo derretimento extra, enquanto as geleiras prosseguem no seu acelerado recuo. Para um país em desenvolvimento, com agricultura e população a expandirem-se, esse maior fornecimento de água doce poderá parecer uma vantagem para o Paquistão. Mas isso terá vida curta. Nas décadas seguintes, depois que a maior parte do gelo houver desaparecido, a correnteza do rio vai se tornar mais lenta, até ele se converter em pouco mais que um córrego. E a grande e intricada planície do rio Indo ficará vazia por vários meses.

Um estudo financiado pelo Ministério do Desenvolvimento Internacional da Grã-Bretanha, que usou um modelo hidrológico para projetar mudanças nas correntes fluviais durante o século, confirma essa sombria previsão para o alto Indo. Enquanto, no início, a corrente aumenta numa faixa entre 14 e 90%, dependendo da velocidade do aquecimento, para o final do século o modelo projeta uma redução no suprimento de água de até 90%. Em Skardu, porta de entrada para o Karakoram e uma parada importante para os alpinistas de grandes altitudes que se dirigem ao K2 e ao Broad Peak, as correntes do rio Indo, segundo o modelo, atingem o seu auge em 2030, mas depois disso caem pela metade até 2080, enquanto mais acima ainda, na altura do rio Shyok em Ladakh, o Indo poderá secar até 2090. Enquanto isso, entretanto, descendo-se a corrente, onde o Indo começa a se afastar das montanhas, em Bisham Qila, o fluxo terá sido reduzido entre 20 e 40% até 2080.

O desaparecimento, nas nascentes do Indo, das águas provenientes do derretimento glacial terá um efeito dramático nas correntes descendentes que atravessam o Paquistão. Pouca chuva cai para aumentar a corrente glacial, seja no leste, nas planícies do Punjab, seja no oeste, nas secas montanhas sem lei do Baluquistão. Uma vez que a agricultura paquistanesa depende quase exclusivamente da água doce que desce da correnteza do Indo para os canais de irrigação que se entrecruzam no Punjab, o país se defrontará com a destruição da sua mais importante região produtora de alimentos, quando o rio e seus afluentes se tornarem secos.

Pouca ajuda poderá chegar do exterior, pois os países que fazem fronteira com o Paquistão provavelmente sofrerão também problemas relativos à redução do fornecimento de água. Na China, por exemplo, 23% da população vive nas regiões do oeste, onde o descongelamento glacial é a principal fonte de água doce durante a estação seca. Mesmo que seja menos afetada que o Indo, 70% da corrente do Ganges na estação seca e metade da de outros rios importantes são provenientes do descongelamento das geleiras. De certa forma, esses são suprimentos de água "fóssil", armazenados por milênios, quando as geleiras se encontravam num relativo equilíbrio, mas que nas próximas décadas serão liberados, à medida que o mundo ficar mais quente.

Com a Índia particularmente dependente da energia hidrelétrica, correntezas de verão insuficientes poderão levar a apagões e cortes de energia nos meses mais quentes do ano. Dois dos maiores afluentes do rio Indo — o Chenab e o Sutlej — nascem na Índia e correm para o Paquistão. Ambos também sofrerão os efeitos do descongelamento em suas regiões superiores. Poderão irromper conflitos entre essas duas nações, ambas detentoras de armas atômicas, quando a água minguar e os líderes políticos começarem a disputar sobre a quantidade a ser armazenada nas represas e em reservatórios rio acima.

Qualquer crise na produção de alimentos pode rapidamente ter uma escalada até uma crise total da economia do Paquistão. O país depende maciçamente da renda das exportações de arroz e açúcar, ambos os quais são extensamente cultivados por meio da irrigação no Punjab. Mais ao sul, onde a província de Sindh se apóia principalmente no Indo para alimentar seu sistema de canais, os agricultores poderão ver-se em desvantagem em relação a seus colegas mais poderosos do Punjab, ao norte. Por todo o país, os agricultores também podem sentir-se em desvantagem em relação a grandes cidades como Lahore, Hyderabad e Karachi, cada qual abrigando populações de muitos milhões de pessoas.

À medida que míngua o abastecimento do Indo, durante a estação seca, com o recuo do gelo na sua parte superior, uma cascata de impactos poderá começar a se acumular e pressionar a sociedade paquistanesa e o povo a abandonar o campo em grandes números e começar a fugir para as cidades superpovoadas. Com os estoques globais de alimentos já sob pressão, como examinamos antes, pouco ou nenhum excedente irá restar para alimentar as pessoas deslocadas das regiões que antes eram irrigadas. Novos conflitos poderão eclodir com a Índia se milhões de refugiados paquistaneses atravessarem a fronteira a fim de buscar sustento em regiões mais irrigadas, servidas pelo Ganges, mas que já suportam populações humanas adensadas.

Toda a história do homem demonstra que, diante da escolha entre passar fome *in situ* e se mudar, as pessoas preferem mudar-se. Na última parte do século, milhões de cidadãos paquistaneses poderão ver-se diante dessa escolha, quando o rio que sustentou a sua civilização por séculos ficar seco, e as regiões produtoras de alimentos mantidas por ele forem derrotadas pelo deserto em expansão. O Paquistão, que detém armas nucleares, poderá integrar-se à crescente relação dos países falidos, quando a administração civil entrar em colapso e as gangues armadas se apoderarem do pouco alimento que restar. A regra das armas vai substituir a regra da lei.

Enquanto isso, nas altas montanhas, o branco cintilante das neves mais elevadas terá dado espaço à rocha nua e ao solo crestado pelo sol. Abaixo, já terão desaparecido os vales de geleiras, que por milênios se assentaram lentamente entre os picos e foram substituídos pelo cascalho. Em algum ponto dos remotos restos do planalto tibetano, muito distante de qualquer habitação humana, uma simples pilha de pedras vai assinalar o local onde outrora foi a nascente de um dos mais poderosos rios da história.

As últimas gotas do Colorado

Ao contrário do Indo, o Colorado deixou de ser um rio natural. Seu fluxo e refluxo são controlados não pelos caprichos do tempo, mas sim pelos engenheiros que apertam botões nas salas de controle de mais de dez grandes represas. De fato, cada última mínima gota d'água dos 18 milhões de metros cúbicos de água que correm pelo rio Colorado, num ano mediano, já está destinada ao uso humano. A água é distribuída proporcionalmente entre os estados norte-americanos da bacia superior (Wyoming, Utah, Colorado e Novo México), os da bacia inferior (Califórnia, Arizona e Nevada) e o México, por uma porção de acordos. Assim como o Indo, a maior parte da sua corrente — mais de 70% — é proveniente da sua bacia superior nas grandes altitudes nas montanhas, e não das suas regiões áridas mais baixas. Mas, como os rios Sacramento e San Joaquin, da Califórnia, a bacia do Colorado é menos a de um rio vivo e mais a de um gigantesco sistema de bombeamento.

Além disso, o bombeamento do Colorado já está começando a ranger de tanto uso. Uma seqüência de anos de seca, no início dos anos 2000, quase levou o sistema a uma falência total, com os níveis de água do lago Mead (por trás da estreita represa Hoover) caindo o suficiente para ameaçar o fornecimento para três estados e milhões de pessoas. Embora as represas do Colorado, que podem conter o equivalente a quatro anos de água corrente do rio, atuem como um amortecedor para as mudanças de nível do rio, a seca demorada ainda constitui uma crucial ameaça. Um minucioso estudo de modelagem de como o sistema do Colorado poderá comportar-se num clima futuro verificou que, em algum momento na segunda metade do século XXI, o sistema basicamente entrará em falência total.

As represas do Colorado provocaram uma grande resistência desde que foram discutidas pela primeira vez, particularmente a do Glen Canyon, que submergiu belíssimas muralhas do cânion esculpidas pela natureza —

a famosa "Catedral do Deserto" — numa região que desde então tem sido chamada de o "parque nacional perdido" da América. Os que se opõem afirmam que é tanta água que se perde com a evaporação que o lago Powell, que fica por trás da represa, torna-se basicamente inútil, e o armazenamento poderia ser mais bem realizado em outro lugar.

Sejam quais forem os erros e os acertos desse caso, fica claro que alguma maneira de armazenar água é fundamental para equilibrar as mudanças nos cursos d'água, nas estações. Esse é particularmente o caso dos rios do oeste norte-americano, que atingem o seu auge com o descongelamento das neves, no início do verão, e depois declinam no decorrer dessa estação, quando a demanda por água é maior por parte das pessoas. O problema da redução dos blocos de neve já foi analisado no capítulo anterior, em que vimos que os estados da Costa Oeste se defrontam com grandes mudanças nas enxurradas dos rios e nos suprimentos de água para as cidades e a agricultura, com o aquecimento do mundo. Quando as temperaturas médias do planeta subirem três graus acima do que se verifica hoje, a situação se tornará cada vez mais crítica. Não só a neve se terá transformado em chuva, em bacias de baixa elevação — o que implicará absolutamente nenhum armazenamento natural de inverno —, como também a data média do descongelamento das neves primaveris das mais altas montanhas chegará cerca de um mês antes do habitual.

Com a maior precipitação de chuvas no inverno, e o descongelamento de neve acontecendo mais cedo, a água terá de ser liberada das represas, para que reste uma capacidade extra de proteção contra enchentes, desperdiçando um precioso recurso que, mais tarde, naquele mesmo ano, se tornará escasso. A maior parte dos sistemas fluviais, entretanto, não dispõe de represas suficientes para controlar muito dessa enxurrada, e então a maioria dessa "água antecipada" irá para os oceanos, e se perderá. A longa seca de verão se tornará ainda mais demorada, ameaçando os ecossistemas e a habitação humana por todo o oeste norte-americano.

Toda a costa do Pacífico dos Estados Unidos, de fato, depende crucialmente do derretimento das neves. Seattle, por exemplo, já está experimentando cortes de abastecimento em anos com pouco acúmulo de gelo. A agricultura será também afetada. O fértil vale Yakima, no estado de Washington, famoso por suas maçãs, cerejas e uma florescente indústria de laticínios, recebe uma pequena e preciosa incidência de chuvas, e os seus sistemas de irrigação dependem quase exclusivamente do descongelamento das neves, que se encontram em via de desaparecimento.

Mesmo bem para o norte, no oeste do Canadá, onde se poderia imaginar que o inverno iria proteger as neves periódicas, essa situação irá repetir-se. Um rio canadense deverá perder 40% da sua água. As Rochosas poderão ficar praticamente sem neve ao longo de vastas regiões, apenas os picos mais altos retendo uma cobertura invernal. A água para irrigação, proveniente das Rochosas, é de importância vital para a agricultura de toda a região de Alberta, e plantações como as de batatas, leguminosas e trigo da primavera rapidamente entrarão em falência sem ela.

Tudo isso sem considerarmos um perigo adicional: a seca. O Capítulo 1 mostrou quanto o oeste dos Estados Unidos é vulnerável ao retorno das megassecas medievais, num mundo mais quente, e o sudoeste, em particular Califórnia, Arizona, Nevada, Utah, Colorado, Novo México, Texas, Oklahoma e Kansas, poderá esperar por um regime climático permanentemente mais seco, de acordo com um consenso muito forte de modelos climáticos. Segundo um artigo de maio de 2007 publicado pela revista *Science*, esse crescente nível de aridez seria semelhante à *dust bowl*, ou às secas de 1950, a não ser pelo fato de que, desta vez, as mudanças seriam permanentes.

Primaveras sem neve, secas mais rigorosas, tudo isso irá aumentar a vulnerabilidade do sudoeste norte-americano ao agente que talvez seja o mais temido de todos: o fogo. Historicamente, a Califórnia tem sido em particular propensa aos incêndios florestais. Ela já sofreu mais prejuízos financeiros do que qualquer outro estado durante o século passado. Já existem evidências de que o número de graves incêndios subitamente aumentou em meados dos anos 1980, devido aos verões mais longos e ao derretimento antecipado das neves. E os incêndios vêm durando várias semanas. Em 2003, incêndios açoitados por ventos acometeram o sul da Califórnia, atingindo até mesmo os arredores de Los Angeles. Os bombeiros só puderam ficar olhando, enquanto violentos tornados de fogo elevavam-se acima da conflagração.

De acordo com as projeções para o futuro traçadas pelo USDA Forest Service e por acadêmicos do Lawrence Berkeley National Laboratory, o número de incêndios fora de controle poderá aumentar em mais de 50% na região da bacia sul de São Francisco e se elevar até 125% nas vertentes de

Sierra Nevada, mais ao leste. Somente a nevoenta e alagada costa norte poderia escapar das chamas. Tampouco seria a Califórnia a única a ser atingida: a maior parte do sudoeste, a Grande Bacia e as Rochosas, ao norte, enfrentariam duas ou três semanas a mais de risco de grandes incêndios, todos os anos.

Todos esses diferentes impactos apontam para um único resultado: um oeste norte-americano bem diferente do que nós conhecemos hoje. À medida que as montanhas forem perdendo a sua neve, também as cidades perderão a sua água; e os agricultores, os seus campos férteis. Enquanto as secas de verão vão ressecando as matas e as florestas, as pessoas ficarão à espreita daquela única fagulha que poderá atear fogo a todo o seu mundo. O corpo de bombeiros poderá chegar a tempo, mas seus caminhões-pipa estarão sem água, e suas mangueiras serão inúteis. Nada haverá que possa deter a queimada.

O naufrágio da Big Apple

No outro lado do continente norte-americano, a cidade de Nova York estará diante do problema oposto. Em lugar do corte no fornecimento de água, a grande ameaça para a Big Apple será água em demasia. A região metropolitana de Nova York, que abriga quase 20 milhões de pessoas, tem 2.400 quilômetros de linha costeira, a maior parte da qual é baixa e maciçamente coberta de prédios de apartamentos, estradas e linhas férreas. Quatro das cinco divisões distritais da cidade estão localizadas sobre ilhas. Mais de 2 mil pontes e túneis ligam essas ilhas ao continente, e a maioria das entradas por ferrovias, túneis e aeroportos se encontra numa elevação de apenas 3 metros em relação ao nível do mar, ou menos que isso. A configuração do litoral da Costa Leste também torna Nova York especialmente vulnerável à irrupção de tempestades: o ângulo reto entre Nova Jersey e Long Island afunila a água diretamente para o porto da cidade, enquanto a ponta leste de Long Island forma um outro funil de ondas.

Como as autoridades da cidade adoram dizer, em relação a uma grande inundação, o problema não será *se* ela ocorrerá, mas sim *quando*. Se o furacão Floyd não tivesse enfraquecido, transformando-se em tempestade tropical ao passar por aquela região em 1999, o "*big one*" poderia já ter acontecido. Da forma como ocorreu, 30 centímetros de chuvas caíram sobre algumas regiões, provocando enchentes relâmpagos e quase fechando completamente o sistema metropolitano de transportes.

Alguns anos antes, em dezembro de 1992, a cidade esteve ainda mais perto da inundação: fortes ventos nordeste empurraram uma maciça onda de ressaca sobre o litoral, ao mesmo tempo que golpeavam toda a região com chuvas torrenciais. Uma sobretensão elétrica provocou uma pane em todo o sistema de metrô, deixando as pessoas perdidas nos trens e nas estações. A ressaca também deixou debaixo de mais de um metro d'água a FDR Drive e outras rodovias de Manhattan, enquanto dois metros de água inundavam o túnel Battery Park. Em Nova Jersey, Connecticut e Long Island, as comunidades litorâneas tiveram de ser evacuadas. Quando a tempestade começou a se afastar, as autoridades respiraram aliviadas, sabendo que, se os níveis de inundação tivessem atingido meio metro apenas a mais, o resultado teria sido maciças enchentes e perdas de vidas.

Os níveis do mar ao longo da costa de Nova York já subiram até 25 centímetros no decorrer do século passado, e essa proporção previsivelmente deverá ter um drástico aumento nos próximos 100 anos, com o componente global da elevação agravado pelo gradativo afundamento da terra ao longo da maior parte da costa americana. À época em que as temperaturas da Terra se aproximarem dos três graus acima das de hoje, os níveis do mar terão subido algo entre 25 centímetros e um metro. (Essas imprecisões se devem em grande parte, como vimos anteriormente, ao comportamento imprevisível das calotas de gelo da Groenlândia e da Antártida.) Com a probabilidade de furacões mais violentos e possivelmente ventos nordeste de inverno mais fortes, a "tempestade perfeita" de Nova York poderá acontecer não uma só, mas sim muitas vezes seguidas. O que hoje se considera "uma enchente a cada 100 anos" poderá acontecer a cada 20 anos até 2050, e a cada quatro anos até os anos 2080. A zona de três metros de enchentes, que hoje inclui grande parte da Baixa Manhattan, Coney Island, no Brooklyn, setores importantes de Jersey City e Hoboken, além dos aeroportos de Newark e de La Guardia, poderá submergir com freqüência de cinco em cinco anos, fazendo com que regiões inteiras se tornem inviáveis economicamente. Os problemas relativos às enchentes serão agravados pela erosão costeira, à medida que o mar, ao subir pouco a pouco, vai destruindo o litoral. Sem uma ação pesada para substituir a areia, as praias do norte, em Nova Jersey e Long Island, poderão avançar para o interior numa proporção de três metros por ano, até 2080.

Vários planejadores já têm discutido a possibilidade de serem construídas barreiras contra inundações em três lugares, para proteger Nova York de futuras grandes ressacas: entre Staten Island e Nova Jersey, em Arthur Kill; nos estreitos, na embocadura do porto de Nova York; e em toda a parte superior do East River, na praia de Queens, ao norte. "No futuro, uma tempestade mais fraca poderá produzir os mesmos danos que hoje causa uma violenta", diz Malcolm Bowman, especialista em ressacas marítimas e defensor das barreiras contra inundações. "Essas três barreiras, altas o bastante para suportar qualquer ressaca imaginável, se forem fechadas antes de uma violenta tempestade, irão proporcionar um anel de proteção em torno da cidade."

A construção dessa série de barreiras custaria bilhões de dólares, porém *não* construí-las poderá custar muito mais que isso, em termos de perdas de vidas e de propriedades. Três das regiões mais vulneráveis de Nova York — a Baixa Manhattan, Coney Island e Rockaway Beach — são também densamente povoadas, e as rotas de evacuação estarão abaixo dos níveis da inundação pela ressaca, isolando as pessoas das linhas de segurança. Como descobriram aqueles tomadores de decisão que nada fizeram em relação às barreiras ao redor de Nova Orleans, com prejuízo de tantas pessoas, quando acontecer a grande tempestade, já será tarde demais.

Tempestades se acumulam na Europa

Foram gastos bilhões, de fato, na construção de uma barreira contra inundações no Tâmisa, para proteger Londres das grandes ressacas. Mas foi um dinheiro bem empregado. Entre 1983 e 2001, a barreira foi alteada 62 vezes, e com uma freqüência sempre maior nos últimos anos. A sua sucessora (o prazo de vida do projeto atual da barreira terminará em 2030) poderá precisar ser aumentada duzentas vezes, todos os anos, até o final deste século, a fim de agüentar o impacto combinado de tempestades mais violentas com a elevação do nível do mar.

Jason Lowe, do Met Office's Hadley Centre, do Reino Unido, é um entre vários cientistas que se dedicam à previsão dos perigos futuros relacionados às grandes ressacas. Ele foi co-autor de um artigo, em 2001, sugerindo que os episódios de inundações em torno da costa britânica poderão aumentar de fato, num mundo mais aquecido. "Na região sul do mar do Norte", diz ele, "até os anos 2080, um típico período de retorno de um evento que agora acontece a cada 150 anos ocorrerá a cada sete ou oito anos."

Uma grande ressaca foi responsável pelo pior desastre natural já ocorrido no Reino Unido, em 1953, com a morte de mais de 300 pessoas, quando uma terrível tempestade no mar do Norte inundou 24 mil casas ao longo da costa leste da Inglaterra, na noite de 31 de janeiro. Muitos sobreviventes passaram horas amontoados sobre os telhados, na escuridão gelada, enquanto as ondas arrasavam as partes mais baixas. Só os mais afortunados conseguiram resistir durante toda a noite: muitos outros pereceram pelos ventos cortantes e pela hipotermia, antes que as equipes de resgate pudessem alcançá-los de barco, na manhã seguinte.

Na época, a calamidade de 1953 foi classificada como um evento que poderia acontecer a cada 120 anos. O trabalho de Lowe mostra que uma inundação desse tipo poderá atingir a costa em intervalos de poucos anos, na última parte deste século, deixando aldeias, cidades e imensas faixas de fazendas inabitáveis. As cidades, com suas caras propriedades, poderão ser protegidas. Mas para o litoral como um todo, o recuo para o interior será a única opção viável quando a água subir.

A freqüência das grandes ressacas depende da freqüência dos climas extremos que as geram. Um trabalho de pesquisadores da Alemanha projetou que na época em que as temperaturas mundiais chegarem perto dos três graus mais quentes, mais ciclones violentos avançarão pelo oeste da Europa, com mais ocorrências de ventos tempestuosos atingindo o Reino Unido, a Espanha, a França e a Alemanha. Um outro estudo prevê que intensos ciclones se tornarão mais freqüentes pelo mundo inteiro, até a segunda metade do século, mesmo que o número geral das tempestades diminua. Outro estudo projeta tempestades mais fortes, particularmente no oeste da Europa, ao norte dos Alpes — abrangendo sobretudo a França, a Alemanha, a Dinamarca e o Reino Unido —, com a perspectiva de ventos 25% mais fortes. Conseqüentemente, maiores rajadas acometerão sobre o mar do Norte, levando a ressacas mais violentas nas costas da Holanda, da Alemanha e da Dinamarca.

Com a sua costa baixa e uma extensa formação de barragens e diques, a Holanda ficará particularmente vulnerável às súbitas alterações de nível do mar, além das previstas pelos construtores dessa infra-estrutura de proteção da costa, nenhum dos quais jamais ouviu falar de aquecimento global. Morreram muito mais holandeses do que ingleses no desastre de 1953 (o número final de mortos foi de mais de 1.800 pessoas), e a Holanda, com grandes regiões situadas abaixo do nível do mar, poderá ter de aceitar uma considerável contração da sua área geográfica até a metade deste século. Como grande parte da Holanda jazia debaixo d'água antes das atividades de recuperação na Idade Média, a forma atual ampliada do país poderá revelar-se uma aberração temporária no contínuo fluxo e refluxo do mar do Norte.

Os ventos crescentes virão acompanhados por fortes aguaceiros, algo que é projetado para o planeta inteiro à medida que a maior energia do calor acelerar a evaporação e as precipitações. Na verdade, o processo já começou: foi observada uma intensificação do ciclo hidrológico no âmbito planetário. Em julho de 2007 uma equipe científica relatou, na revista *Nature*, que regiões do hemisfério norte, a 50°N em direção ao pólo (área que inclui o Canadá, o Reino Unido, a Escandinávia, o norte da Europa e a Rússia), experimentaram um aumento na precipitação, alteração esta quase equilibrada por uma seca nos trópicos e nos subtrópicos. Segundo as projeções, essa tendência deverá continuar: o norte da Europa deverá ter 20% a mais de chuvas até os anos 2070, a maior parte em episódios cada vez mais violentos. Isso implica mais inundações de inverno: o norte e o oeste do Reino Unido poderão sofrer um aumento de 50% nas grandes inundações, segundo um estudo.

As secas e enchentes poderão ocorrer em anos alternados, exatamente como ao devastador dilúvio europeu, no verão de 2002, seguiu-se a mortífera onda de calor do verão de 2003. De fato, um estudo realizado por climatologistas italianos previu um aumento *tanto* nas grandes enchentes *quanto* nas grandes secas para o oeste e o centro da Europa, num clima mais quente — deixando os centros populacionais e agrícolas assolados por dilúvios e falta d'água em rápida sucessão. Com as nevadas drasticamente reduzidas nos Alpes, a Europa irá sofrer problemas semelhantes aos dos Estados Unidos durante os anos de seca, quando o volume dos rios atingir o seu ponto máximo no início da primavera e logo depois se reduzir a níveis perigosamente baixos, no alto verão, fazendo encalhar os barcos de transporte e deixando murchar as plantações nos campos. O Reno, o mais longo rio da Europa ocidental, poderá sofrer um aumento de 30% em seu fluxo, nos meses de inverno, provocando inundações repetidas correnteza abaixo, na Alemanha e na Holanda, ao passo que em agosto a correnteza diminuirá em 50%.

Ao sul das montanhas, regiões às margens do Mediterrâneo irão passar a apresentar condições desérticas: pesquisadores franceses, por exemplo, se surpreenderam quando seu modelo mostrou uma redução na evaporação dos solos mediterrâneos, apesar das altíssimas temperaturas, até os anos 2070. Isso é estranho porque, com temperaturas mais elevadas, a água evapora mais depressa, e assim a evaporação de verão deveria ter aumentado. Só depois de uma investigação completa é que eles perceberam que os solos estariam de tal modo crestados, que não haveria mais água que pudesse evaporar. Nada poderá se desenvolver em tais condições. O Saara terá pulado sobre o estreito de Gibraltar e iniciado a sua marcha em direção ao norte.

A febre africana

É claro que não será só a Europa a sofrer um clima mais chuvoso e violento no mundo mais aquecido. A África oriental também deverá se tornar mais úmida, mesmo enquanto as dunas de areia se empilham em Botsuana e na região sul. As chuvas na África oriental são complexas: a região assiste a duas estações úmidas, uma na primavera e outra no outono, graças à mudança periódica dos ventos alíseos e à zona de convergência intertropical (o cinturão de tempestades que cinge a linha do equador e se desloca com o verão para cada hemisfério). Países desde a Somália até Moçambique, incluindo o Quênia e a Tanzânia, poderão testemunhar chuvas mais fortes e enchentes mais freqüentes. Na Europa, lagoas de água estagnada, deixadas pelas inundações, podem ser algo mais que um incômodo, porém na África elas trazem consigo uma companheira fatal: doenças.

A malária e outras doenças transmitidas por vetores, como a dengue, desenvolvem-se em ambientes quentes e úmidos, e é previsto que a mudança climática estimule essas duas doenças a se deslocarem para altitudes e latitudes maiores, à medida que sobem os níveis das temperaturas e das chuvas. A África é o ponto de partida da malária: 85% das infecções e mortes ocorrem naquele continente. Assim como os mosquitos da malária migram montanha acima, em busca de novas áreas adequadas pelo clima em aquecimento, também as populações — muitas delas sem nunca terem experimentado a malária antes — passam a ser ameaçadas. O Zimbábue poderá ser duramente atingido. A maioria da população vive hoje acima da zona de transmissão da malária, porque as suas grandes cidades, como Harare e Bulawayo, localizam-se sobre o elevado planalto central do país. Mas, com a subida das temperaturas, o *Anopheles* — mosquito transmissor da malária — poderá voar desimpedido através de toda aquela região, colocando milhões de pessoas (mais precisamente, 96% do país) sob o risco de contrair a doença.

O quadro é muito complicado, entretanto, porque o clima é só um dos fatores que afetam a transmissão da malária. Reagindo aos apocalípticos cenários de avanço da malária para o norte, em direção à Europa e aos Estados Unidos, muitos céticos chamaram a atenção — corretamente — para o fato de que até recentemente, no século XIX, a malária era comum na Inglaterra, Holanda e leste dos Estados Unidos. O que erradicou a epidemia não foi uma mudança climática, mas sim uma mudança nas circunstâncias materiais: o crescimento econômico e o melhor tratamento da saúde pública. Por isso as projeções sobre a futura transmissão da malária dependem crucialmente não apenas da precipitação pluviométrica, mas também de cenários econômicos e populacionais. Isso explica o resultado nada intuitivo obtido por um estudo de 2004, que verificou que milhões de pessoas a mais estarão sob o risco de contrair malária num futuro com emissões mais baixas de gases-estufa. Isso porque, embora o quadro de emissões mais baixas possa produzir menos aquecimento global, ele também representa menor crescimento econômico combinado com maior crescimento populacional.

Essa complexidade implica que as estimativas para as mudanças globais na população com risco de contrair malária variam entre 150 milhões *menos* do que hoje e 400 milhões a mais, tudo isso segundo o mesmo estudo. Entretanto, de um jeito ou de outro, essas são más notícias para a África. A África é o único continente a ter mais pessoas expostas à malária em cada cenário individual, de 21 a 67 milhões de pessoas nos melhores e piores casos. Doenças, como a aids, serão o combustível do círculo vicioso da África subsaariana, onde pessoas saudáveis e vigorosas estão morrendo de malária com demasiada regularidade, tirando do mercado trabalhadores produtivos e freando a agricultura. Em conseqüência disso, os países permanecem atolados na pobreza, com seus sistemas de saúde sob intensa pressão. Enquanto outras partes do mundo são capazes de frear o avanço da malária por meio de esforços rigorosos, os hospitais da África vão continuar lotados de pacientes a se contorcerem, suando. E cada vez que as chuvas derramarem mais água naqueles solos encharcados, as nuvens de mosquitos se formarão, e o ciclo começará novamente.

O paraíso perdido

Para Arthur Conan Doyle, era o mundo perdido. Uma chapada, no coração da floresta tropical amazônica, congelada desde os tempos em que os dinossauros vagueavam pela Terra, repleta de maravilhas assustadoras, à espera da única equipe de cientistas que ousasse chegar perto. O romance de Conan Doyle se passava não num lugar fictício, mas sim num remoto recanto da Venezuela, onde incríveis montanhas de cume plano, fabulosas e inacessíveis em cada detalhe, elevam-se realmente como navios verticais envoltos por uma cortina de névoa, navegando sobre um oceano de árvores. Chamadas *tepuis* pela população local, cascatas jorram de suas alturas inalcançáveis, enquanto seus penhascos íngremes de arenito são cortados por faixas verdes, nas quais algumas plantas se enraízam por entre as rachaduras e as fendas. Muitas dessas montanhas jamais viram trilhas feitas por pés humanos.

E Conan Doyle não estava errado ao imaginar estranhas criaturas vivendo no cume delas: desde as ferozes víboras de *fer-de-lance* e os sapos que não pulam, até os jaguares e os ratos escaladores. Esses cumes isolados, cheios de precipícios, são verdadeiramente únicos. A vegetação é luxuriante, variando desde os prados ondulantes aos densos arbustos de suculentas bromélias. Em alguns *tepuis*, 60% da vegetação é endêmica, ou seja, não se encontra em qualquer outra parte da Terra. Os ecologistas classificam a maioria dessas montanhas como antiqüíssimas, por viverem isoladas dos impactos humanos, como as queimadas e o desmatamento, que ameaçam a biodiversidade por toda parte.

Mas esse próprio isolamento gera a sua vulnerabilidade. A disposição dessas montanhas, como um espalhado arquipélago de ilhas mil metros acima de uma planície mais ampla, assegura que a maioria das espécies não pode migrar entre elas. Seus cumes achatados implicam que as plantas não poderão deslocar-se montanha acima, caso a mudança climática aumente as temperaturas além do que elas podem tolerar.

Infelizmente, elevações de temperatura acima da tolerância das plantas é exatamente o que vem ocorrendo, à medida que o mundo fica mais aquecido. De acordo com um estudo realizado por dois biólogos espanhóis, mais de um terço da vegetação endêmica dos *tepuis* provavelmente será eliminado. Isso constituirá uma perda de diversidade de importância mundial, e os dois cientistas sugerem que novas pesquisas se realizem com a maior urgência, para ser avaliada a possibilidade de salvar o máximo possível daquelas espécies, por meio de jardins botânicos e de armazenamento de sementes, ou de DNA, a fim de posteriormente reintroduzi-las na selva, quando o clima voltar a se estabilizar.

Mas, como muitos *tepuis* jamais foram escalados, e muito menos explorados e inventariados, as chances de um programa bem-sucedido desse tipo são remotas. Além disso, algumas poucas espécies colocadas em laboratórios refrigerados dificilmente contariam como realmente "salvas". Para a maior parte, entretanto, os sinos fúnebres já estão tocando, enquanto as temperaturas mais altas do que foram por milhares de anos começam a secar os topos daquelas montanhas. À medida que o século avança, o clima caminhará para níveis além de tudo o que aquelas plantas e animais, variados e únicos, já experimentaram desde milhões de anos, e muitos deles não irão sobreviver. O mundo de Conan Doyle será realmente perdido, e dessa vez para sempre.

O destino dos *tepuis* ilustra que mesmo os locais mais isolados não vão escapar de uma mudança mundial como a das temperaturas em elevação. Do mais profundo oceano aos ermos congelados da calota da Antártida, as mudanças climáticas provocarão um impacto que inicialmente será imperceptível, mas gradativamente irá tornar-se mais e mais destruidor, à medida que as zonas climáticas se modificam e os sistemas naturais começam a se fragmentar.

Nos litorais tropicais, recifes de corais estarão em processo de branqueamento a cada ano, quando o mundo se avizinhar dos três graus a mais, com muitos sistemas inteiros de recifes já mortos, e somente as orlas mais distantes resistindo, num arremedo da sua diversidade original. Mais da metade da vegetação européia estará na Lista Vermelha,* ou se encaminhando para a extinção, enquanto a das regiões montanhosas vai se tornar especialmente vulnerável. Nas Rochosas e nas Grandes Planícies, as aves irão defrontar-se com drásticas reduções de seu hábitat, ou vão ter de se deslocar 400 quilômetros para o norte, em busca de novas áreas. No nordeste da China, um dos derradeiros refúgios do tigre siberiano estará ameaçado, quando florestas boreais de coníferas cederem espaço a florestas de carvalho, que invadem a partir do sul.

A razão para essa onda de destruição é simples: os diferentes climas aos quais essas espécies se tornaram adaptadas, ao longo de milhares de anos de evolução, estão desaparecendo. Um estudo fascinante, apesar de deprimente, que identifica precisamente que áreas serão mais gravemente atingidas pelos "climas em via de desaparecimento", foi publicado em abril de 2007 por uma equipe liderada por John Williams, professor-assistente do Departamento de Geografia da Universidade de Wisconsin. Ali estão relacionados os Andes peruanos e colombianos, a América Central, as montanhas Rift, da África, as montanhas do Zâmbia e de Angola, a Província do Cabo, da África do Sul, o sudeste da Austrália, porções do Himalaia, os arquipélagos da Indonésia e das Filipinas e regiões em torno do Ártico. No total, algo entre 10 e 50% da superfície do planeta verá seu clima usual desaparecer totalmente. Animais e plantas adaptados a esses climas condenados não terão para onde ir: lugar algum, em qualquer ponto da superfície da Terra, poderá ainda proporcionar um hábitat climático adequado. O mais triste de tudo é a nítida associação entre essas regiões com climas previstos para desaparecer por completo, e os *hot spots*** da biodiversidade global. Em outras palavras, os lugares que assistirão ao maior extermínio serão justamente aqueles onde hoje a vida floresce em sua mais gloriosa abundância e diversidade.

---

* Elaborada pela União Internacional para a Conservação da Natureza e dos Recursos Naturais (IUCN), constitui um dos inventários mais detalhados do mundo sobre o estado de conservação mundial de várias espécies de plantas, animais e outros seres vivos. (N.R.T.)

** No que diz respeito à biodiversidade, a expressão "*hot spot*" significa área prioritária para conservação, isto é, de alta biodiversidade e ameaçada no mais alto grau. É considerada *hot spot* uma área com pelo menos 1.500 espécies endêmicas de plantas e que tenha perdido mais de três quartos de sua vegetação original. (N.R.T.)

Acredite-se ou não, esses números ainda subestimam a proporção real do problema. Muitas espécies verão seus climas avançarem na direção dos pólos, forçando-as a migrar rapidamente, a fim de poderem permanecer dentro do mesmo envoltório climático — em outras palavras, seus climas não desaparecerão completamente, mas em lugar disso vão surgir a centenas de quilômetros de distância, para o norte ou para o sul. Entretanto, as taxas de dispersão das espécies serão em muito suplantadas pela velocidade dessa mudança. Por exemplo, no final da última era glacial, quando o mundo se aquecia, as árvores e outras plantas eram capazes de alterar os seus limites, no máximo, até 200 quilômetros a cada século — e a maioria se deslocava muito mais lentamente. Se traçarmos a distância entre o local onde um determinado clima existe hoje e onde ele ocorrerá no futuro, a gravidade da situação torna-se aparente. Mesmo que admitamos uma capacidade de dispersão bastante generosa, de 500 quilômetros, os animais e as plantas que habitam entre 40 e 85% do planeta verão o seu clima desaparecer. Por coincidência, essa é a mesma proporção da superfície do planeta que, segundo os cálculos do estudo, terá "novos" climas: aqueles que não encontram paralelo pelo menos no último milhão de anos.

Os ecologistas têm um nome para as espécies cujo hábitat em grande parte já desapareceu e cujas populações caíram tanto que estão condenadas à extinção: são os "mortos-vivos". Assim como uma Arca de Noé ao contrário, os grupos de animais e plantas em processo de declínio, desde os sapos habitantes das florestas até o urso polar, estarão preparando-se para uma definitiva saída do cenário mundial. Podemos fazer uma idéia do número deles se retornarmos ao artigo de Chris Thomas e seus colegas na *Nature*, em 2004, que indica que entre um terço e a metade de todas as espécies vivas hoje terão se juntado à categoria dos "mortos-vivos" em 2050 se o aquecimento global ultrapassar os dois graus até aquela data.

Parece quase impossível que a vida — em toda sua beleza, esplendor e sua capacidade de se refazer há um milhão de anos — possa estar sob uma tão súbita e fria sentença de morte, que o mundo nunca mais possa presenciar o espetáculo do acasalamento da ave-do-paraíso ou ouvir as melodias contínuas da baleia jubarte. Mas os números cruéis estão aí, compilados por especialistas trabalhando segundo rigorosos padrões científicos. E que ninguém duvide das conseqüências. A sexta extinção da vida em massa está em plena atividade, enquanto as temperaturas globais vão subindo para os três graus.

A Idade da Solidão já começou.

Cultivando alimentos na estufa

Todas as plantas têm um limite de tolerância térmica, e as mais importantes plantações de alimentos não constituem nenhuma exceção. Os grãos são particularmente vulneráveis ao calor durante a floração e a postura das sementes. Temperaturas acima dos 30°C provocam uma galopante seqüência de estragos. Segundo John Sheehy, do International Rice Research Institute, em Manila, "quanto ao arroz, ao trigo e ao milho, a produção de grãos provavelmente começará a declinar numa taxa de 10% para cada aumento de um grau acima dos 30°C". Acima de 40°C, as produções são reduzidas a zero. Com muitas regiões dos trópicos já próximas ou em pleno limiar dos 30°C, as produções tropicais no mundo três graus mais quente entrarão numa longa descida ladeira abaixo. De fato, o modelo global irá presenciar uma mudança generalizada, com a lavoura afastando-se dos trópicos e seguindo em direção às regiões de maior latitude, mais temperadas, onde ainda prevalecem climas mais frios e úmidos. Poderá haver ainda comida bastante nessas regiões mais ao norte, mas essa fragmentação da temperatura vai implicar desastre para milhões de pessoas.

Como sempre, a seca desempenhará um papel-chave. A agricultura nos trópicos semi-áridos da África é em grande parte alimentada pela chuva, em vez da irrigação, e por isso é altamente vulnerável às alterações climáticas. A África setentrional poderá perder 20% de suas chuvas, ao passo que em regiões ao sul acontecerão reduções de 5 a 15%, bem no meio da estação do plantio. Estudos de modelagem da agricultura nos trópicos como um todo prevêem declínios na produção de trigo, milho e arroz.

Enquanto as plantações em regiões tropicais vão sofrer por já estarem próximas do seu limite de tolerância, as situadas em maiores altitudes poderão beneficiar-se inicialmente de mais longas estações de plantio. Entretanto, uma vez ultrapassada a barreira global dos 2,5°C, até mesmo o pão irá sofrer, quando as temperaturas escorchantes do verão deixarem as plantações sem água. Como mostra um estudo para o relatório de 2007 do IPCC: "Todos os grandes celeiros do planeta vão requerer provavelmente medidas de adaptação até +2-3°C de aquecimento, não importa o que aconteça com a precipitação."

Nos Estados Unidos, as áreas ao sul, mais próximas ao subtrópico, serão mais duramente atingidas. O trigo e o milho sofrerão as maiores perdas quando o fornecimento de água se extinguir. As secas serão intercaladas por fortes aguaceiros, o que significa que também se podem esperar perdas na lavoura devido às inundações. Prejuízos adicionais causados pelas enchentes podem chegar a 3 bilhões de dólares no cinturão do milho dos Estados Unidos, segundo um estudo. Pragas e doenças também tendem a se beneficiar com os climas mais quentes, havendo a necessidade de se usarem maiores volumes de pesticidas. Os agricultores terão de realizar grandes mudanças no tipo de cultivo que fazem e na quantidade de irrigação que empregam — medidas difíceis nas regiões do oeste, que estarão bombeando seus aqüíferos subterrâneos até que eles sequem, enquanto vão se reduzindo as enxurradas provenientes do derretimento das neves. Mesmo no Canadá, os aumentos na produção agrícola de cereais nas pradarias estarão limitados pela disponibilidade de água. Onde a água é abundante, entretanto, o milho e a soja do Canadá poderão ter grandes saltos na produção. Batatas e trigo do inverno também irão se beneficiar. Segundo um estudo voltado para os Estados Unidos e o Canadá, "a faixa na qual grandes lavouras são cultivadas poderá finalmente deslocar-se centenas de quilômetros para o norte".

Entretanto, com bilhões de pessoas sofrendo com a seca e a fome nos trópicos e nos subtrópicos, a situação mundial de produção de alimentos se tornará mais e mais precária, embora com ganhos nas proximidades dos pólos. O estudo do IPCC aponta um claro déficit global que começará a elevar os preços de mercado ao ser ultrapassada a barreira dos 2,5°C. Onde as perdas serão piores, nos países em desenvolvimento, os surtos generalizados de fome tornam-se uma possibilidade real.

Com a fome estrutural dominando grande parte dos subtrópicos, milhares de pessoas terão uma única escolha, para si e suas famílias, além da morte: embalar seus pertences e ir embora. Essas migrações populacionais farão parecer pequenas aquelas outras que se realizaram na história e que se deveram a guerras ou a colapsos na agricultura. Nunca antes uma população humana teve de abandonar uma faixa latitudinal inteira, em toda a extensão do planeta.

Os conflitos irão eclodir inevitavelmente, quando esses refugiados do clima se despejarem em regiões já tão densamente povoadas. Por exemplo, milhões deles poderão ser forçados a abandonar suas terras assoladas pela seca, nos países centro-americanos, e a caminhar para o México, ao norte, e para os Estados Unidos. Outros milhões fugirão do norte da África para a Europa, onde é muito improvável que recebam uma calorosa acolhida: novos partidos fascistas deverão obter arrasadoras vitórias eleitorais com a promessa de manterem fora as hordas africanas famintas. Destemidos, muitos desses novos refugiados do clima farão a sua jornada a pé, carregando tudo o que podem consigo e seguidos por suas crianças e velhos. Muitos morrerão à beira das estradas. Sem raízes nem pátria, sem esperanças, essa será a primeira geração de um novo tipo de gente: os nômades do clima, constantemente deslocando-se em busca de comida, esquecidos das suas diversas culturas e cortados para sempre dos laços ancestrais com sua antiga terra.

Mas essas pessoas não devem contentar-se em ser vítimas passivas, pois certamente saberão que o mundo que herdaram não foi o mesmo que criaram. O ressentimento dos muçulmanos para com os ocidentais será manso em comparação ao deles. À medida que se acelera o colapso social, novas filosofias políticas deverão surgir, filosofias que buscam lançar a culpa sobre aqueles a quem ela realmente cabe: os países ricos, que acenderam a chama que agora começa a consumir o mundo.

4

Quatro graus

Morte sobre o Nilo

Dizer que Alexandria tem uma longa história, de certa forma, é não dizer nada. Essa cidade egípcia, cujo nome vem de Alexandre o Grande, o guerreiro grego que a fundou, logo se tornou uma das maiores e mais influentes do mundo antigo, abaixo apenas de Roma em poder e esplendor arquitetônico. A mais famosa construção foi o lendário Farol de Alexandria, erguido no terceiro século a.C. e considerado tradicionalmente uma das Sete Maravilhas do Mundo Antigo, com a Pirâmide de Gisé e os Jardins Suspensos da Babilônia. Esculpido em calcário alvo como a neve, encimado por espelhos solares para a iluminação diurna e uma fornalha brilhante para iluminar à noite, o Farol de Alexandria foi a mais alta construção do mundo na época, visível aos viajantes do mar a 50 quilômetros de distância.

No topo da torre erguia-se uma estátua de Posêidon, o Senhor dos Mares, deus que, se dizia, percorria os oceanos sobre um carro feito de uma gigantesca concha e puxado por cavalos-marinhos. Os alexandrinos adoravam Posêidon por motivos muito compreensíveis e de interesse próprio: o poder de provocar tempestades e naufrágios possibilitava ao deus mandar centenas de homens, em questão de segundos, para túmulos submersos. O mar era o grande poder na terra.

Hoje, pouco ainda resta daqueles tempos — e Posêidon deve conhecer muito bem o motivo. Ao contrário de Roma, que conseguiu preservar muito das suas antiguidades, mesmo quando uma florescente cidade moderna cresceu sobre as suas ruínas, somente algumas casas de banho romanas, umas catacumbas e um único pilar restam da antiga Alexandria. A maior parte de tudo foi reclamada pelo mar, quando o delta do Nilo, sobre o qual fora construída a cidade, afundou lentamente. Alguns dos seus mais belos tesouros foram resgatados do mar junto ao litoral, depois de permanecerem por séculos submersos nas mãos aquáticas de Posêidon.

Hoje as ondas continuam a usurpar a terra, à medida que o aquecimento global toca mais um dobre de finados para a terra que submerge. As autoridades urbanas precisam levar caminhões de areia, trazidas do deserto situado no interior, próximo ao Cairo, para impedir que as praias sejam levadas embora, e maciços quebra-mares fortificados foram construídos para conter as águas que se levantam diante da cidade.

Muitas coisas estão em risco. Hoje, a moderna Alexandria é uma metrópole de quatro milhões de habitantes, que continua a espalhar-se. Seus dois portos compõem o mais movimentado centro comercial marítimo do país e sustentam 40% da indústria egípcia. O turismo de veraneio acrescenta ainda mais um milhão de pessoas, fazendo dela a segunda maior cidade do Egito, depois do Cairo.

Mas no mundo quatro graus mais quente, com os níveis do mar subindo meio metro ou mais em relação aos de hoje, o longo tempo de vida de Alexandria estará atingindo seu fim. Mesmo no clima atual, uma parte substancial da cidade já está abaixo do nível do mar, e até o último quartel deste século uma inundação fatal terá começado. Um estudo realizado por cientistas da universidade da cidade indica que até 2050 uma elevação de 50 centímetros no nível do mar irá desalojar 1,5 milhão de pessoas, causando prejuízos de 35 bilhões de dólares. De fato, à medida que o mar começar a avançar sobre zonas cada vez maiores do delta do Nilo, outros milhões de indivíduos serão expulsos de suas casas em outras cidades, como Rosetta e Porto Said. Praias, pântanos e regiões agrícolas serão todos submersos, devastando a área que constituiu o coração da economia egípcia. Aquela parte do mundo que sempre atraiu os conquistadores, desde Alexandre até Napoleão, irá defrontar-se com seu último e invencível inimigo.

É evidente que o Egito não estará sozinho ao sofrer os efeitos de um fenômeno de ordem planetária, como é a elevação do nível do mar. Mais para o leste, Bangladesh perderá cerca de um terço da sua terra, forçando milhões de pessoas a se deslocarem do fértil delta do Meghna. Em Boston, nos Estados Unidos, até o ano 2075 as grandes ressacas provocadas pelo maior nível do mar causarão inundações até no importante bairro de negócios da cidade, com prejuízos estimados em 94 bilhões de dólares. Ao longo da costa de Nova Jersey, uma elevação de 60 centímetros no nível do mar inundará 170 quilômetros quadrados de terra, enquanto 3% de todo o estado, incluindo algumas das regiões mais populosas da costa, serão engolfados quando essa elevação duplicar.

Cidades baixas e próximas a deltas, desde Bombaim até Xangai, encontram-se tão ameaçadas quanto Alexandria e Boston. Nova York, Londres e Veneza só serão salvas se imensas quantias em dinheiro forem investidas em novas e cada vez maiores defesas contra as inundações, como vimos anteriormente. Como Nova Orleans hoje, as cidades costeiras do futuro poderão transformar-se em ilhas fortificadas, grande parte delas abaixo do nível do mar, sitiadas por todos os lados pelas águas que avançam. Tal estratégia poderá salvaguardar trilhões de dólares em propriedades, mas também trará perigos: assim como Nova Orleans já testemunhou de modo fatal, uma séria tempestade poderá destruir uma cidade vulnerável em questão de horas, colocando muitos milhares de vidas em perigo. Reconstruir a cidade poderá ser uma opção, depois que a água for retirada, contanto que as seguradoras estejam dispostas e aptas a arcar com as somas necessárias. Mas quem irá querer pagar para reconstruir duas vezes a mesma cidade? Ou três vezes? A muito longo prazo, a única solução será que milhões de moradores do litoral recuem para o interior, enquanto o mapa da civilização vai sendo continuamente redesenhado pelas constantes mudanças dos limites geográficos.

A pressão sobre as sociedades será imensa. Cidades do interior enfrentarão uma contínua torrente de refugiados das áreas costeiras, com milhares — talvez milhões — chegando ao mesmo tempo, quando começarem a ocorrer as grandes tempestades. (De novo, não se trata de uma conjetura: no momento em que escrevo, milhares de pessoas continuam desalojadas pelo furacão Katrina, por todo o Texas e outros estados do sul, dois anos após aquele desastre.) Enquanto se sucedem em cascata, nos sistemas financeiros, os choques devidos a perdas diretas, à instabilidade social, ao declínio da confiança pública, aos gastos com seguros, as verbas para apoiar os desalojados e construir novas áreas de moradia vão-se tornando cada vez mais escassas. Como a subida do nível do mar é um processo irreversível, que levará milênios até estabilizar-se — por mais que sejam controlados os níveis dos gases-estufa —, as cidades para onde forem os refugiados poderão, elas próprias, ficar em perigo e também submergir nas próximas décadas e séculos. Muitos dos mais belos e valiosos edifícios das cidades de hoje já foram construídos há algumas centenas de anos. Futuramente, as construções na costa poderão durar apenas coisa de algumas décadas, antes que a subida da água comece novamente a se fazer sentir.

Os países situados em ilhas enfrentam a mais séria de todas as ameaças: enquanto os atóis de corais vão desaparecendo completamente, ilhas montanhosas como Fiji e Barbados vão sofrer quando seus litorais encolherem e os refugiados tiverem de lutar para sobreviver nos flancos desnudados das montanhas e dos rochedos mais altos. Em muitas ilhas, as terras mais férteis costumam localizar-se pouco acima do nível do mar, e assim o fornecimento de alimentos e de água vai ser afetado, já que a presença de água salgada envenena os aqüíferos e mata as plantações.

Aqui, as incertezas são grandes: se os mantos de gelo da Antártida permanecerem estáveis, muita coisa poderá ser preservada, pois o recuo da costa será lento e uniforme. Mas se, pelo contrário, os grandes mantos de gelo continuarem reagindo rapidamente às mudanças climáticas — como já está acontecendo agora —, o que se prevêem são muitos metros de uma acelerada elevação de nível do mar. Como demonstrei no capítulo anterior, a julgar por evidências paleoclimáticas do Plioceno, elevações eventuais de 25 metros na Groenlândia e na Antártida são absolutamente inevitáveis, quando as temperaturas médias globais subirem mais que dois graus. Mesmo que dure muitos séculos, isso pressionaria a capacidade humana de adaptação. As zonas costeiras viverão uma constante maré alta; seus habitantes, inseguros e ameaçados, enquanto as ondas a cada ano se aproximam mais.

Não foi sem motivo que os antigos habitantes de Alexandria envidaram sérios esforços para aplacar a ira de Posêidon, a divindade poderosa, capaz de reunir tempestades e afundar navios com um único manejo do seu tridente. Hoje os moradores da costa perderam o seu antigo respeito pelo mar e esperam que o governo e as autoridades urbanas sejam capazes de proteger as construções muito próximas à praia. A maioria de nós acha que o oceano pode ser domado e controlado assim como, no passado, grandes represas já domaram grandes rios, como o Yangtsé e o Colorado. Mas Posêidon está furioso com as afrontas arrogantes de simples mortais como nós. Nós o despertamos de um sono de mil anos, e desta vez a sua ira não conhecerá limites. Os alexandrinos modernos serão os primeiros a fugir do seu incontrolável avanço oceânico. Esse conquistador poderá ser combatido, desobedecido, até mesmo repelido temporariamente, porém jamais derrotado.

O coração da Antártida

Numa outra parte do mundo, muito distante do Egito, encontra-se, espalhado por todo o Pólo Sul, o maior arsenal de Posêidon: a Antártida. Até hoje os grandes mantos de gelo da Antártida têm custado a reagir à interferência humana no clima global, por estarem isolados por poderosos ventos e correntes frias. Mas agora, parafraseando Chris Rapley, o ex-diretor da British Antarctic Survey: o gigante adormecido está despertando. O manto de gelo da Antártida ocidental tem um grande ponto fraco, um calcanhar-de-aquiles reconhecido desde 1978 pelos glaciologistas mais previdentes. Ao contrário da calota de gelo da Groenlândia, que é firmemente ancorada numa massa de solo continental, grande parte da base do manto de gelo da Antártida ocidental assenta-se abaixo do nível do mar, e isso o torna vulnerável ao colapso.

Os primeiros sinais de mudanças estão por toda parte. As monumentais geleiras que conduzem o gelo do centro do continente já começaram a acelerar o processo de recuo, e o grande manto está perdendo algo entre 90 e 150 quilômetros cúbicos de gelo por ano. Esse afinamento da camada tem-se propagado também muito para o interior, rebaixando o manto em um metro ou mais, numa distância de 300 quilômetros a partir da costa. Os cientistas subtraíram essa perda de gelo do total anual de precipitação de neve sobre a Antártida ocidental e descobriram que as geleiras estão acrescentando 0,14mm ao nível do mar, a cada ano — uma pequena, porém nova arma do arsenal de Posêidon.

À medida que os oceanos aquecidos promovem a erosão das bordas da Antártida, a estabilidade de todo o manto de gelo fica seriamente ameaçada. A água corre, descendo da montanha, e o gelo flutua na água. Uma vez que a maior parte da grande massa de gelo central situa-se ainda mais abaixo do nível do mar do que suas bordas, a água do mar, ao penetrá-la, poderia, teoricamente, elevar grande parte da calota acima das suas fundações no mar, acrescentando 5 metros ao nível global oceânico em apenas algumas décadas. O processo seria rápido, não só por causa dessa dinâmica física, mas porque a água é um condutor muito eficiente de calor: a água quente derrete o gelo muito mais depressa que o ar quente, e o sul do oceano em aquecimento é uma verdadeira adaga apontada para o coração da Antártida.

A Antártida ocidental tem, efetivamente, algumas derradeiras linhas de defesa. Dois gigantescos recifes de gelo — o Ross e o Ronne, cada um do tamanho do Texas — erguem-se como fortalezas armadas contra qualquer invasão da água do mar por baixo do manto principal. Ambos, embora sejam flutuantes, têm muralhas escarpadas com espessuras entre 200 e 400 metros nas bordas do norte, onde se encontram com as ondas do oceano aberto. Ambos, por enquanto, encontram-se a salvo, por estarem muito além da zona de derretimento da superfície: suas temperaturas ficam muito abaixo do congelamento durante o ano inteiro.

Ou pelo menos era assim que todos pensavam, até recentemente. Em maio de 2007 cientistas da Nasa registraram que seu satélite QuikSCAT tinha descoberto nítidas evidências da primeira ampla fusão jamais detectada na Antártida. Em janeiro de 2005, no auge do verão austral, uma área de gelo e neve do tamanho da Califórnia começou a derreter. A fusão não se concentrou apenas ao redor da costa, mas penetrou 900 quilômetros pelo interior e se deslocou gradualmente por 2 mil metros acima das vertentes montanhosas, chegando mesmo a 500 quilômetros de distância do próprio Pólo Sul. As temperaturas elevaram-se até cinco graus e permaneceram acima do ponto de congelamento por uma semana. Esse súbito derretimento antártico pode ser um episódio único — até março de 2007 não havia sido detectado nenhum outro descongelamento. Son Nghiem, um dos cientistas envolvidos no estudo, declarou, porém, que “é vital continuarmos monitorando essa região, para determinar se é possível que esteja em progresso uma nova tendência de longo prazo”.

Uma grande proporção desse derretimento realizou-se no recife de gelo Ronne, o que indica que uma das mais importantes linhas de defesa do oeste da Antártida poderá em breve começar a desmoronar. Evidências do seu provável destino final surgiram de um ponto mais ao norte, no continente, ao longo da península Antártica, que se projeta numa cadeia de montanhas recobertas de gelo na direção da Patagônia, o ponto extremo da América do Sul. Há muito que os glaciologistas afirmam que a perda dos recifes de gelo flutuantes da costa resultaria em fluxos glaciais mais céleres corrente acima, assim como quando uma rolha salta da garrafa o champanhe jorra livre. Três grandes recifes de gelo, de ambos os lados da península, já se desintegraram: o Wordie, o Larsen e o Larsen B, este último desmoronando espetacularmente, em questão de dias, em março de 2002. Em cada caso, as geleiras que atuam como afluentes dos recifes de gelo aceleraram o seu fluxo em direção ao mar, tal como tinha sido previsto.

Um aquecimento global de quatro graus será mais que suficiente para permitir que a linha de fusão avance pelos recifes de gelo Ross e Ronne, concomitantemente, danificando de forma fatal a sua integridade, enquanto a água do descongelamento forçará aberturas no gelo. Se um desses dois recifes ruir, tal como aconteceu com o Larsen e o Wordie, mais ao norte, então nada poderá deter o colapso total de todo o manto de gelo da Antártida ocidental, e a rápida inundação dos litorais de todo o mundo.

Porém a morte do manto da Antártida ocidental será somente a primeira batalha de uma guerra muito mais longa. Seu vizinho muito maior, o manto de gelo da Antártida oriental, tem em algumas partes uma espessura de quatro quilômetros e água suficiente para fazer subirem os níveis globais do mar em mais de 50 metros. Isso, com o colapso da Groenlândia, iria colocar a mim, em minha casa em Oxford — que está localizada sobre uma curva de nível de 65 metros —, em plena linha costeira. O Reino Unido iria fragmentar-se num arquipélago formado por ilhas semelhantes a cumes de montanhas, e os contornos continentais do mundo de hoje seriam praticamente irreconhecíveis.

A Antártida oriental dispõe de uma linha de defesa mais formidável ainda que a ocidental: uma seqüência de altas montanhas — a cadeia Transantártica. A água do mar, evidentemente, jamais poderia ultrapassar essas montanhas, por mais quente que viesse a ficar. Mas o manto da Antártida oriental poderá tornar-se vulnerável através da porta dos fundos, onde ele também se assenta abaixo do nível do mar. A maior parte dos cientistas nem mesmo se dá conta, porém esses leitos submarinos pouco conhecidos estendem-se até o centro do manto de gelo. Não estou sugerindo que o colapso vá ocorrer instantaneamente — na verdade demorará séculos, provavelmente milênios, para que todo o gelo da Antártida se derreta. Mas a desestabilização dos dois mais importantes mantos de gelo poderá produzir elevações no nível do mar de mais ou menos um metro a cada vinte anos, muito além da capacidade de adaptação dos seres humanos.

E então, será que vai acontecer? Novamente, evidências geológicas poderão fornecer a chave. Quando, pela última vez, a Terra ficou em média quatro graus mais quente, não existia gelo em nenhum dos pólos. Um aquecimento global dessa magnitude iria finalmente deixar todo o planeta sem gelo, pela primeira vez em quase 40 milhões de anos.

Um capitalismo com características chinesas

As mudanças do clima não constituem o único grande desafio ecológico com que se defronta a humanidade, embora, sem dúvida alguma, seja o mais grave e urgente. Ao aquecimento global vêm juntar-se outras ameaças cada vez maiores, incluindo o crescimento populacional, a perda do solo, o esgotamento dos aqüíferos fósseis e a total destruição dos ecossistemas — cada um dos quais com o potencial de desdobrar-se em uma crise de sobrevivência para a civilização moderna. Em parte alguma isso se faz tão visível quanto na China, que se industrializa a uma velocidade espantosa, transformando-se, em menos de duas décadas, de nação predominantemente camponesa em potência econômica. Os líderes do país e a população movem-se para uma variante nacional do hipercapitalismo desde que o presidente Mao exalou o seu último suspiro, e os reformadores econômicos, liderados por Deng Xiaoping chegaram ao poder, declarando imediatamente que “ficar rico é glorioso”.

Glorioso pode ser para os novos milionários, que atravessam os cintilantes cânions de Xangai e Pequim ostentando a sua recente prosperidade com o notório consumismo próprio das celebridades. Glorioso pode ser também para os milhões de chineses comuns, que não vivem mais na pobreza e possuem um capital significante, pela primeira vez na vida.

Mas para o capital ecológico da China, o crescimento econômico está sendo profundamente desastroso. Um quinto da biodiversidade nativa do país encontra-se ameaçado. Três quartos dos seus lagos estão poluídos por refugos agrícolas e industriais, enquanto o rio Amarelo está esgotado e praticamente tóxico, ao longo de grande parte das suas regiões mais baixas. Quase toda a água costeira da China está poluída pelos esgotos, os pesticidas agrícolas e os derramamentos de óleo, causando uma média de 90 marés vermelhas todo ano. Aproximadamente 15 mil quilômetros de pastagens são anualmente degradados por rebanhos em excesso e secas. A chuva ácida cai sobre um quarto das cidades. Três entre quatro residentes urbanos respiram um ar abaixo dos padrões mínimos de saúde. Por exemplo, na maratona de Hong Kong, em 2006, vários competidores tiveram de ser hospitalizados, e um deles morreu depois de completar a corrida debaixo de um permanente *smog*.*

Por causa do seu vasto tamanho e população, a China encontra-se em rota de colisão com o planeta. O consumo de petróleo no país dobrou nos últimos dez anos, e se até 2030 os chineses usarem o petróleo como os americanos fazem agora, a China precisará de 100 milhões de barris por dia. Entretanto, a atual produção mundial está apenas em 80 milhões de barris por dia, e não é provável que ela suba muito mais, antes que se atinja o pico de consumo de petróleo. Simplesmente, não há petróleo bastante no solo para trazer o consumo chinês até os padrões ocidentais. O limite da fonte global já está sendo atingido.

O mesmo se pode dizer em relação à comida: à medida que a dieta chinesa se torna cada vez mais rica em carne e laticínios, mais grãos são necessários. Até 2030, se os consumidores chineses tornarem-se tão vorazes quanto os americanos, eles usarão o equivalente a dois terços de toda a colheita global atual. Se a posse de automóveis pelos chineses atingisse os níveis atuais americanos, de três automóveis para cada quatro pessoas, a frota automobilística da China iria totalizar mais de um bilhão de veículos até 2030 — substancialmente mais que toda a frota mundial de hoje, que é de 800 milhões.

---

* O termo foi criado pela junção das palavras *smoke* (fumaça) e *fog* (neblina) e é usado para definir uma mistura química de gases poluentes do ar, provenientes de indústrias e veículos, com partículas de matéria orgânica (poeira). (N.R.T.)

Em quase todos os setores de uso de recursos, a ascensão da China aos padrões de consumo ocidentais iria demandar claramente muito mais do que a Terra pode fornecer. Na verdade, se cada chinês fosse viver como um americano, isso duplicaria o impacto ambiental humano sobre o planeta, impacto este que já avançou muito além dos níveis sustentáveis. Mesmo esquecendo as mudanças climáticas, o sonho de enriquecimento rápido da China se transformaria num pesadelo global.

Mas as mudanças climáticas não podem ser esquecidas, e os seus impactos sobre a China serão graves, piorando os choques à medida que o país e o planeta atingem os limites ecológicos. Um estudo realizado pelos governos do Reino Unido e da China indica que até o último terço do século XXI, se as temperaturas globais forem de mais do que três graus acima das de hoje, a produção agrícola da China irá desmoronar. As produções de gêneros de primeira necessidade, como o arroz, o trigo e o milho irão reduzir-se em quase 40%. Talvez mais até, se acabar o fornecimento de água para irrigação. A China enfrentará a tarefa nada invejável de alimentar um bilhão e meio de pessoas, que estarão muito mais ricas que antes — 300 milhões a mais do que hoje —, com apenas dois terços dos atuais suprimentos.

Claro que os mercados mundiais, teoricamente, poderão preencher essa lacuna. Porém, quando isso ocorrer, as áreas produtoras agrícolas terão sofrido reduções por todo o mundo, com regiões inteiras sendo, uma a uma, eliminadas da produção. Essas regiões incluem partes substanciais do oeste norte-americano, a costa sul-americana do Pacífico, o sul da África e a metade ocidental do subcontinente indiano, tudo por causa do declínio das águas fluviais e da dispersão dos desertos, como ficou detalhado em capítulos anteriores.

Além disso, nenhuma região do continente australiano — a não ser, talvez, o extremo norte e a Tasmânia — será capaz de sustentar uma lavoura significativa no mundo quatro graus mais quente, devido às ondas de calor e à redução das chuvas. Na Índia, a precipitação pluviométrica está prevista para aumentar em muitas regiões, com monções de verão mais intensas, mas com as temperaturas em terra elevando-se cinco graus — ou mais — acima dos níveis atuais, simplesmente será quente demais para que a maior parte das plantações possa sobreviver. Também a evaporação mais rápida no clima mais quente pode, na verdade, tornar os solos mais quentes em muitas regiões. Nas áreas a oeste do subcontinente, particularmente em Rajasthan, Punjab e no vizinho Paquistão, regiões que já são áridas se tornarão ainda mais secas, aumentando a necessidade urgente da água oriunda do descongelamento das cadeias montanhosas do Himalaia e do Karakoram. Todas essas regiões sofrerão uma "hemorragia" de moradores, na maior migração humana jamais vista, com centenas de milhões de pessoas a se deslocarem em busca de alimento e água.

Uma análise global realizada para o relatório de 2007 do IPCC identifica diversas áreas críticas de futuras secas: o sudoeste norte-americano, a América Central, o Mediterrâneo, a África do Sul e a Austrália. Nos meses de inverno, o sudeste da Ásia é um foco de seca, enquanto o Amazonas, a Sibéria e parte da África ocidental sofrem mais durante o verão. Mesmo as áreas que dispõem de maior precipitação de chuvas, como aquelas localizadas nas mais altas latitudes médias, verão essa umidade extra chegar durante o inverno, fora da principal estação de cultivo, quando as lavouras não poderão beneficiar-se tanto. O estudo resume tudo isso com uma sinistra expressão: "seca agrícola mundial".

É possível que novas áreas de produção, nas regiões subpolares do Canadá e da Rússia, sejam capazes de suprir algumas necessidades, embora temperaturas mais quentes na tundra descongelada não signifiquem mais chuvas ou solos adequados Também é provável que novos progressos tecnológicos, desenvolvendo espécies de plantas mais resistentes à seca, possam ajudar a protelar por algum tempo desastres, como podem fazê-lo o efeito fertilizante de maiores níveis de CO_2 no ar. Mas nada disso poderá compensar a perda da maior parte das áreas agrícolas fundamentais do planeta, e fica difícil evitar a conclusão de que a fome em massa será um perigo constante para grande parte da raça humana, no mundo quatro graus mais quente — e possivelmente, como já foi antes sugerido, muito mais cedo do que se pensa. Com as principais regiões produtoras de alimento empoeiradas e abandonadas, uma demanda crescente irá à caça dos suprimentos que vão diminuindo rapidamente.

Como essa crise da alimentação irá comportar-se até o final, nas diversas regiões, é algo impossível de prever. A história, entretanto, está cheia de ruínas de sociedades que entraram em colapso quando seus meios ambientes se tornaram saturados e as produções de alimentos, ameaçadas. O caso dos maias é um dos mais conhecidos, mas na China as primeiras civilizações também se ergueram e caíram segundo as flutuações das chuvas e das secas. A antiga civilização harappa, no vale do rio Indo, também foi extinta, provavelmente, por uma seca particularmente severa, 4.200 anos atrás.

Uma causa semelhante parece ter precipitado o desaparecimento dos diversos reinos do Oriente Médio, que na sua época devem ter-se imaginado como inexpugnáveis, assim como nós hoje. Um deles é lembrado no poema "Ozymandias", de Shelley, sobre a estátua arruinada de um rei morto há tempos e que, em palavras entalhadas na escultura, escarnece dos passantes: "Observa as minhas obras, ó Senhor Poderoso, e desespera!". O poema termina assim:

> Nothing beside remains. Round the decay
> Of that colossal wreck, boundless and bare
> The lone and level sands stretch far away.*

As areias da Europa

Todos os colapsos de civilizações mencionados aconteceram em conseqüência de mudanças relativamente pequenas no clima, mudanças que serão minimizadas pelas maciças alterações que podemos esperar ver no século que se inicia. Se apenas alguns décimos de um grau puderam exterminar as civilizações maia e harappa, imagine o que dez vezes isso poderá causar ao nosso mundo atual, tão frágil e interligado. De certo modo, a situação hoje é ainda pior porque desta vez a nossa crise ecológica é verdadeiramente planetária: quando os maias desmataram sua região local e exauriram seus suprimentos de comida, os sobreviventes maltrapilhos tiveram, pelo menos, para onde fugir. A migração é a tradicional adaptação humana a uma crise, mas desta vez não haverá onde se esconder. O colapso da civilização, assim como a onda explosiva de uma bomba de nêutrons, irá precipitar-se pelo mundo inteiro.

E pior ainda: essa calamidade surpreenderá um planeta cujos mecanismos naturais de defesa já foram seriamente danificados pela atividade

---

* Nada ao lado dela permanece. Em torno à decadência/ daquele destroço colossal, ilimitado e nu/ As leves e solitárias areias se estendem ao longe. (N.T.)

humana. No seu estado natural, os ecossistemas desempenham um papel vital na regulagem do clima, mantendo assim a Terra habitável. Os plânctons, por exemplo, liberam gases que ajudam a promover a formação das nuvens, enquanto as árvores da floresta tropical amazônica geram as suas próprias tempestades, ao reciclar a água por grandes distâncias. A longo prazo, a vida nos oceanos ajuda a manter o dióxido de carbono da atmosfera em níveis toleráveis, aprisionando o carbono em sedimentos oceânicos que, então, formam rochas de carbonato, como a cal e o calcário. Na terra, a vegetação acelera o processo químico de desintegração dos solos, que também seqüestram carbono.

Mas esses ecossistemas naturais estão sendo drasticamente reduzidos em sua extensão. A maior parte do solo fértil do planeta tem sido privada das árvores e da vegetação, apropriada pela agricultura visando à alimentação dos seres humanos. Os oceanos têm sido sugados de tudo, do bacalhau ao *krill*,* por gigantescos barcos pesqueiros. No total, os seres humanos hoje se apropriam de mais de 40% de toda a produtividade fotossintética do planeta, deixando o resto da natureza a "comer pelas beiradas", nos lugares onde faz demasiado calor ou frio, ou são demasiadamente altos ou baixos para serem de alguma utilidade para nós.

No seu livro *A vingança de Gaia*, James Lovelock refere-se a isso como um "golpe duplo": como aqueles engenheiros de Chernobil, que irrefletidamente aumentaram o calor depois de inutilizarem os sistemas de segurança do reator, nós inutilizamos os sistemas de termorregulagem da Terra derrubando florestas e poluindo os oceanos — exatamente no momento em que mais se precisa deles. O experimento humano com o clima do planeta — aumentando o aquecimento com bilhões de toneladas de gases-estufa, ao mesmo tempo que é eliminada a maior parte dos ecossistemas naturais que ajudam a regular o clima — terá o mesmo efeito sobre a Terra que tiveram os técnicos soviéticos sobre o coração do reator de Chernobil ao tentarem o mesmo experimento, sugere Lovelock. E isso levará ao derretimento.

À época em que as temperaturas globais estiverem subindo até quatro graus, esse processo de derretimento já estará em ação. O manto de gelo da

* Nome coletivo dado a um grupo de invertebrados semelhantes aos camarões, que servem de alimento para outros animais marinhos. (N.R.T.)

Groenlândia encolherá ano a ano, em direção ao centro da terra firme, jorrando grandes quantidades de água nos mares, que se elevarão. Mudanças drásticas, como as descritas no início deste capítulo, também estarão em andamento na Antártida. A circulação atlântica — se sobreviver à atual desordem — vai tornar-se finalmente mais lenta, até acabar. (Isso aconteceria tarde demais para tornar a Europa mais fria do que agora; apenas poderia abrandar parte do extremo aquecimento em locais como o Reino Unido.) O clima mundial se tornará cada vez mais descontrolado, com tempestades mais violentas numa ferocidade jamais imaginada, atingindo regiões sempre mais vastas. Os longos meses de verão se tornarão mais longos ainda, enquanto altíssimas temperaturas reduzirão as florestas a verdadeiros rastilhos de pólvora e as cidades a necrotérios ferventes.

No sul da Europa, novos desertos se espalharão. O poema de Shelley, que hoje nos evoca o Oriente Médio, poderá fazer-nos pensar na Itália, na Espanha, na Turquia ou na Grécia, no mundo quatro graus mais quente. Estudos científicos mostram uma quase unanimidade ao projetarem climas mais secos, com temperaturas muito mais quentes para as margens européias do Mediterrâneo. Um recente exercício prático por modelo, realizado por cientistas da Suécia e da Finlândia, projetou declínios nas precipitações pluviométricas em toda aquela região, com o desaparecimento de 70% das chuvas de verão. Outro estudo prevê que as ondas de calor poderão ser 65 dias mais longas em todas as principais zonas turísticas do Mediterrâneo: Espanha, Portugal, sul da França, Itália, Grécia e Turquia, com efeitos dominó atingindo o distante sul da Rússia e a Ucrânia. Um terceiro estudo, publicado em junho de 2007, projeta um aumento de 200 a 500% no número de dias perigosamente quentes, com a França e a Espanha sendo as regiões mais seriamente atingidas. E o que é preocupante: o epicentro do aumento do calor será precisamente a região que foi mais gravemente atingida pela onda de calor de 2003, que matou 1.500 pessoas na França. Mesmo assim, as ondas de calor projetadas para o futuro serão muito mais quentes que os pontos extremos a que se chegou em 2003. Basicamente, as zonas de clima subtropical, localizadas agora na África setentrional, terão se espalhado pelo norte, em direção ao coração da Europa.

Mesmo nos climas mais temperados, no extremo dos Alpes, o mercúrio chegará a novas alturas. Na Suíça, o verão violento de 2003 parecerá fresco em comparação com as ondas de calor que vão crestar as montanhas e os vales outrora famosos pelo seu verde luxuriante. As temperaturas de julho e agosto poderão chegar aos 48°C, fazendo lembrar mais Bagdá do que a Basiléia. Incêndios florestais se alastrarão pelas vertentes dos Alpes, e o fornecimento de água cairá vertiginosamente, enquanto as geleiras montanhosas remanescentes irão se desperdiçar nos picos mais elevados. Até na Inglaterra, onde o dia 11 de agosto de 2003 marcou uma máxima inédita de 38°C, as ondas de calor de verão poderão ver as temperaturas em Londres e nos condados chegarem a ardentes 45°C — o tipo de clima que hoje só é sentido em Marrakesh, Marrocos. As secas de verão porão o densamente povoado sudeste da Inglaterra na lista global das zonas com problemas de abastecimento de água, com os lavradores competindo com as cidades pelos minguados suprimentos dos rios e reservatórios.

O frio extremo da Rússia passará a ser uma longínqua recordação, quando as temperaturas de dezembro e fevereiro subirem sete graus em média, deixando a maior parte dos invernos sem neve alguma, no outrora frígido leste da Europa. A queda de neve total deverá despencar até 80% ou mais pelo continente, e apenas o interior do extremo norte da Escandinávia continuará a receber no inverno nevadas regulares. O novo regime sem neve irá agravar as enchentes de inverno, quando chegar uma precipitação maior e a água das chuvas correr diretamente para os rios. Sem o lento derretimento da neve, liberando a água no fim da primavera, os verões se tornarão mais secos, fazendo com que as temperaturas no continente subam até nove graus acima dos níveis atuais. Esses nove graus constituem apenas a *média* da elevação: nos anos mais violentos, as ondas de calor serão severas a um ponto inimaginável. O mar Cáspio, que recebe a maior parte das enxurradas da Rússia, deverá, segundo as previsões, reduzir seu nível até 10 metros, atingindo o ponto mais baixo em 25 séculos. Com essas dramáticas alterações climáticas, quase não surpreende que o nordeste da Europa e o Mediterrâneo tenham sido relacionados como os dois mais importantes pontos críticos das mudanças climáticas no futuro.

O verão, e não o inverno, será a estação mais temida pelos europeus no mundo quatro graus mais quente. Como acontece hoje em qualquer cidade sulista dos Estados Unidos, o ar-condicionado será obrigatório para quem desejar se refrescar um pouco. Isso, por outro lado, vai colocar uma pressão ainda maior sobre os sistemas de energia, que poderão despejar maiores quantidades de gases-estufa na atmosfera, caso as usinas elétricas movidas a carvão e gás aumentarem a sua produção, as fontes hidrelétricas minguarem e as renováveis não conseguirem compensar o problema. Mais poluição ainda poderá advir das usinas de dessalinização do mar, nos países em processo de desertificação, como Portugal e Espanha, a menos que essas usinas recebam energia exclusivamente solar. Porém o controle de novas emissões de gases-estufa deverá ser o último item na agenda dos políticos, desesperados como estarão para obter água doce, a fim de manter as cidades habitáveis e impedir o colapso agrícola.

A onda de calor de 2003, que se prolongou por todo o verão, e a mortandade em massa associada a ela dão uma idéia do aspecto que poderá ter uma Europa mais quente, porém com cada novo verão tanto ou mais quente que o de 2003 fica difícil imaginar como as cidades poderiam resistir a longo prazo. Em vez de o Mediterrâneo ser a região densamente povoada que é hoje em dia, extensões inteiras poderão ter de ser abandonadas, seus residentes deslocando-se em bandos para o norte, para refúgios já superlotados no Báltico, na Escandinávia e nas ilhas Britânicas. A questão de o continente poder se manter em boas condições dependerá da força das suas instituições e da determinação dos seus povos para sobreviver à emergência. Mas com as regiões habitáveis ficando cada vez mais apinhadas de gente, os conflitos e o caos poderão aparecer mais cedo do que tarde, mesmo na temperada e civilizada Europa.

No topo das montanhas

Mais acima da linha das árvores, somente alguns arbustos mirrados conseguem quebrar a monotonia. Porções de relva se agrupam nas vertentes áridas mais baixas, porém acima delas nada interrompe a paisagem lunar composta de rochas e pedras soltas. As cabras vão recolhendo tudo o que podem entre os vestígios de verde, mascando o que quer que encontrem: musgos, cascas, moitas de espinhos. Nada escapa a elas. Seqüências de cordilheiras se elevam a distância, com os tons de marrom, cinza e vermelho se mesclando no horizonte. Somente pálidas manchas de neve se agarram aos cumes mais altos, e nas depressões e profundos vales, mais embaixo, cristas curvas recobertas de um cascalho marrom delimitam as antigas extensões das geleiras há tanto tempo esquecidas. Os vales inferiores são sulcados por ravinas onde as enchentes repentinas lançaram pedaços dos flancos montanhosos, deixando imensas rochas isoladas em meio a amplos leques de aluviões. Mas as ravinas agora estão secas. Somente um ocasional lago de lama permanece ainda, depois do mais recente aguaceiro. E em toda a volta, na quente e cintilante neblina, só se vê a rocha nua. Os flancos das montanhas estão nus.

Esta cena pode ser familiar para quem quer que já tenha feito trilhas no Alto Atlas, no Marrocos, a cadeia montanhosa de 4 mil metros de altitude que separa a planície costeira do Mediterrâneo das regiões ermas do Saara. Mas poderá ser também familiar para quem fizer trilhas pelos Alpes no final do século XXI, quando o que é hoje um clima norte-africano se tornar solidamente estabelecido na Europa. À época em que as temperaturas globais se aproximarem dos quatro graus acima das de hoje, a neve vai ser uma raridade nas elevações alpinas abaixo dos mil metros — lugares que atualmente podem esperar entre 50 e 100 dias de neve cobrindo tudo, durante todo o inverno. A 2 mil metros, dois meses serão eliminados da estação das neves, com o total de neve acumulada no inverno ficando reduzido pela metade. Mesmo nos 3 mil metros de altitude, onde freqüentemente a neve se mantém o ano inteiro, no clima atual, espera-se que um terço se derreta entre os invernos dos anos 2070. Muito mais espantoso é que as geleiras vão desaparecer da maior parte até mesmo dos picos mais elevados, tornando os Alpes quase totalmente desprovidos de gelo, pela primeira vez em milhões de anos. Somente pequenas faixas remanescentes das geleiras poderão resistir, no topo de picos com mais de 4 mil metros de altitude, como o monte Rosa e o Mont Blanc.

Haverá ondas de calor mesmo nos meses de inverno, elevando as temperaturas até 20 graus, entre dezembro e fevereiro, e derretendo a neve mesmo nos mais altos picos. Embora ninguém possa sofrer de exaustão pelo calor com temperaturas na faixa dos 20 graus, os efeitos dessas ondas quentes invernais sobre a paisagem e a sociedade poderão ser dramáticos. Súbitas elevações de temperatura tornam instáveis as vertentes nevadas superiores, aumentando o risco de avalanches, amontoando milhões de toneladas de neve úmida e sufocante nas cidadezinhas situadas sob os vales. Os derretimentos drásticos enviam torrentes de água lamacenta montanha abaixo, provocando súbitas enchentes fatais e arrasando construções e pontes pela corrente incontrolável de lama. A vegetação fica iludida pelas temperaturas e dá início à floração do início da primavera, apenas para que os botões e as tenras folhas pereçam com a volta do frio nos dias e semanas seguintes.

Dado o papel crucial dos Alpes como "caixa-d'água da Europa", os impactos das mudanças na camada de neve e o desaparecimento das suas geleiras irão atingir todo o continente, devido aos seus efeitos sobre os principais rios, como o Reno e o Danúbio, cujas nascentes estão nas montanhas. Na própria Suíça, 60% da eletricidade vêm hoje da geração de energia hidrelétrica, fonte que poderá faltar nos meses de verão, quando os ribeirões e os rios secarem. Como acontece com as Rochosas americanas e canadenses, o problema é de *timing*: mesmo que a quantidade total de precipitações anuais continue igual à de hoje (e não há nenhuma certeza disso), caso elas venham mais como chuva do que como neve, no inverno, isso significa que o auge das correntes ocorrerá mais cedo no ano, reduzindo a quantidade disponível no verão para uso humano.

Sem o derretimento de neves, nem chuvas, a vegetação irá murchar, transformando o verde da paisagem no marrom da terra crestada, à medida que se intensifica o domínio da seca. Como no Alto Atlas de hoje, não existirão geleiras para agraciarem os Alpes do futuro, e nenhuma visão verdejante irá quebrar a monotonia das rochas nas vertentes mais altas. As próprias montanhas não serão nem mais altas nem mais baixas do que hoje, porém suas características terão se alterado profundamente. Os residentes daquelas paragens — as plantas, os animais, os seres humanos — terão também de se modificar, se quiserem sobreviver. E, o mais importante de tudo: enquanto a Europa sufoca pelo calor do verão, a caixa-d'água do continente vai secando.

A praga leva uma surra

Enquanto as pessoas migram para o norte, fugindo do escaldante calor saariano no sul da Europa, o frio relativo da Grã-Bretanha vai transformar essas ilhas superpovoadas em um dos mais cobiçados pontos imobiliários do planeta. Mesmo que a seca seja um problema no sul e no leste, o norte e o oeste provavelmente continuarão a receber chuva com regularidade, graças aos sistemas climáticos do Atlântico. Seria ótimo, não fosse a natureza cada vez mais violenta das tempestades atlânticas. Com a rota dos ciclones se deslocando em direção aos pólos, enquanto os cinturões secos tropicais se afastam do equador, o Reino Unido vai ficar bem no meio da ação quando as tempestades, que não mais ocorrerão sobre o Mediterrâneo mais seco, voltarem-se para o norte da Europa. A Escócia, que já conta com os ventos e as chuvas mais violentos da Grã-Bretanha, será especialmente afetada. Com pressões mais baixas e ventos mais fortes, cada depressão irá reservar um golpe mais duro do que as mais furiosas rajadas de inverno, no clima atual.

Isso implicará maiores ressacas a inundarem as áreas expostas às rajadas do oeste, uma erosão costeira maior e danos à infra-estrutura, provocados pelos fortes ventos. Os custos desse prejuízo poderão aumentar até 37% acima dos níveis atuais, tanto no Reino Unido quanto na Alemanha, levando à bancarrota as seguradoras devido à perda recorrente de dezenas de bilhões de euros. Entretanto — talvez surpreendentemente —, embora se espere que as tempestades se fortaleçam individualmente, na verdade é possível que elas ocorram em menor número. Isso, pelo menos, dará aos serviços de emergência tempo para deslocar os feridos e executar reparos de urgência nos telhados, cabos de energia e barreiras contra enchentes, antes da chegada do próximo ciclone.

Desnecessário dizer que essas tempestades trarão também maiores aguaceiros. Com a maior incidência destes, virão também as inundações mais extensas, mas a parte mais seriamente atingida do Reino Unido será, neste caso, não a Escócia, mas sim o sul e o leste densamente povoados da Inglaterra. Embora parte dessa água excedente seja vital para completar os reservatórios, esvaziados perigosamente durante os quentes verões, uma parte demasiadamente grande dela chegará como violentas pancadas, correndo velozmente pela terra e as ruas em vez de ir encharcando mais brandamente o solo, reforçando assim os suprimentos subterrâneos de água. As comunidades terão de lutar para resistir, enquanto a seca do verão abre caminho para as chuvas torrenciais de inverno, provocando súbitas enchentes nas grandes e pequenas cidades, à medida que os rios transbordarem das margens. Mesmo no clima atual, mais de 4 milhões de pessoas e 2 milhões de propriedades correm risco de inundação no Reino Unido.

Estima-se que esses riscos irão quadruplicar no mundo próximo dos quatro graus de aquecimento global, com prejuízos anuais, devido às enchentes, chegando a 30 bilhões de libras.

Como as planícies costumam ser inundadas com maior regularidade, é provável uma evacuação geral das áreas de maior risco de enchentes — o inverso da tendência atual, que é a de se construírem residências muitas vezes sem se analisar o risco de inundações. Milhões de pessoas, conseqüentemente, vão perder os investimentos de uma vida inteira em casas que não poderão ser seguradas e, por isso mesmo, não poderão ser vendidas. "A praga das enchentes" poderá tornar-se uma expressão muito comum no negócio imobiliário. Segundo o Office of Science and Technology, do governo do Reino Unido, estima-se que o corredor Lancashire/Humber seja uma das regiões mais afetadas, assim como o Thames Valley, o leste de Devon e as cidades ao redor do estuário do Severn já propícias às enchentes, como Monmouth e Bristol.

Muitas dessas regiões são as mesmas previstas para sofrer seriamente com a acelerada erosão costeira, devido a uma combinação de níveis crescentes do mar e clima mais tempestuoso. Toda a costa inglesa, desde a ilha de Wight, no sul, até Middlesbrough, no nordeste, está classificada como de risco "muito alto" ou "extremo" nesse clima futuro, como também acontece com toda a linha costeira da Cardigan Bay, no País de Gales.

Uma outra alteração no clima de inverno será notada por todo o mundo, embora os seus impactos diretos sejam menos nítidos. As nevadas — algo que gerações inteiras de crianças ficam ansiosamente aguardando, todo inverno — deverão desaparecer quase completamente do calendário britânico. Nas terras baixas do sul e do leste da Inglaterra, camadas de neve serão praticamente desconhecidas no mundo quatro graus mais quente. Mesmo nas montanhas escocesas, elas se reduzirão a mais da metade. Poderá nevar ainda, ocasionalmente, durante os invernos ingleses, mas a nevada passará a ser um evento fora do comum, como granizo do tamanho de bolas de gude ou as esferas de relâmpagos. As crianças ainda poderão fazer um boneco de neve, se quiserem, mas para isso terão antes de caminhar muito, em janeiro, até o cume do Ben Nevis.

Uma mensagem enterrada no Texas

No rancho de T.D. e Billie Hall, no centro-sul do Texas, uma caverna estranha fica escondida na sinuosa paisagem calcária. As pedras se juntam na entrada, onde um solitário olmeiro parece montar guarda para manter afastados os intrusos. O terreno ao redor é árido, com o leito rochoso exposto aqui e ali, e somente uns poucos carvalhos eternamente verdes espalham-se para interromper a savana que o vento ondula. A alguns quilômetros dali, ao sul, uma bifurcação do rio Guadalupe serpenteia pelo planalto pedregoso em direção ao golfo do México. Algum gado vagueia pelos arredores, mas os rebanhos estão em baixa porque os solos finos do local não agüentam muitos animais pastando, como ocorre nas pradarias mais ao norte.

Dentro da caverna Hall, Jennifer Cooke, uma estudante de doutorado da Universidade do Texas, passou semanas em minuciosas escavações científicas, até surgir com uma estranha descoberta. Enterrados nos sedimentos do fundo da caverna estavam dentes e ossos, não de algum vaqueiro assassinado há muito, mas sim de alguns roedores e outros mamíferos que vivem em tocas e que saíram em busca de forragem no solo acima da caverna, cerca de vinte mil anos antes. A descoberta foi surpreendente porque nenhum daqueles animais vive hoje naquelas paragens: simplesmente, o solo é fino demais para isso. O que Jennifer começou a juntar foi a história de uma importante perda de solo provocada pelo clima, muito antes que os seres humanos ocupassem a paisagem, tornando aquele planalto outrora fértil no solo ermo pedregoso e árido que é hoje.

O agente da erosão nos é muito familiar: a chuva. Em resposta às pancadas de chuva — intercaladas por secas cada vez mais rigorosas —, os solos que se haviam formado durante os milênios anteriores simplesmente começaram a desaparecer. O clima posterior à idade do gelo, em processo de aquecimento, aparentemente desencadeou chuvas torrenciais mais intensas, golpeando a paisagem seca e arrastando os sedimentos para longe da terra e em direção aos rios. Jennifer também encontrou grossas camadas do antigo solo dentro da própria caverna, depositadas pelas fortes chuvas. Sua tese de doutorado foi posteriormente resumida num artigo para o jornal *Geology*, onde ela advertia que as futuras alterações climáticas — com "maior aridez no verão e chuvas mais freqüentes e intensas" — poderão desencadear mais uma vez o tipo de evento que destruiu a fertilidade por toda uma maciça região do Texas, muitos milhares de anos atrás.

Tudo isso pode parecer bastante sinistro para quem tem familiaridade com estudos sobre o provável clima do futuro baseados em resultados de modelos por computador. Um artigo recente, concentrado nos Estados Unidos e publicado na *Geophysical Research Letters*, no final de 2005, prevê a probabilidade de mais chuvas convectivas,* com maior intensidade, por todo o país. (A chuva de convecção tende a vir em pequenas, mas violentas pancadas de tempestade, o oposto das chuvas brandas que são associadas à passagem de frentes frias.) "Fortes episódios de precipitação se tornarão mais freqüentes", advertem os autores. Além disso, as chuvas "se tornarão mais episódicas e em maior quantidade por dia", embora com intervalos secos mais longos.

Toda a superfície de terra do planeta será afetada por essas alterações na precipitação de chuvas, no mundo quatro graus mais quente. Na Europa central e setentrional, precipitações intensas irão aumentar significativamente, em especial na invernal Escandinávia. Esses aumentos serão acompanhados por reduções no sul do continente, provocando seca e desertificação, como já vimos antes. Ciclones de inverno se tornarão mais intensos e destruidores em ambos os hemisférios, apesar de a sua freqüência diminuir. O número de furacões tropicais não deve mudar muito, mas a intensidade deles — como vimos no capítulo anterior — deverá aumentar bastante, segundo as projeções. Um estudo de modelagem sobre a região leste da Austrália verificou que o número de tempestades violentas aumentou em mais de 50%, com ciclones mais fortes chegando mais ao sul, colocando até mesmo Sydney na linha de fogo (embora a cidade possa agradecer pelas chuvas). Na Coréia, as chuvas aumentam em um quarto, mas o aumento de 6°C na temperatura em terra também intensifica a evaporação, o que resulta numa superfície mais seca do que antes.

De fato, é a alta vertiginosa da temperatura que começa a dominar tudo o mais no mundo quatro graus mais quente. Ondas de calor de uma violência inaudita irão tostar a superfície da Terra, quando o clima ficar mais quente do que o ser humano já experimentou em toda a sua história

* Chuvas torrenciais, que ocorrem geralmente no verão, resultado do sobreaquecimento da superfície terrestre. (N.R.T.)

evolutiva. Como vimos antes, as temperaturas irão, então, se assemelhar mais às do Oriente Médio do que ao nosso clima usual de hoje. O Saara terá ultrapassado o estreito de Gibraltar e aberto caminho em direção ao norte, através do coração de Espanha e Portugal. Mesmo onde restarem solos cultiváveis, as chuvas torrenciais vão acelerar a erosão, convertendo campos antigamente férteis em valas áridas, como ocorreu nas planícies do Texas. Com a falência total dos suprimentos mundiais de comida, o poder da humanidade sobre o seu futuro ficará cada vez mais hesitante.

Roleta siberiana

Nos capítulos anteriores, vimos um Ártico a se desmanchar fisicamente. Com as temperaturas globais aproximando-se dos três graus a mais, o gelo marinho no verão se reduzia a uma faixa remanescente, no pólo e no extremo norte da Groenlândia. Agora, com as temperaturas ultrapassando a marca dos três graus e chegando a um aumento de quatro graus, mesmo os modelos de computador mais conservadores prevêem que o gelo marinho desaparecerá completamente e, pela primeira vez em pelo menos três milhões de anos, o Pólo Norte nada terá no verão, a não ser o oceano aberto. Mesmo durante as longas noites escuras do inverno polar, a maior parte do gelo não vai conseguir formar-se de novo. As temperaturas por toda a região vão se elevar até 14 graus acima dos níveis atuais nos meses do inverno.

Nos continentes que rodeiam o oceano Ártico, drásticas alterações semelhantes estão a caminho. O limite sul do *permafrost* vai se mudar para centenas de quilômetros ao norte. Até o final deste século, sua área encolherá, dos atuais mais de 10 milhões de quilômetros quadrados para apenas um milhão de quilômetros quadrados. À medida que o processo se acelerar, grandes regiões da Sibéria, do Alasca, do Canadá e mesmo do sul da Groenlândia cairão na zona do derretimento, onde solos instáveis movem-se e desmoronam por debaixo de estradas, casas e outras infra-estruturas. No extremo leste da Rússia, cidades como Yakutsk, Noril'sk e Vortuka descobrirão que foram construídas sobre areia movediça. A ferrovia Transiberiana sofrerá um extenso afundamento ao longo do seu percurso, com as mudanças ameaçando até mesmo uma usina nuclear de Bilibino.

Em volta do oceano Ártico, a crescente erosão produzida pelas tempestades e a elevação do nível do mar destruirão cidadezinhas e assentamentos litorâneos.

Os ecossistemas do Ártico irão se encontrar num estado de extrema perturbação. Incêndios inesperados e pragas de insetos arrasarão as florestas no extremo norte do Círculo Ártico. Com a camada de neve reduzindo-se em 20% em toda a região, animais como os ratos-do-campo e os lemingues, que se entocam em túneis sob a neve durante o inverno, vão se encontrar em pleno declínio. Mesmo onde a neve cobre completamente o solo onde eles se alimentam, os descongelamentos ocasionais e a chuva sob a neve e o gelo acumulado reduzirão as propriedades isolantes da camada de neve e matarão de frio aqueles animaizinhos. Como os lemingues são presas para as raposas do Ártico, corujas-da-neve, doninhas, moleiros e arminhos, todos esses predadores, por sua vez, enfrentarão a falta de alimento.

Enquanto os animais lutam para sobreviver, à sua volta a paisagem vai mudando. Os lagos vão sendo drenados, os rios têm os seus cursos alterados, com 30% a mais de água doce seguindo para o oceano Ártico, oriunda da chuva extra e do excessivo descongelamento do solo. À medida que o gelo e a neve recuarem, as árvores crescerão sobre a tundra úmida. Novos charcos aparecerão num solo que outrora era congelado e tão sólido quanto o concreto.

É desses solos árticos em descongelamento que se levanta uma nova ameaça: um dos mais perigosos feedbacks positivos de todos, que faz os efeitos das mudanças climáticas no Ártico ricochetearem pelo resto do planeta com força e destrutividade cada vez maiores. Assim como o feedback positivo dos solos, essa ameaça vem do fato de que o aquecimento global acelera a liberação de gases-estufa do chão e, por esse motivo, aumenta numa espiral sempre maior.

Estima-se que cerca de 500 bilhões de toneladas de carbono estejam atualmente encerradas nos solos eternamente congelados do Ártico. Uma vez começado o descongelamento, muito desse carbono começará a escapar. Em lugares onde o escoamento dos lagos e pântanos faz com que os solos sequem, esse gás pode entrar diretamente na atmosfera como dióxido de carbono, quando as bactérias do chão começarem a decompô-lo. Quando os solos permanecem molhados demais para a decomposição oxidante, as bactérias anaeróbicas movem-se para lá e produzem vastas quantidades de metano, um gás-estufa ainda mais perigoso que o CO_2, por causa do seu poderoso efeito de curto prazo sobre o clima. Em outras regiões, o carbono pode se dissolver diretamente na água e ser liberado como CO_2 pelos rios, lagos e o oceano Ártico. Como diz Phil Camill, ecologista dos Estados Unidos que estuda as taxas de derretimento do *permafrost* canadense: "Estamos desligando a geladeira no extremo norte. Tudo o que estava preservado lá vai começar a apodrecer."

Esse efeito de apodrecimento já está sendo observado, embora em extensão mais limitada, no clima atual, à medida que a degradação do *permafrost* já avança pelo Ártico. Os geógrafos californianos Karen Frey e Larry Smith passaram três anos, entre 1999 e 2001, caminhando por regiões remotas do oeste da Sibéria, recolhendo centenas de amostras de "carbono orgânico dissolvido" dos ribeirões e dos rios. Uma vez analisadas as amostras em laboratório, surgiu um padrão nítido: Frey e Smith verificaram que os cursos d'água que escoavam a terra turfosa tinham quantidades de carbono muito mais elevadas do que os rios que correm sobre áreas de *permafrost* ainda congeladas. Quando prosseguiram para localizar cenários futuros de aquecimento sobre mapas da atual distribuição de *permafrost* na Sibéria, eles verificaram que um derretimento maior poderá produzir uma taxa impressionante de 700% de aumento na liberação de carbono.

Centenas de quilômetros além, na região de Abisko, no subártico da Suécia, os cientistas ao mesmo tempo tentaram medir quanto de metano extra é liberado pelos charcos provenientes do descongelamento. As emissões de um lodaçal recentemente derretido eram, segundo as estimativas, entre 20 e 60% mais elevadas do que nos anos 1970. Um trabalho mais recente na Sibéria demonstrou que as taxas de metano borbulhando nos lagos descongelados já são cinco vezes mais altas do que se admitia antes. A conclusão é inevitável: quanto mais terra congelada se degrada em lodaçais estagnados, mais metano será liberado. E uma vez que a degradação do *permafrost*, neste momento mesmo em que escrevo, já se acelera por todo o Ártico, esse processo entrará em funcionamento muito antes que as temperaturas globais atinjam quatro graus acima dos atuais níveis.

Apesar das sérias conclusões desses e outros estudos, de que o derretimento no Ártico terá um dramático feedback positivo sobre o aquecimento global, a extensão desse feedback ainda não pôde ser quantificada e, dessa forma, não está incluída nas atuais projeções de mudanças climáticas. Mas as implicações são claras: esse perigoso processo poderá ser muito mais significativo globalmente do que as alterações no ciclo de carbono examinadas no capítulo anterior. Como declarou Lawson Brigham, especialista no Ártico do Alasca, o *permafrost* em processo de descongelamento "é uma verdadeira incógnita no ciclo do carbono".

Então, quanto mais o derretimento ártico irá acrescentar ao aquecimento global? Meio grau? Um? Mais do que isso? Ainda não se tem uma resposta clara. "As pessoas ainda não puderam juntar todas as peças", admite Walter Oechel, especialista em ecossistemas do Ártico da Universidade da Califórnia. "Mas o que efetivamente sabemos é que as quantidades potenciais são imensas e muito, muito assustadoras." Nem todo mundo concorda que essa bomba-relógio do *permafrost* possa explodir logo, a qualquer momento: um estudo de 2007 afirma que a taxa de derretimento prevista para este século está exagerada. Mas, uma vez que as quantidades de carbono em questão são tão grandes — talvez chegando aos 900 bilhões de toneladas, no total —, mesmo pequenas alterações poderão ter impactos colossais. Como diz Phil Camill, se apenas 1% desse reservatório potencial de carbono fosse decomposto todo ano, num mundo mais quente, "seria como se duplicássemos a nossa atual taxa de emissões".

Essa é a sinistra conclusão do mundo quatro graus mais quente: assim como se prevê para o colapso da Amazônia e para o feedback do ciclo do carbono no mundo dos três graus a mais, a estabilização das temperaturas globais em quatro graus acima dos atuais níveis poderá não ser possível, devido às liberações de carbono do *permafrost* ártico. Nesse cenário, se alcançarmos os três graus a mais, isso poderá levar inexoravelmente aos quatro graus, o que, por sua vez, levará inexoravelmente aos cinco. E, como será visto no próximo capítulo, aos cinco graus a mais, uma fonte ainda maior de metano poderá entrar em cena. Dessa vez, a ameaça não virá da terra, mas sim dos oceanos. Mais uma vez, a humanidade poderá ser impotente para intervir, enquanto o aquecimento global descontrolado continuará empurrando o mundo para a situação extrema, cada vez mais apocalíptica, de uma verdadeira estufa.

5

Cinco graus

Um novo mundo

Com cinco graus a mais de aquecimento global, um planeta inteiramente novo passa a existir, difícil de reconhecer na Terra que temos hoje. Os mantos de gelo remanescentes foram, por fim, eliminados dos dois pólos. As florestas tropicais já se incendiaram e desapareceram. Os mares, com níveis mais altos, inundaram as cidades costeiras e agora começam a penetrar bem para o interior dos continentes. Os seres humanos encontram-se arrebanhados em estreitas zonas habitáveis, conseqüência das crises seguidas de secas e enchentes. As áreas do interior têm temperaturas dois graus acima das de hoje, ou mais.

Com um gigantesco excedente de calor na atmosfera, tanto a evaporação quanto a precipitação de chuvas aumentam. Nos trópicos, a zona de convergência dos ventos alíseos promove tremendas chuvas torrenciais, combinadas com monções sul-asiáticas mais fortes, fazendo elevarem-se os volumes dos rios Ganges e Brahmaputra em quase 50%. Nas mais altas latitudes, os rios da Sibéria, do Canadá e do Alasca também aumentam dramaticamente o seu volume d'água, por causa das chuvas mais fortes. Uma monção asiática ressurgente lança quase um terço a mais de água no Yangtsé, e quase 20% mais no Huang He (rio Amarelo). O Reino Unido sofre enchentes de inverno quase todos os anos.

Junto a esse aumento das chuvas em regiões já ricas em suprimento de água vem o aumento de aridez nos lugares que já sofriam a falta d'água. Citando as conclusões de uma equipe que trabalhou com modelos, sob a chefia do veterano meteorologista japonês Syukuro Manabe, que investigou a simulação do mundo com mais cinco graus: "É provável que uma redução na umidade do solo nas regiões semi-áridas induza à expansão dos grandes desertos do mundo, como o deserto norte-americano, o Saara e o Kalahari, na África, o deserto da Patagônia, na América do Sul, e o deserto australiano." Além disso, "a redução da umidade no solo da região setentrional da China poderá levar essa expansão também para o leste do deserto de Gobi".

Embora a resolução desse modelo seja muito baixa para termos uma visão precisa das mudanças previstas no nível de cada país individualmente, ele, na verdade, indica a criação de uma área desértica inteiramente nova no norte do Brasil (a Amazônia destruída), como também projeta uma região de secas intensas por toda a metade sul dos Estados Unidos (como no cenário da *dust bowl*). Na verdade, são dois cinturões ao redor do planeta, que revelam nitidamente secas permanentes no mapa climatológico do futuro cinco graus mais quente. O cinturão seco do hemisfério norte abrange toda a região centro-americana, toda a metade sul da Europa, o leste do Sahel e a Etiópia, o sul da Índia, a Indochina, a Coréia, o Japão e o Pacífico ocidental. No hemisfério sul, outro cinturão seco equivalente domina as porções meridionais do Chile e da Argentina, a África oriental e Madagascar, quase a totalidade da Austrália e as ilhas do Pacífico. Mais uma vez, um feedback entra em ação: a maior evaporação reduz a umidade disponível no solo nas regiões semi-áridas, reduzindo ainda mais a incidência das chuvas e as transformando totalmente em desertos. Nas regiões mais seriamente atingidas, 40% da água disponível será perdida.

Esses cinturões — quando considerados em conjunto com a exaustão dos aqüíferos fósseis, o desaparecimento das neves e o derretimento das geleiras nas cadeias montanhosas — implicam a expansão, por toda a superfície do planeta, de zonas que não são mais próprias para a habitação humana em larga escala. Enquanto no clima atual as áreas não habitáveis incluem pontos como o Saara central e o deserto de Gobi, no futuro essas zonas serão ainda mais drasticamente expandidas. Hoje, só é possível que cidades muito grandes, como o Cairo e Lima, se sustentem em meio aos desertos pelo suprimento de água proveniente de fora, através dos rios ou das reservas subterrâneas. Mesmo assim, os aqüíferos subterrâneos já são usados de forma não-sustentável, como já vimos, e as enxurradas na superfície estão previstas para se reduzirem mais nas regiões semi-áridas. O modelo dos cinco graus a mais anteviu uma redução de 20% no volume do Nilo, enquanto o rio Rimac, de Lima, vai ficar seco (como já mencionamos antes), devido ao desaparecimento das geleiras. O modelo não dá detalhes para se distinguirem as mudanças em menor escala no Peru e nos Estados Unidos, mas, segundo um estudo em separado, aproximadamente 90% dos blocos de neve de inverno das montanhas da Califórnia irão desaparecer, reduzindo quase pela metade os volumes dos rios no sul do estado (onde se localizam Los Angeles e San Diego). O papel dos aqüíferos subterrâneos merece uma investigação mais minuciosa, porque eles são de importância crucial para o sustento de cidades e da agricultura nas regiões secas. Entretanto, como já foi dito, de modo geral eles constituem um recurso que ou não é renovável ou já é superexplorado: muitos deles são formados pela água das chuvas de milhares, ou até de milhões, de anos atrás. Por exemplo, o Iêmen depende, para toda a sua água doce, de um aqüífero fóssil que já se encontra em vias de esgotamento. A Arábia Saudita ficou recentemente em tal desespero, que poços profundos, abertos com base na tecnologia de perfuração de petróleo, foram usados para localizar água. Na Índia, na China e nos Estados Unidos, os lençóis freáticos estão se extinguindo rapidamente, mesmo no clima atual, devido à pressão da população e ao intenso uso pela agricultura, superando qualquer possível recarga oriunda de precipitações. Tanto a agricultura quanto, por extensão, a população serão insustentáveis caso essas fontes de água sequem, precisamente ao mesmo tempo que novos cinturões desérticos se expandem a partir dos trópicos.

Uma possível solução seria a de se empreenderem maciças transferências populacionais das regiões secas para novas regiões habitáveis, no extremo norte, particularmente no Canadá e na Sibéria. Como já mencionado, todos os maiores rios russos e canadenses terão grandes aumentos no seu volume, graças às maiores chuvas. Mas essas regiões são também as que sofrem as maiores elevações de temperatura, alongando drasticamente as estações de cultivo e reduzindo o periódico domínio do inverno, mesmo em lugares lendariamente frios como a Sibéria. Seria possível abrirem-se regiões inteiramente novas de produção agrícola? Mesmo que pareça mais viável cultivar alimentos em regiões remotas do que transferir cidades inteiras e populações nacionais para essas novas áreas, o potencial delas como refúgios permanece evidente.

Entretanto, antes de sair correndo para comprar propriedades em Sneznogorsk ou Nizhnevartovsk, preste bem atenção ao fato de que o modelo de Manabe também projeta secas de verão no interior continental, com o ressecamento dos solos que, de outro modo, seriam apropriados para a lavoura. As áreas que ainda recebem neve no inverno podem ajudar a suavizar a mudança periódica, com o gradual derretimento do gelo, porém grandes obras de engenharia, como represas para reter as chuvas de inverno, se tornariam essenciais para a irrigação das novas lavouras.

Também pode ser que faça calor em excesso nos climas continentais — com os seus anuais picos de temperatura — durante os meses de verão, para que se possam cultivar campos aráveis. (Afinal de contas, a Sibéria já está suficientemente quente no verão para sofrer violentas ondas de calor e incêndios florestais.) Um estudo de modelagem voltado, de fato, especificamente para a produção global de alimentos, verificou que, no mundo cinco graus mais quente, até mesmo o norte do Canadá e a antiga União Soviética sofreriam declínios na produção agrícola. Uma solução poderia ser a de concentrar as populações e as novas colônias agrícolas nas costas árticas da Rússia e nas ilhas canadenses, onde a moderada influência marítima manteria as temperaturas de verão em níveis toleráveis. Nada disso será viável, é claro, se esses países setentrionais se recusarem a acolher todos esses refugiados a mais. James Lovelock até mesmo sugere um cenário em que, empregando forças militares, a China invade a Sibéria e os Estados Unidos invadem o Canadá, para se apossarem das terras habitáveis remanescentes. Qualquer conflito armado, especialmente se envolver o amplo uso das armas nucleares, teria, evidentemente, o efeito colateral de aumentar ainda mais a superfície planetária considerada não habitável por seres humanos.

Como já fiz referência nos capítulos anteriores, os solos que até recentemente eram cobertos de gelo tendem a ser finos, pedregosos e pobres, com pouca concentração de nutrientes ou matéria orgânica. Entretanto, se comparadas com a África e a Ásia — que, segundo o estudo mencionado acima, perdem um terço do seu suprimento de alimentos —, as latitudes mais altas se sairiam relativamente bem. Mas as ondas de calor do verão na região das florestas boreais do Canadá também agravariam o risco de incêndios: um estudo sobre esse risco num clima com o triplo de CO_2 projeta uma duplicação da área queimada, com 3,8 milhões de hectares reduzidos a fumaça e cinzas, todos os anos.

Tanto a expansão da agricultura quanto o aumento dos incêndios muito provavelmente destruiriam grandes extensões de floresta boreal nas regiões subárticas do Canadá, do Alasca, da Escandinávia e da Rússia, lançando ainda mais carbono na atmosfera e acelerando a perda mundial da biodiversidade. Mas eu, particularmente, desconfio que a sobrevivência do tigre siberiano seria uma preocupação secundária num mundo onde a sobrevivência do próprio ser humano se torna cada vez mais precária. O tigre — e também a floresta — terão de ficar em segundo plano.

Ecos do passado

Num dia de verão friorento, nos idos de 1975, dois caçadores de fósseis — Mary Dawson e Robert West — perambulavam devagar pela paisagem ártica da ilha de Ellesmere, no Canadá, com os olhos fixos no chão. A leste deles erguia-se a sólida massa branca de uma das diversas calotas de gelo da ilha. A oeste, um fiorde salpicado de gelo, com seus flancos íngremes, precipitava-se sobre o azul-escuro do oceano Ártico. Mary e Robert tinham esperanças de descobrir alguma evidência que pudesse ajudá-los a resolver uma questão entre os paleontólogos a respeito da existência de uma ponte de terra ligando as altas latitudes da Europa, da Ásia e da América do Norte, através da qual mamíferos poderiam ter migrado. Em vez disso, o que eles acharam foi algo muito surpreendente a respeito do clima, um acidente do destino que mudou drasticamente a compreensão científica que temos hoje sobre o passado longínquo.

Próximo ao topo do fiorde, Mary e Robert localizaram alguns fragmentos de ossos entre as rochas expostas que se projetavam do chão. Para seu assombro, mais tarde verificou-se que aqueles ossos pertenciam a um crocodilo, réptil que hoje só vive em climas quentes, milhares de quilômetros ao sul. Outros ossos também eram de animais subtropicais: três espécies de tartaruga de águas quentes e diversos mamíferos primitivos. Os fósseis foram datados do começo do Eoceno, período geológico que se iniciou há 55 milhões de anos. A descoberta daqueles fósseis levantou intrigadas perguntas: o que estariam fazendo ali, a centenas de quilômetros ao norte, no Círculo Ártico, animais próprios de um clima quente? Teriam eles realmente vivido ali ou aqueles ossos tinham chegado por alguma espécie de acaso? Os geólogos já tinham conhecimento de que a massa continental canadense encontrava-se, naqueles tempos, perto da sua posição atual, e, assim, alterações de placas tectônicas não poderiam explicar aquela discrepância. E o mais importante: se aqueles animais subtropicais tinham de fato vivido no Ártico, como poderiam as temperaturas permanecer acima do ponto de congelamento, se a região inteira ficava vários meses do ano mergulhada na escuridão polar? Ninguém sabia explicar.

Alguns pesquisadores especularam que talvez a inclinação da Terra em oposição ao Sol fosse menor durante o Eoceno, reduzindo as diferenças entre as estações e esquentando os pólos. Mas não foi encontrada nenhuma evidência que apoiasse essa afirmação. Além disso, nítidos anéis de crescimento periódico em árvores fossilizadas, descobertas de forma inesperada, demonstraram que, na verdade, havia grandes diferenças entre as estações. Mas o mistério ficou ainda mais intrigante.

Longe do Ártico, outros pesquisadores estavam concentrados em reunir evidências sobre outros elementos surpreendentes relacionados ao início do Eoceno, particularmente à parte final do período que o precedeu: o Paleoceno. Aqueles paleontólogos, depois de martelarem e escavarem centenas de metros de sedimentos na bacia do Bighorn, em Wyoming, descobriram diversas novas espécies de mamíferos, todas as quais teriam surgido repentinamente na América do Norte, mais ou menos ao mesmo tempo. Elas incluíam diversos tipos de *Plesiadapis*, uma espécie de primata peludo com cauda, similar ao lêmure; variados roedores; o *Esthonyx*, com seus dentes afiados; e o temido *Coryphodon*, um monstro com 300 quilos e dentes de sabre, que parecia fruto do cruzamento entre um urso e um rinoceronte. Todos esses animais, muitos deles ancestrais de espécies mamíferas de hoje, apareceram de repente, na fronteira entre o Paleoceno e o Eoceno. Só havia uma explicação plausível para essa súbita chegada à América do Norte: eles haviam migrado da Ásia através da lendária ponte de terra no alto Ártico. Como o gelo e as temperaturas congelantes iriam deter qualquer migração desse tipo, hoje a conclusão foi de que houve um Ártico muito mais quente no passado distante.

Algo estranho também se passava no mar, no final do Paleoceno. Fosse lá o que fosse, a vida devia ter-se tornado bastante desagradável para os organismos que viviam no fundo do oceano, naquela época. Os leitos marinhos normais costumam presenciar uma constante movimentação de vermes, moluscos e diminutas criaturas unicelulares chamadas *foraminifera*. Por isso, em 1991 dois geólogos californianos, estudando um núcleo oceânico no mar de Weddell, na costa da Antártida, surpreenderam-se ao encontrar muito pouca agitação nos dez centímetros de lama lodosa que isolaram. Dez centímetros que coincidiam com a mesma fase de transição do Paleoceno para o Eoceno dos crocodilos fósseis do Canadá. Esses dois cientistas, James Kennett e Lowell Stott, logo se deram conta de que, naquela seção de lama desprovida de qualquer agitação, praticamente tudo o que normalmente vive no mar e no seu leito tinha desaparecido subitamente. Kennett e Stott haviam encontrado um importante episódio de extinção nas profundezas do mar, talvez o maior em muitos milhões de anos. Tiveram quase certeza de que aquela extinção acontecera por causas climatológicas: um súbito aquecimento dessas antigas águas antárticas privara de oxigênio os organismos que habitavam as profundezas. O fundo do oceano se tornara anóxico, ou seja, venenoso para a vida que respira oxigênio. Assim, não somente a atmosfera polar no Ártico ficara muito mais quente, como aqui havia evidências de que os mares, mesmo nas profundezas do oceano Antártico, haviam também se tornado repentinamente mais quentes.

Mas essa descoberta só fez levantar novas questões. Nenhum desses estudos proporcionara o menor indício do que poderia ter causado o súbito aquecimento do clima no Paleoceno. Ao contrário do limite anterior Cretáceo-Terciário — quando os dinossauros foram exterminados por um asteróide —, não existe nenhuma evidência de algum impacto catastrófico extraterrestre no final do Paleoceno. Ainda assim, em termos geológicos, o episódio foi quase instantâneo. Por que teria o clima virado bruscamente?

Aqui entra Gerald Dickens, então paleoceanógrafo da Universidade de Michigan. O trabalho de Dickens concentrava-se sobre uma substância incomum, chamada hidrato de metano, uma combinação de metano com água semelhante ao gelo e que se forma sob o frio intenso e a pressão do fundo do mar. Na época, Dickens não estava procurando explicações para o passado, mas sim ajudar as companhias petrolíferas a descobrir se o hidrato de metano — com a potencialidade de duplicar as reservas mundiais de energia — poderia ser perfurado para produzir gás natural. Ocasionalmente, foi uma aventura empolgante: durante a expedição, o tubo perfurador explodiu abruptamente, por causa da pressão do metano no seu interior, jorrando lama cinqüenta metros no ar. Por felicidade, ninguém se feriu.

Como mais tarde Dickens iria explicar, o importante sobre o hidrato de metano é que ele só é estável quando mantido muito frio, ou sob alta pressão. Por isso o tubo perfurante havia explodido: ao emergir à superfície do oceano, esquentando e perdendo a pressão, o metano do interior passara de gelo para gás numa explosiva reação em cadeia. O metano também é um importante gás-estufa, vinte vezes mais poderoso, a cada molécula, que o dióxido de carbono. Ao ter conhecimento das questões não resolvidas sobre a alteração climática do passado, Dickens propôs a hipótese de que talvez, no passado, pudessem ter ocorrido por todo o planeta liberações de hidrato de metano. Isso teria bombeado grandes quantidades de gases-estufa para a atmosfera, aquecendo globalmente os oceanos e liberando ainda mais hidrato de metano, numa comparável reação explosiva em cadeia. Explicaria isso o súbito aquecimento ocorrido 55 milhões de anos atrás? Dickens achou que sim. Sugeriu que foi como se os oceanos tivessem "arrotado" uma gigantesca quantidade de metano, empurrando as temperaturas para o alto.

Mas ele ainda carecia de uma evidência mais contundente. Até que em 1999 Miriam Katz, também uma paleoceanógrafa, pareceu encontrar o que todos estavam procurando. Na costa da Flórida, a uma profundidade de 512 metros, Miriam encontrou, em outro núcleo oceânico, evidências de um deslizamento de terra submarino seguido de perto por um sinal característico de metano isotópico no sedimento e pela extinção em massa, agora familiar, dos organismos do leito marinho. O núcleo oceânico de Miriam Katz indicava que intensas avalanches haviam provocado um desmoronamento das placas continentais, liberando de forma explosiva quantidades enormes de hidratos de metano. Ali estava uma possível prova irrefutável: a evidência direta de uma explosão de gás ocorrida há milhões de anos e que talvez tivesse ajudado a lançar a Terra em um estado extremo de estufa.

Os hidratos de metano podem não ter agido sozinhos: uma pesquisa publicada na revista *Science* de abril de 2007 aponta para um responsável completamente diferente. Esse particular agente causador da mudança deixou pistas espalhadas por todo o Atlântico Norte. Podem-se encontrar essas pistas nas ilhas Faroe, sob o mar perto de Rockall, no lado leste da Groenlândia e até mesmo na Irlanda do Norte. São rochas basálticas que contam a história de um monumental conjunto de erupções vulcânicas. Não foram rajadas explosivas, como as do monte St. Helens ou do Krakatoa, mas sim demorados jorros de lava basáltica em camadas, que no leste da Groenlândia chegam a uma espantosa espessura de cinco quilômetros, abrangendo na totalidade 1,3 milhão de quilômetros quadrados no atual fundo do mar do Atlântico Norte. Esse magma não se introduziu em qualquer lugar: ele avançou sobre sedimentos ricos em carbono e contendo carvão, esquentando-os e liberando vastas quantidades de metano e de dióxido de carbono durante o processo. Os geólogos dataram o momento em que a maior parte do magma irrompeu como tendo ocorrido 55 ou 56 milhões de anos atrás, o que coincide com o período quente do final do Paleoceno.

Não deve tratar-se de mera coincidência o fato de esse enorme e duradouro episódio vulcânico — único no registro geológico de muitos milhões de anos — ter ocorrido precisamente ao mesmo tempo que uma era de forte aquecimento global. Particularmente, na medida em que maciças erupções vulcânicas similares estão relacionadas com episódios de condição extrema de efeito estufa há muito mais tempo, na história da Terra, como o próximo capítulo irá revelar. Além disso, a erupção de um milhão de anos de duração poderá ter tido também um outro efeito relacionado a estufa, ao fazer subir sedimentos do fundo do mar e, dessa forma, reduzir a pressão da água sobre os hidratos de metano aprisionados naqueles sedimentos. Isso também poderia ter levado a uma catastrófica liberação de gás, possivelmente contendo 2,8 trilhões de toneladas de carbono: mais que o suficiente para responder pela abrupta mudança do clima.

Qualquer que tenha sido a fonte, o impacto foi tão profundo quanto de âmbito planetário. As ondas de calor crestaram a vegetação da Espanha continental, deixando a terra desértica e sujeita a uma forte erosão pelas tempestades de chuva do inverno. Depósitos de cascalho na encosta sul dos Pireneus atestam a terrível natureza dessas súbitas inundações. Os geólogos registraram, em 2007, a existência de um "megaventilador", abrangendo uma área estimada em dois mil quilômetros quadrados, que se formou em apenas alguns milhares de anos, quando os níveis atmosféricos de CO_2 em elevação colocaram a Terra num novo estado de estufa. Nos oceanos, esse CO_2 se dissolveu rapidamente, tornando os mares ácidos. Na

América do Norte (no Utah de hoje), houve um aumento semelhante dos picos sazonais, com tempestades de monções açoitando o solo. Essas novas monções trouxeram também abundantes chuvas para as encostas das Rochosas, sustentando uma vegetação tropical numa região que hoje é fria e semi-árida. Palmeiras típicas de mangues foram desenvolver-se ao norte, em países como a Inglaterra e a Bélgica.

No alto Ártico, surgiram florestas tropicais de metassequóias: na ilha de Axel Heiberg, no Canadá, tocos de árvores mumificadas ainda podem ser vistos hoje, tão bem preservados que a sua madeira ainda é capaz de pegar fogo, passados muitos milhões de anos da sua morte. Essas árvores se desenvolveram em condições temperadas, criando o seu próprio efeito estufa ao liberarem vapor d'água para isolar a região durante os escuros invernos polares. Apesar da escuridão, o clima ártico não deixava nada a dever ao subtropical: núcleos de sedimentos perfurados na região central do oceano Ártico mostram que temperaturas próximas às do Pólo Norte chegavam até 23°C, mais altas que a temperatura de hoje em grande parte do Mediterrâneo. As temperaturas do ar podem mesmo ter chegado a um nível espantoso de 25°C, indicando novamente um clima subtropical, sem congelamento ou neve, durante todas as épocas do ano. A área inteira recebeu muito mais chuvas quando as tempestades avançaram para o norte, deixando, em contrapartida, os verdadeiros subtrópicos e as latitudes médias atingidos pela seca. Como se poderia esperar a partir da temperatura, o oceano Polar Ártico permaneceu totalmente sem gelo. De fato, nos 15 milhões de anos seguintes não haveria ali qualquer vestígio de gelo.

Naquele mundo, o dióxido de carbono da atmosfera atingia altos e perigosos níveis, e as temperaturas médias elevavam-se até 5°C. Era um mundo de oceanos ácidos, de ecossistemas em acelerada mutação, de pólos sem gelo e de períodos extremos de umidade e seca. Resumindo, era um mundo muito mais parecido com o que estamos nos conduzindo neste século.

Muitos cientistas já reconheceram essa semelhança, motivo pelo qual o evento que agora se conhece pelo nome de Máxima Térmica Paleoceno-Eoceno (PETM) tem atraído uma tão difundida atenção na comunidade científica. De fato, quase todos os estudos acadêmicos publicados nos últimos anos sobre o PETM dizem que ele pode ser considerado uma versão natural de tudo o que o aquecimento global provocado pelos homens pode ainda ter reservado em estoque. Um dos primeiros a reconhecer a importância do PETM como um "análogo natural" das atuais liberações de gases-estufa foi Gerald Dickens, que já em 1999 escrevia na revista *Nature* que "agora podemos começar a considerar certos aspectos do futuro da Terra sob uma luz inteiramente nova". Em maio de 2006, os cientistas John Higgins e Daniel Schrag, da Universidade de Harvard, reafirmaram esse ponto de vista, declarando: "No registro geológico, o PETM representa um dos melhores análogos naturais da atual elevação do CO_2 atmosférico, provocada pela queima dos combustíveis fósseis."

Embora há 55 milhões de anos o lançamento total de carbono na atmosfera fosse maior do que os seres humanos poderiam imaginar até então — com concentrações de mais de mil partes por milhão de CO_2 persistindo até o início do Eoceno —, na verdade, a taxa de emissão de gases-estufa é mais acelerada hoje do que naquela época. O paleoceanógrafo Jim Zachos declarou à assembléia de 2006 da Associação Americana para o Progresso da Ciência que as emissões humanas de carbono, hoje, são talvez 30 vezes mais rápidas até mesmo que o postulado jorro maciço de metano no PETM. E, a julgar pelas proporções de isótopo de carbono nas rochas do período limítrofe entre Paleoceno e Eoceno, nós já nos encontramos aproximadamente a meio caminho daquele tipo de ondas de calor cáusticas que a vida de então sofreu na Terra.

O provável papel dos hidratos de metano na origem dessas ondas de calor também oferece outra lição preocupante para a humanidade. Vastas quantidades desses hidratos de metano ainda se encontram quietas, aguardando a sua vez, nas placas continentais submarinas pelo mundo inteiro. Com o aquecimento dos oceanos, existe a possibilidade de parte desses hidratos ser desestabilizada e se expandir de forma catastrófica pela atmosfera, num terrível eco das ejeções de metano de 55 milhões de anos atrás. Isso iria aumentar ainda mais as temperaturas atmosféricas, num incontrolável feedback de aquecimento global. Os seres humanos se veriam impotentes para intervir, enquanto o seu planeta começaria a se transformar em outro Vênus.

Mas qual seria, exatamente, a probabilidade desse cenário apocalíptico? Infelizmente, até agora poucos cientistas já se arriscaram a opinar. Não está nem mesmo clara a quantidade exata de metano existente ou a que velocidade ele iria reagir ao aquecimento oceânico. Já se sugeriu, talvez de forma um tanto tranqüilizadora, que foram necessários dez mil anos aproximadamente para que o hidrato de metano se liberasse plenamente até o fim, durante o PETM. Isto para um geólogo pode ser instantâneo, porém na escala temporal humana parece muito menos assustador. Não vamos esquecer que leva séculos para que as temperaturas da parte superior dos oceanos se propaguem para baixo, até atingirem as profundezas, indicando ser improvável que os hidratos se desestabilizem e entrem em colapso, tudo de uma vez. O aquecimento global "desenfreado" poderá ainda acontecer, mas o ciclo de feedback positivo levaria milhares de anos para se completar.

Entretanto, como já vimos, o carbono está sendo lançado na atmosfera muito mais rapidamente hoje do que durante o PETM, elevando muito os riscos. Se o aquecimento for suficientemente violento na superfície, de forma a chegar mais depressa ao fundo do oceano, podemos nos preparar para uma árdua jornada. Um estudo de modelagem, realizado por dois especialistas em hidrato de metano, Bruce Buffett e David Archer, indica que o estoque de hidratos no solo oceânico poderia reduzir-se em 85% em resposta a um aquecimento de apenas três graus — mas eles não informam quanto tempo isso duraria.

Em outro artigo, David Archer sugere que o oceano Ártico é que deve ser observado: ele é relativamente raso e é provável que tenha um aquecimento mais intenso, de forma que o tempo de reação do hidrato de metano ali poderá ser muito mais acelerado. O Hadley Centre do Reino Unido reforça essa preocupação, apresentando um mapa com as grandes áreas do oceano Ártico que atualmente podem conter hidratos de metano e que estarão na zona de derretimento total já em 2090. Embora ninguém tenha certeza da quantidade exata de hidrato no fundo do oceano Ártico esperando para derreter e sair em rajadas explosivas até a superfície, mesmo quantidades modestas já seriam suficientes para dar um significativo impulso no aquecimento global.

Alerta de tsunami

Estamos acostumados a achar que, se tirarmos o pé do acelerador do carbono, então a elevação global das temperaturas começará a ficar mais lenta. Isso é verdade hoje. Mas se um derretimento substancial de hidrato de metano começar a ocorrer na bacia do oceano Ártico, o acelerador vai ser pressionado, e nada haverá que possamos fazer para deter a velocidade das mudanças climáticas. Mais uma vez, ninguém pode afirmar ao certo onde deve se encontrar esse ponto de desequilíbrio, mas é óbvio que quanto mais forte empurrarmos o clima, mais perto, provavelmente, estaremos da beira desse precipício.

Buffett e Archer concluem seu artigo de modo bastante enigmático, com a seguinte declaração: "Não se sabe se o aquecimento futuro será suficiente para provocar o colapso das encostas continentais numa escala global, porém a evidência isotópica da rápida liberação de carbono no passado é sugestiva." Em outras palavras, a evidência que Miriam Katz obteve de catastróficos deslizamentos de terra submarinos poderia também oferecer uma macabra advertência para o futuro, onde liberações em larga escala de hidrato de metano desestabilizariam o fundo inclinado do oceano, desencadeando maciças avalanches semelhantes.

Assim como placas tectônicas a se deslocarem, esses deslizamentos de terra submarinos podem mover imensas quantidades de água. Quando isso acontece, fortes ondas se propagam a partir das zonas de perturbação. Inesperadamente ficou claro para todo mundo com o que se parecem essas ondas, no dia 26 de dezembro de 2004, quando as placas tectônicas da costa oeste da Indonésia se deslocaram abruptamente, numa magnitude sísmica de 9.2. Todos sabem o nome dessas ondas: são os tsunamis.

Há muito tempo, em 1965, dois geólogos escoceses se depararam com evidências de que exatamente um desses tsunamis atingiu as ilhas Britânicas cerca de 8 mil anos atrás. Caminhando pela parte ocidental do vale do Forth, não longe de Edimburgo, eles descobriram uma camada fina de areia inserida no meio da turfa comum. A camada de areia fora claramente depositada por um evento de grandes proporções, estendendo-se por mais de um quilômetro. Os dois geólogos imaginaram que uma grande enchente do rio poderia ter sido a causa daquilo. Mas investigações posteriores, em outros locais do leste da Escócia, revelaram depósitos semelhantes que se estendiam para o sul, até a costa de Northumberland. Os depósitos eram mais incríveis nas ilhas Shetlands, onde foram descobertos lama e seixos misturados em charcos de turfa, muitos metros acima da marca da maré alta. Evidentemente, eventos localizados, como enchentes de rios ou ondas de ressaca, não poderiam ter sido os causadores. A descoberta, no final dos anos 1980, do local de um grande deslizamento submarino na costa da Noruega apresentou a prova conclusiva de que um poderoso tsunami havia atingido o Reino Unido.

O Deslizamento de Storega — como depois ficou conhecida aquela avalanche submarina — foi de fato gigantesco, deslocando 3.500 quilômetros cúbicos de sedimentos da encosta da placa continental norueguesa, que se precipitaram abaixo, para o fundo do oceano Ártico. O tsunami que daí resultou inundou mais de 600 quilômetros da costa em torno do mar do Norte, com elevações da água de 3 a 6 metros acima do nível do mar no leste da Escócia, de 9 a 12 metros no oeste da Noruega, de mais de 10 metros nas ilhas Faroe e de devastadores 20 metros nas Shetlands — comparáveis em impacto ao choque do tsunami asiático de 2004, em Banda Aceh. Como ocorreu com esse trágico tsunami, a maior parte dos cientistas acha que o Deslizamento de Storega foi provocado por um terremoto, embora a súbita liberação de hidratos de metano possa também ter sido um fator. É impressionante como o leito do mar está cheio de marcas de buracos, por onde no passado irromperam imensas quantidades de gás. Além disso, enquanto os sedimentos não afetados do fundo do mar, próximos ao Deslizamento de Storega, continuam ricos em metano, a porção que sofreu a avalanche perdeu todo o hidrato de metano que devia conter antes.

Isso não foi suficiente para alterar o clima na época, mas sugere efetivamente que a desestabilização do hidrato de metano e os deslizamentos submarinos andam de mãos dadas. E infelizmente, se um deles acontecer, o primeiro alerta que a maior parte dos habitantes do litoral terá serão as ondas altíssimas arremessando-se na direção da praia.

A perspectiva para a humanidade

Em certos aspectos, apesar dos tsunamis, o mundo do início do Eoceno parece ser perfeitamente agradável. Sem as friíssimas calotas de gelo para esfriar as coisas, as florestas exuberantes cresciam até nos pólos. Locais que normalmente poderiam ter um clima temperado tornaram-se subtropicais, e um fascinante conjunto de espécies espalhou-se pelo mundo.

Mas não vamos nos enganar. O mundo em estado natural jamais poderá ser um análogo perfeito do mundo tal como é hoje. Já estamos todos bem no meio de uma nova era geológica — o Antropoceno —, na qual a interferência humana é o valor dominante em quase todos os ecossistemas planetários, talvez em detrimento de todos eles. O calor crescente do período da Máxima Térmica do Paleoceno-Eoceno aconteceu há mais de 10 mil anos, dando às plantas e aos animais tempo para migrarem e se adaptarem às novas circunstâncias. Evidências geológicas da América do Norte mostram que espécies de plantas subtropicais foram capazes de alterar seus limites, naquela época, para 1.500 quilômetros para o norte do que hoje constitui a região entre o Mississippi e Wyoming.

Nós não temos 10 mil anos. As mudanças descritas aqui se realizarão dentro de algumas décadas, a partir de agora — num ritmo de aquecimento demasiadamente rápido para que possa haver uma substancial adaptação, seja pelos ecossistemas naturais, seja pela civilização humana. Como já se sugeriu antes, esse poderá ser o aquecimento climático em larga escala mais acelerado que o mundo jamais experimentou — muito mais rápido até que as alterações climáticas que provocaram catastróficas extinções em massa, como demonstrará o próximo capítulo. É particularmente ilusória a impressão de que o período quente do PETM foi bem servido por chuvas, com fortes monções saciando a sede de regiões que hoje são semi-áridas. Na verdade, as primeiras plantas migratórias a chegarem a Wyoming tinham folhas pequenas e eram tolerantes à seca, indicando que o PETM no início era tão seco como quente.

Isso vem apoiar a evidência do modelo analisado anteriormente sobre a disseminação dos desertos e a falta de água. Monções como as que caracterizaram a parte final do PETM levariam milhares de anos para se desenvolver. Durante a fase de transição, temperaturas mais elevadas fizeram evaporar mais água, deixando regiões já áridas mais secas do que antes. É por isso que o ressurgimento das monções chinesas não deverá proporcionar nenhum alívio ao norte do país, assolado pela seca, e que os rios glaciais esgotados do Paquistão não se irão encher logo com as fortes monções indianas. O modelo também defende, por dedução, as projeções de um clima muito mais árido na metade setentrional da América do Sul, com novas áreas de desertos espalhando-se para o oeste, à medida que o ecossistema amazônico entrar em colapso.

Já abordamos o conceito das "zonas inabitáveis": lugares onde, no mundo cinco graus mais quente, a sociedade humana desenvolvida em larga escala não seria mais sustentável. Entretanto, considerando as evidências geológicas das mudanças abruptas no início do Eoceno, fica claro que mesmo essa discussão pode estar sendo excessivamente otimista. Em vez disso, talvez precisemos começar a falar sobre as zonas de habitabilidade: os refúgios.

Com os trópicos demasiadamente quentes para suportar a maior parte das lavouras de alimentos, e os subtrópicos fora da produção devido à permanente seca, a região onde a civilização humana em larga escala continuará possível — "o cinturão da habitabilidade" — se contrairá em direção aos pólos. (Vale a pena lembrar que isso se aplica tanto aos mares quanto à terra: a destruição dos recifes de corais e o rápido aquecimento dos oceanos irão provavelmente exterminar a maior parte da vida marinha no interior do mesmo cinturão tropical e subtropical.)

Para a humanidade, uma nova era de bairrismo forçado parece ser provável, na qual a globalização segue em sentido contrário, e o povo reafirma identidades mais restritas. A nossa economia é globalmente interligada hoje, com imensos volumes de comércio acontecendo entre regiões muito distantes entre si. Porém hipotéticos clientes de alguma cidade costeira devastada do futuro não estarão mais aptos para comprar nada, enquanto os produtores de alguma zona subtropical atingida pela seca não terão mais nada para vender. Muito antes de chegarmos a essa situação, os sensíveis e voláteis mercados de capitais certamente já terão entrado em colapso, apagando as relações de posse entre capital externo e doméstico e precipitando uma depressão econômica mundial. A Grande Depressão dos anos 1920-30 mostrou como é difícil para as grandes sociedades se adaptarem a pressões como essas e também como filosofias políticas perigosas podem ganhar impulso quando as inseguranças sociais crescem.

Como sugerimos antes, as poderosas civilizações, ao se confrontarem com o colapso de suas terras habitáveis, podem procurar transferir sua população para as regiões subárticas, a fim de conter a fome generalizada e os conflitos internos. Seria possível fazer uma analogia com o conceito hitlerista de *Lebensraum*, um império desenvolvido na Rússia e na Europa oriental, para prover as necessidades da população de um Terceiro Reich em expansão. James Lovelock também já sugeriu que a África — o berço das nossas espécies — poderá ser capaz de sustentar pequenos grupos de refugiados em suas regiões montanhosas com incidência de chuvas. As regiões candidatas podem incluir as montanhas da Etiópia e do Lesoto, na África do Sul, fortalezas onde a agricultura poderá persistir e onde os vales isolados ficam mais facilmente protegidos da ação de saqueadores intrusos. Desnecessário dizer que a era da ajuda alimentar e da assistência internacional já terá então terminado há muito tempo.

Outras partes do mundo, imagino que o norte da Europa, inclusive as ilhas Britânicas e a Escandinávia, podem tornar-se refúgios semelhantes, apinhados e disputados. Parece provável que essas regiões permanecerão dentro do cinturão das chuvas de inverno, embora o colapso da corrente do Golfo — o fator imprevisível da Europa setentrional — possa deixar a Grã-Bretanha com um clima seco, com temperaturas estáveis ou talvez até esfrie durante certo tempo. No hemisfério sul, os ventos do oeste devem continuar lançando abundantes chuvas sobre a Patagônia e a Terra do Fogo, no Chile, enquanto, mais ao sul, colônias humanas poderão também sobreviver na península Antártida, recentemente sem gelo, talvez movendo-se lentamente para o sul, à medida que o retrocesso do gelo torne disponíveis novas terras. A Tasmânia e South Island, na Nova Zelândia, permanecem também dentro do cinturão temperado de chuvas e poderão oferecer refúgio aos sobreviventes das regiões mais quentes do norte, como a Austrália e a Indonésia — embora, evidentemente, careçam de área suficiente para que possam ser de muita ajuda para os refugiados do clima, que a essa altura deverão chegar às centenas de milhões.

Em todos esses casos, os migrantes deverão ter o bom senso de estabelecer suas novas comunidades a uma distância segura da costa. O aumento do nível do mar já terá transformado muitas cidades costeiras em cidades fantasmas, assoladas pelas ondas, com seus abandonados edifícios desmoronando-se sobre a areia das praias a cada nova tempestade. As águas em elevação vão continuar inundando a terra pelos próximos séculos, expulsando a agricultura das planícies baixas, como as dos deltas do Nilo, do Yangtsé e do Meghna (Ganges e Brahmaputra), e também das terras planas férteis, como no litoral leste da Grã-Bretanha.

Moradores das regiões costeiras também vão precisar manter um olho vigilante sobre o mar, por causa de outras ameaças repentinas. Afastados do litoral, depósitos de hidrato de metano no fundo do oceano podem estar borbulhando para a vida, com a sua mortífera carga de gás subindo até a superfície em sucessivas explosões. Para qualquer observador, é como se o mar estivesse fervendo, talvez até com leves chamas amareladas dançando sobre a superfície agitada, quando partes do metano entrarem em combustão. Muito abaixo, um tremor na água e um estrondo vindo do fundo atestarão o deslocamento de milhões de toneladas de sedimentos, num deslizamento de terra submarino. O relógio não pára, e um tsunami — pouco distinguível no alto-mar, porém erguendo-se a alturas monumentais próximo à praia — terá começado. Todos nós sabemos quais são os sinais de alerta: uma retração gradual da água, que se afasta do litoral, depois uma linha branca no horizonte e, em seguida, uma muralha de água precipitando-se na direção da praia, seguida por uma correnteza fatal composta de destroços, lama e galhos, arrasando tudo com a sua passagem, numa extensão de vários quilômetros para o interior. Em qualquer lugar que não esteja a salvo, acima do nível do mar, a vida vai ser extremamente precária.

A sobrevivência

Quando não se consegue refúgio algum, quando a lavoura e os suprimentos de água entram em falência total, a guerra civil, a eclosão de conflitos raciais e comunitários parecem, tristemente, ser o resultado mais provável. De um modo geral, a história nos ensina que os seres humanos não ficam sentados passando fome, quando os tempos tornam-se difíceis. Eles tomam as armas que podem encontrar, mudam-se para regiões mais promissoras, fazendo guerra contra quaisquer grupos que já estejam ocupando a região disputada. Nossa herança tribal também nos condena mentalmente a culpar os "forasteiros" pelas injustiças ou pela escassez, tal como outrora os judeus da Europa foram perseguidos por supostamente esconderem comida durante um surto de fome. Os conflitos que antes foram resolvidos pelo uso de lança e espada, hoje, entretanto, vão se decidir com fuzis, granadas ou armas nucleares.

Então como será que as pessoas vão planejar sua sobrevivência? A reação natural da maioria será, provavelmente, a de se fincar em algum pedaço isolado de montanha, onde elas e seus entes queridos poderão instalar-se até que a crise passe. Essa poderia ser, de fato, uma opção nas regiões com extensas massas de terra e montanhas e com uma população esparsa, como o oeste dos Estados Unidos. Certos lugares, como Montana, já têm uma longa tradição de sobrevivência, embora isso nada tenha a ver — desnecessário dizer — com preocupações pelo aquecimento global.

Na realidade, entretanto, relativamente poucas pessoas contam com essa opção. Quantos de nós poderiam capturar ou matar caça suficiente para alimentar uma família? Se o mais perto que os moradores das cidades conseguem chegar do exercício da caça é furar fila nos supermercados, quantos seres humanos modernos seriam realmente capazes de tirar seu sustento da terra? Mesmo que um grande número de pessoas conseguisse com sucesso se espalhar pelo campo, as populações de animais selvagens iriam rapidamente se reduzir, pressionadas pela atividade predatória humana. A adoção do estilo de vida de um caçador exige uma extensão de terra de dez a cem vezes o espaço de uma pessoa, que é também do que uma colônia de agricultores precisa. Recorrer em grandes proporções a técnicas de sobrevivência* seria um desastre ainda maior para a biodiversidade, com seres humanos famintos matando e comendo qualquer coisa que se mexesse diante deles, da mesma forma que o comércio de carnes de caça já dizimou os animais selvagens na África tropical de hoje.

Em regiões mais densamente povoadas, como a Europa ou a China, a sobrevivência isolacionista não seria uma opção. Nenhuma região é apropriadamente remota e defensável e, ao mesmo tempo, pode oferecer recursos suficientes para a sobrevivência. Outra opção poderia ser a da estocagem: esconder estoques de comida e água potável e ficar esperando que o problema seja resolvido. Mas defender os suprimentos de invasores famintos nunca é tarefa fácil. E por um período mais longo é quase impossível. A fome é um poderoso motivador, e as pessoas enlouquecidas de fome ou inveja jamais desistem. Mais cedo ou mais tarde, fica-se sem munição, ou se é vencido pelo sono, e as defesas ficam reduzidas. Saqueadores de fato desesperados — como demonstrou brevemente o furacão em Nova Orleans — logo perdem qualquer medo das armas.

---

* O termo empregado originalmente pelo autor é "survivalism", usado comumente na língua inglesa para descrever ações de preparação e estratégias de sobrevivência desenvolvidas por grupos que estão constantemente antecipando desastres e catástrofes, naturais ou não. Remete à paranóia nuclear da Guerra Fria. (N.R.T.)

Numa situação de conflito grave, os invasores não tratarão com gentileza moradores que lhes recusarem comida. Se descobrirem algum armazenamento escondido, o proprietário e sua família — a história registra isso — poderão ser torturados e mortos, seja por vingança, seja como lição para os demais. Se compararmos com a experiência da Somália hoje em dia, ou do Sudão, ou do Burundi, vemos que os conflitos por escassez de terra e de comida estão na origem das longas guerras tribais e da falência do Estado. A maior parte da história humana está repleta de episódios sombrios semelhantes de genocídios, estupros e saques. Nosso interlúdio relativamente próspero pode revelar ter sido uma afortunada aberração, graças, na maior parte, ao grande impulso à produção de alimento e energia em conseqüência, em nossa civilização, dos combustíveis fósseis. Evidentemente, esse mesmo impulso da energia fóssil, se por um lado permitiu que a nossa espécie proliferasse maciçamente em número, construindo sociedades maravilhosas e complexas em pouco mais que um instante histórico, por outro, num prazo mais longo, poderá revelar ser a nossa ruína.

Uma drástica redução nas populações humanas é, inequivocamente, o resultado mais provável da alta nas temperaturas globais encaminhando-se para os cinco graus a mais — o que James Lovelock inapropriadamente chama de "refugo", ou descarte da espécie humana. Mesmo com os atuais números, o planeta terá problemas para sustentar eternamente a sociedade humana, como já testemunhamos de uma infinidade de formas, desde a pesca predatória até a erosão do solo. Mas, com o crescimento populacional humano projetado para aumentar ainda mais os nossos já elevadíssimos números, a situação geral se tornará muito mais precária, à medida que o mundo se tornar mais quente. Acho difícil evitar a conclusão de que milhões, e depois bilhões, de pessoas irão morrer em tal cenário. Nos termos da hipótese de Gaia, suponho, o planeta estará tentando restaurar o seu equilíbrio.

É inacreditável, mas talvez este não seja o pior de todos os cenários. O próximo capítulo vai mostrar como a sobrevivência da humanidade, como espécie, poderá ser ameaçada pelo derradeiro apocalipse: seis graus de aquecimento global.

6

Seis graus

Ao penetrarmos num mundo 6°C mais quente que o de hoje, podemos perceber apenas algumas pistas do que de fato se encontra à nossa espera. Até então os meus guias virgilianos nessa versão moderna do Inferno de Dante vinham sendo cientistas, em sua maioria autores de modelos climáticos por computador, mas praticamente todos desistiram no meio do caminho: os modelos climáticos de última geração em sua quase totalidade param pouco antes de simular seis graus de aquecimento, por volta de 2100. (Mas, como já vimos, os modelos têm efetivamente a tendência ao conservadorismo, por sua própria estrutura, por isso esse resultado não pode ser desprezado — e, na verdade, faz parte do cenário de projeções do IPCC, nas quais se baseia este livro.) Em lugar disso, a fim de iluminar o nosso caminho até esse Sexto Círculo do Inferno, nós precisamos confiar em informações geológicas incompletas sobre episódios graves de gases-estufa ocorridos no passado distante da Terra. Dante faz uma advertência aos seus leitores, e também farei a mesma coisa: alguns poderão considerar chocantes as próximas cenas.

O mundo do Cretáceo

O mais longo episódio grave de estufa — o período Cretáceo — foi na maior parte do tempo uma fase relativamente benigna, apesar de ocorrer num planeta geográfica e ecologicamente muito diferente do que conhecemos hoje. Durante aquele período, entre 144 e 65 milhões de anos atrás, as samambaias, as cicadáceas e as coníferas dominavam a terra. As plantas com flores mal começavam a se desenvolver. O grande supercontinente de Pangéia estava se partindo ao meio, separando a América do Sul da África, como as peças de um gigantesco quebra-cabeça flutuante. O estreito corredor de água entre elas — o jovem Atlântico — não era mais largo que o Mediterrâneo hoje. À medida que as placas tectônicas se deslocavam poucos milímetros a cada ano, imensas erupções vulcânicas agitavam o planeta.

No hemisfério sul, a Índia se encontrava muito mais ao sul da sua posição atual, vagando ainda, tranqüilamente, ao largo da costa de Madagascar. O aspecto dos principais continentes também era muito diferente, com o nível dos mares 200 metros ou mais acima do que é hoje. Grandes áreas do interior dos continentes estavam inundadas pelos oceanos. A América do Norte dividia-se em três ilhas distintas, devido à invasão oceânica, enquanto regiões inteiras do norte da África, da Europa e da América do Sul também desapareciam sob mares de pouca profundidade. Essas incursões marinhas deixaram características plataformas de calcário, visíveis ainda hoje desde o Mediterrâneo até a China. Também deixaram depósitos de greda, uma variedade de calcário: na verdade, a palavra latina para greda, *creta*, deu origem ao nome "Cretáceo". As famosas encostas brancas e terras baixas calcárias da Inglaterra são todas do período Cretáceo.

O mundo era também um lugar muito mais plano. As montanhas se formam quando as placas colidem, mas os continentes do Cretáceo estavam a se afastar, e não a colidir. Com níveis do mar mais altos e continentes menores, só 80% da atual área de terra já existia — o restante localizava-se sob um mar azul. Essas diferenças geográficas são tão profundas quanto as climáticas, pois durante o Cretáceo as temperaturas médias globais eram dez a 15°C acima dos níveis atuais — não por um breve intervalo, mas por milhões de anos.

Sinais desse longo clima extremo de estufa são evidentes por todo o mundo, nas pedras que se depositaram na época. Troncos de árvores fósseis, muito parecidas com as modernas palmeiras, emergem de vez em quando de sedimentos congelados na encosta norte do Alasca. Os dinossauros — alguns, como os herbívoros edmontossauros, com bicos de pato e quase 20 metros de comprimento — pastavam naquelas exuberantes florestas subpolares, deixando posteriormente ossos, pegadas e mesmo marcas impressas de sua pele nas rochas cretacianas. O congelamento era raro ou desconhecido, mesmo nas margens do oceano Ártico. O nordeste siberiano da Rússia passava o ano inteiro aquecendo-se ao sol, com temperaturas mediterrâneas, apesar do período de dois meses de escuridão polar. Os ancestrais dos crocodilos — adequadamente chamados champsossauros — nadavam nos tépidos e rasos pântanos do alto Ártico canadense, aproximando-se furtivamente dos cardumes de peixes. Bosques de fruta-pão floresciam na costa oeste da Groenlândia.

Mas esse mundo não se compunha apenas de bálsamos, luz solar, dinossauros pastando e palmeiras oscilando suavemente. Algumas formações rochosas mostram depósitos agregados conhecidos como "tempestitos", formados pelo cascalho resultante de fortes tempestades. Esses violentos furacões — muito mais ferozes que os de hoje por causa dos oceanos mais quentes, deixaram a sua marca até mesmo no fundo dos mares, onde formaram grandes protuberâncias muito estudadas pelos geólogos hoje. Durante a fase média do Cretáceo, quando eram mais altos o dióxido de carbono e as temperaturas, e o efeito estufa estava no seu auge, essas protuberâncias formadas pelo movimento das ondas eram as mais altas de todas.

Como indicam esses depósitos de tempestitos, um ciclo hidrológico intenso trouxe chuvas muito mais fortes para algumas áreas. No interior inundado da América do Norte, que desfrutava um clima tropical, a taxa de precipitação pluviométrica era de 4 mil milímetros por ano, encharcando a terra com o tipo de chuvas torrenciais que hoje só temos nas monções indianas. As temperaturas oceânicas responsáveis por essas chuvas eram muito mais altas do que hoje: no Atlântico tropical elas podem ter chegado a 42°C, mais próprias de uma banheira de água quente do que de um oceano. No Atlântico Sul subpolar, perto das ilhas Malvinas, as temperaturas da superfície do mar eram em média de 32°C, mais quente que na maior parte dos trópicos profundos hoje.

Avaliando todas as evidências geológicas num único quadro amplo, logo aparecem zonas distintas. Em torno do equador, um vasto cinturão úmido teria recebido as chuvas mais fortes e as tempestades mais violentas, porém sustentado poucos recifes de corais e quase nenhuma floresta tropical. Uma região árida muito mais ampla, caracterizada apenas por plantas e animais tolerantes à seca, abrangia o restante dos trópicos e subtrópicos, inclusive toda a África, a América do Sul e as regiões meridionais dos Estados Unidos e da Europa.

As latitudes médias mais altas eram quentes e úmidas, porém sujeitas a freqüentes e grandes incêndios: algumas espécies de samambaias do Cretáceo eram dotadas do mesmo poder de adaptação ao fogo que o eucalipto de hoje na Austrália. A fisiologia das plantas era também adaptada à seca: árvores fósseis do sul da Inglaterra mostram anéis de crescimento desiguais nos anos áridos, quando as chuvas não aconteciam. Nas regiões polares, um clima úmido e temperado sustentava florestas nos dois hemisférios. A Sibéria tinha um desenvolvimento exuberante, como também a península Antártida. Desnecessário dizer que nesse mundo inexistiam calotas de gelo, em qualquer dos pólos. Florestas sempre verdes podem mesmo ter-se desenvolvido no próprio Pólo Sul (onde passariam quase a metade do ano sob a escuridão polar), embora hoje três quilômetros de gelo impeçam a descoberta de qualquer madeira fóssil que possa comprovar isso. No Pólo Norte, as temperaturas oceânicas podem ter chegado a refrescantes 20°C.

Por toda parte, estima-se que os níveis de dióxido de carbono tenham sido entre três e seis vezes maiores que os níveis de hoje, embora não se possa compará-los diretamente, porque o efeito estufa no Cretáceo teria sido contrabalançado por um sol ligeiramente mais fraco. A maior parte desse CO_2 adicional tinha origem vulcânica, devido à maior incidência de vulcanismo relacionado com a fratura do supercontinente de Pangéia. Enquanto hoje os vulcões respondem por apenas 2% dos lançamentos anuais de dióxido de carbono na atmosfera, as erupções durante o Cretáceo eram em escala verdadeiramente maciça e persistiam por vários milhares de anos.

Mas o sistema da Terra se esforça sempre por chegar a um equilíbrio, e é assim também que fazem os animais de sangue quente, como os seres humanos, que inconscientemente alteram o seu metabolismo para manter a temperatura corporal constantemente num estado ideal. De fato, essa visão do planeta como um organismo auto-regulador é um princípio central da teoria de Gaia, de James Lovelock. O autor não chega a sugerir que a Terra seja um ser consciente, mas é muito acurada a sua observação de que vários mecanismos planetários agem quase de forma intencional para manter uma temperatura propícia à vida. A operação do ciclo de carbono de longo prazo ilustra particularmente bem esse fenômeno: se os níveis de dióxido de carbono na atmosfera se elevarem muito, então a vida estará em perigo, por causa do acelerado efeito estufa — e é por isso que Vênus é um planeta morto. Mas se eles caírem muito, então o planeta ficará congelado. Só é desejável uma faixa relativamente estreita de flutuações de carbono. Por isso mecanismos vivos tendem a liberar carbono caso ele caia a níveis demasiadamente baixos, e a absorvê-lo, caso sua elevação seja excessiva.

Os maiores sumidouros naturais de carbono durante o Cretáceo foram as imensas plataformas marinhas de carbonato de cálcio nos subtrópicos, compostas de camadas superpostas de conchas. Algumas dessas plataformas, que abrangiam muitos milhões de quilômetros quadrados do leito de um mar de pouca profundidade, ficaram posteriormente expostas como pavimentos de calcário, em lugares como Maiorca e a Grécia. De fato, aglomerações de conchas trituradas podem ser vistas com freqüência, caso se examinem atentamente as rochas calcárias. Mas o seu processo de composição foi lento: levou um milhão de anos para acumular cada porção de 30 metros de calcário.

Também importante no seqüestro do carbono, entretanto, foi a vegetação. Grandes cúpulas de turfa formadas por baixo de florestas e no interior dos pântanos foram gradativamente comprimidas até virarem carvão. As florestas fósseis da encosta norte do Alasca incluem grossas camadas de carvão, enquanto o carvão do Cretáceo pode também ser encontrado no nordeste da Rússia, no oeste do Canadá, no interior dos Estados Unidos, na Alemanha (grande parte do qual como "carvão fóssil" sujo, ou lignito), no norte da China, na Austrália e na Nova Zelândia. Depósitos significativos de carvão também se encontram por baixo da calota de gelo da Antártida, testemunho de um período mais quente, quando o continente polar ainda sustentava vastas florestas.

Grandes quantidades de carbono foram também aprisionadas em sedimentos oceânicos, à medida que restos de plâncton se depositavam no fundo do mar, formando camadas de uma rica lama orgânica. Parte desse carbono, após ser "cozida" por processos geológicos e espremida através de poros nas rochas para dentro de reservatórios, tornou-se uma substância muito popular entre os seres humanos modernos: o petróleo.

Deveria tirar-se uma óbvia lição da atuação desse antigo ciclo de carbono. A vida na Terra se esforçou durante milhões de anos para remover da antiga atmosfera o dióxido de carbono, que estava em níveis perigosamente altos, mantendo assim as temperaturas globais dentro de limites toleráveis. Muito desse carbono é o mesmo que os seres humanos se esforçam para trazer de volta à atmosfera, através da queima do carvão, do petróleo e do gás para obtenção de energia. (Não por acaso eles são chamados "combustíveis fósseis".) Além disso, os humanos são muito mais eficientes nessa transferência do carbono que os mexilhões, as ostras e os plânctons. Nós o liberamos cerca de um milhão de vezes mais rápido do que as formas de vida do Cretáceo conseguiram seqüestrá-lo, passados todos esses bilhões de anos.

Entretanto, com as suas vigorosas florestas formadoras de carvão e a sua florescente vida animal, poderíamos ter a ilusão, pelas evidências geológicas, de que o Cretáceo foi um período muito atraente, embora quente e pegajosamente úmido. Afinal, isso não indicaria que a Terra pode sobreviver — na verdade, que a vida pode resistir — a temperaturas globais muito mais altas? Não iria isso atenuar algumas das nossas preocupações sobre o futuro? Talvez. Mas os ecossistemas do Cretáceo evoluíram por um período muito longo no clima de estufa, e muitas plantas e animais, que agora se transformaram em fósseis, nitidamente foram os que se adaptaram melhor a ele. Não é esse o caso hoje: compartilhamos este planeta com espécies que são na maior parte adaptadas a condições mais frias. Se realmente conseguirmos desequilibrar a Terra, lançando-a de volta a um clima extremo de estufa como o do Cretáceo, poucos ecossistemas que conhecemos poderão sobreviver. Já está tudo preparado, como será visto adiante, não para que se façam brotar palmeiras no Alasca, mas sim para que aconteça o pior de todos os efeitos da Terra: a extinção em massa.

Oceanos oleosos

Uma analogia mais adequada com o passado pode não ser com a estufa perene do Cretáceo, mas sim com alguns dos episódios de aquecimento global mais súbitos, que afetaram o planeta em muitas eras. O período da Máxima Térmica do Paleoceno-Eoceno, examinado no capítulo anterior, foi um deles. No Cretáceo também houve picos semelhantes de temperatura, que foram igualmente associados a abruptas mudanças no clima global e nos seres vivos. Esses picos de aquecimento foram, em parte, responsáveis pela abundância de petróleo cru nos sedimentos da Terra — ironicamente, um pico de aquecimento global assentando a base do seguinte.

Os sinais desses picos de aquecimento são faixas de xisto negro entre as rochas do Cretáceo, que de outra forma seriam calcárias — remanescentes de lamas fétidas depositadas por uma chuva de plânctons e outros organismos marinhos sobre o leito oceânico. Em condições normais, esse carbono orgânico teria sido consumido pelas criaturas que habitam o fundo do mar. Mas durante os picos de aquecimento, alguma coisa deu errado nos oceanos: os níveis de oxigênio se reduziram, tornando-os gradualmente anóxicos (sem oxigênio). Com a expulsão das criaturas que vivem no fundo, os mares viraram tanques estagnados, com apenas uma fina camada de vida nas partes superiores, mais oxigenadas. Ninguém sabe ao certo o que terá provocado esses "eventos de anoxia oceânica" nem como exatamente eles se desenvolveram. Mas a sua correlação com os picos de aquecimento parece bem clara.

Uma possibilidade é que catastróficas liberações de hidrato de metano tenham aquecido de tal forma o clima, que os oceanos deixaram de circular adequadamente. Na atmosfera, o aquecimento leva à convecção, porque ela acontece de baixo para cima: o ar mais quente se expande, torna-se mais leve e sobe, e conseqüentemente o ar circula. No oceano, o aquecimento se faz de cima para baixo. Assim, as camadas de calor, mais leves, ficam como uma tampa sobre as mais frias, embaixo, cortando o suprimento de oxigênio e levando potencialmente a extinções em massa. Súbitas formações dessas camadas oceânicas acontecem durante os anos do El Niño na costa do Peru, quando as correntes quentes chegam, dizimando pesqueiros e colônias de aves marinhas, que normalmente se desenvolvem na fria e ascendente corrente de Humboldt.

Essa estratificação dos oceanos também explica o motivo de as águas tropicais parecerem límpidas e puras: elas têm um índice tão baixo de nutrientes que quase nada pode sobreviver nelas. São verdadeiros desertos marinhos. Por outro lado, os oceanos bem movimentados, mais frios e próximos aos pólos sustentam grandes florações de plânctons, fazendo com que os mares tenham um aspecto verde-turvo, porém que produz peixes em abundância. Durante os antigos "eventos de anoxia oceânica", essa estratificação não se limitou a uma determinada região em particular, mas atingiu os oceanos em escala global, provocando extinções em massa na vida marinha.

Outra hipótese é a de que esses episódios extremos de efeito estufa tenham assistido a um ciclo hidrológico mais veloz, com intensas tempestades de chuva a varrerem os nutrientes da superfície da terra, desencadeando um florescimento de algas pelo mundo inteiro. É possível que a versão moderna disso seja o fenômeno das "marés vermelhas", que todos os anos assola as costas da China, ou o da "zona morta" anóxica no golfo do México, provocada por poluentes agrícolas que descem pela corrente do Mississippi. Ventos mais fortes podem também ter conduzido a poeira cheia de nutrientes para o mar, assim como as tempestades de areia do Saara vão fertilizar o Atlântico hoje, particularmente levando-se em conta que os desertos do Cretáceo teriam sido muito maiores.

Uma teoria especialmente dramática foi proposta para explicar o maior pico de aquecimento e de anoxia oceânica de todos os tempos, ocorrido há 183 milhões de anos, no Jurássico. Nesse episódio, as concentrações de dióxido de carbono da atmosfera deram um salto de mil ppm, empurrando as temperaturas globais cerca de seis graus para cima, num espantoso paralelo com o cenário projetado pelo IPCC para a pior de todas as possibilidades. Os impactos foram profundos, resultando na mais terrível extinção marinha em massa dos períodos Jurássico e Cretáceo (um intervalo de tempo de 140 milhões de anos). Os geólogos discutem as possíveis causas do evento: uma teoria propõe que o magma vulcânico quente se introduziu pelas fendas do carvão antigo, ao longo de milhares de quilômetros ao sul da África. Num episódio semelhante ao que pode ter ocorrido no final do Paleoceno (examinado no capítulo anterior), lavas quentes podem ter tornado gasoso o carvão, despejando metano e dióxido de carbono no ar e desencadeando um pico de aquecimento global que retirou o oxigênio dos oceanos.

Assustados, os geólogos descobriram milhares de tubos verticais de rocha, cada um de 20 a 150 metros de diâmetro, através dos quais cerca de 1.800 bilhões de toneladas de CO_2 devem ter sido expelidas para a atmosfera do Jurássico, provenientes desses sedimentos vulcânicos. Esses "canais de brecha calcária" estão espalhados por toda a planície de Karoo, na África do Sul. Nas fotos aéreas eles se assemelham a diminutos vulcões — um débil eco geológico das modernas chaminés de usinas de energia, que hoje, é claro, desempenham um papel semelhante na liberação do carbono.

Outra teoria envolve aquele suspeito de costume: o hidrato de metano das placas oceânicas, que podem ter liberado do fundo dos mares um pulso de até nove trilhões de toneladas de gás. Talvez uma combinação dos dois possa explicar o abrupto aquecimento. Seja como for, o ciclo geológico inteiro do carbono certamente provocou um curto-circuito, queimando o fusível climático da Terra — uma advertência que vem do passado mais distante, mas que diz respeito ao nosso futuro mais imediato.

O efeito foi devastador, porém a maior parte das espécies vivas da época conseguiu superar a crise, talvez porque tudo tenha se passado de forma relativamente lenta. O mesmo não se pode dizer de outro desastre semelhante, se bem que muito pior, e que se lançou tanto sobre as espécies marinhas quanto sobre as que viviam em terra, há 251 milhões de anos, no período Permiano. Esse episódio constituiu a pior crise jamais sofrida pela vida na Terra e foi o mais próximo que o planeta chegou de perder completamente a sua maravilhosa biosfera, terminando como uma rocha morta e desolada vagando pelo espaço. Se os reconhecidos eventos de carvão do Jurássico queimaram um fusível, a extinção em massa do final do Permiano foi como a casa inteira explodindo e vindo abaixo devido a um incêndio.

O massacre do final do Permiano

Para aqueles pedreiros chineses retalhando, com as suas picaretas, a pedreira de Meishan, na província de Zhejiang, no sul da China, o limite entre o calcário cinzento e a argila escura pode ter sido inteiramente imperceptível. Poderiam ter reparado que a pedra logo abaixo daquele limite era mais fragmentável e, portanto, imprópria para a construção. Também podem ter observado a súbita passagem de cor do cinza-pálido para o preto quase total naquelas camadas. Mas explodir e levar embora aquelas pedras de aparência sombria foi apenas mais um dia de trabalho, sem que qualquer um deles tenha se dado conta de que, com as suas brocas, picaretas e pás, estavam participando do processo de descoberta de uma das zonas geológicas mais importantes de todos os tempos. Eles haviam se instalado para trabalhar exatamente sobre a fronteira entre o Permiano e o Triássico, cenário da maior extinção em massa da história da Terra.

As zonas de Meishan se transformaram no "padrão-ouro" da geologia para o final do Permiano, porque ali as sucessões de camadas de rochas são claramente definidas. Elas se assentavam sobre o fundo de um mar de pouca profundidade, e as seções de calcário abaixo do limite entre o Permiano e o Triássico estão entulhadas de fósseis. Particularmente abundantes são os diminutos microrganismos conhecidos como foraminíferos e conodontes, porém os ouriços-do-mar, as estrelas-do-mar e outros pequenos crustáceos também ali se encontram, com corais, peixes e tubarões. É claro, o mar antes da extinção era altamente produtivo e cheio de vida, cada animal e planta bem adaptado a seu lugar na evolução, dentro de uma complexa rede de ecossistemas.

Então acontece o desastre. Os fósseis desaparecem e o calcário é substituído por uma remexida camada de argila, com fragmentos de quartzo e cinzas de uma explosiva erupção vulcânica. Acima disso estão rochas de argila, escuras, ricas em matéria orgânica, um indício revelador das condições de pouco oxigênio do fundo do mar. Há também ali pirita de ferro (o chamado "ouro-de-tolo"), novamente indicando condições sulfurosas e de baixo oxigênio. A anterior abundância de fósseis desapareceu. Onde outrora centenas de espécies viviam numa complexa trama, agora sobrevivem apenas algumas conchas isoladas, presas na lama. A maior parte da vida no mar foi exterminada. E, segundo os geólogos que trabalham na zona de Meishan, a totalidade daquele catastrófico evento ficou registrada em apenas 12 milímetros de estratos.

Outros segredos ainda espreitam as camadas de pedra de Meishan. A faixa de cinzas vulcânicas possibilitou uma datação precisa, baseada na degradação dos isótopos de urânio em chumbo, indicando que o evento aconteceu há 25 milhões de anos. Os isótopos de carbono também se modificam, mostrando que algo de muito errado se passou com a biosfera e o ciclo de carbono. Uma pista da provável causa vem dos isótopos de oxigênio, que também denotam uma abrupta passagem entre o oxigênio-16 e o oxigênio-18, o que indica uma grande flutuação nas temperaturas. Aqui, talvez, esteja a mais explosiva revelação de todas: a temperatura subiu, não um, ou dois, ou mesmo quatro graus. Ela chegou a nada menos do que

6°C. A extinção do final do Permiano, ao que parece, ocorreu numa época de rápido aumento do efeito estufa.

Fora da China, outras rochas expostas, pertencentes ao limite entre Permiano e Triássico, narram uma história semelhante de apocalipse e perdição globais. No nordeste da Itália, camadas sedimentares marinhas de uma área costeira do final do Permiano contêm materiais do solo que foram varridos da terra num catastrófico acesso de erosão do solo. Em circunstâncias normais, as plantas se agarram ao chão, protegendo-o de ser corroído e carregado pelas chuvas. Mas isso não aconteceu, e a conclusão é cabal: quase a totalidade da cobertura de plantas deve ter sido removida. Alguma coisa ceifou as florestas, os charcos e as savanas, e, com a chegada das monções, nada restou do precioso solo, que correu em fortes torrentes para o antigo oceano.

Onde a vegetação morta foi deixada sobre a terra, ela simplesmente apodreceu no próprio local. Um "pico fúngico" foi registrado nas rochas do deserto de Neguev, em Israel, e em outras partes do mundo: esporos preservados de uma proliferação de cogumelos venenosos que rapidamente brotaram das árvores e dos arbustos moribundos. Para os organismos que se refestelam sobre os mortos, aquela foi uma época de abundância e fertilidade.

Na bacia do Karoo, na África do Sul de hoje em dia, pesquisadores em busca de fósseis da fronteira permiano-triássica depararam-se com uma incomum camada dos tempos da extinção. Esse depósito indica mais uma vez uma erosão catastrófica e é desprovido de vida: até agora não se encontraram fósseis nele. Também indica uma abrupta mudança no clima, que passou de úmido a árido exatamente na época em que todas as formas de vida desapareceram. O que outrora foi o vale de um rio escavado profundamente, abundante de vida em suas margens, tornou-se uma seqüência entrelaçada de canais na paisagem atingida pela seca. Sem qualquer vegetação para reter as suas margens, o rio serpenteou através do deserto nascente. O que certa vez foi um Jardim do Éden transformou-se num Vale da Morte.

Por incrível que pareça, novas indicações de um superefeito estufa apocalíptico vêm da localização da Antártida. Quase a três mil metros acima, no pico Graphite, nas montanhas da Transantártida, na região central, solos preservados mostram um aumento abrupto de desgaste químico, muito provavelmente porque os maiores níveis de CO_2 na atmosfera tornaram as chuvas mais ácidas. É importante observar que os sedimentos de rocha também demonstram que a transição da condição normal para a de estufa foi — pelo menos segundo os padrões geológicos — espetacularmente rápida, na ordem de 10 mil anos, ou menos.

Os geólogos David Kidder e Thomas Worsley propõem um fascinante modelo de como funcionava esse mundo sob grave efeito estufa e também de como ele se formou. As sementes foram plantadas, sugerem eles, dezenas de milhões de anos antes do evento de extinção, quando a construção tectônica das montanhas cessou e a ausência de desgaste químico das rochas permitiu que o dióxido de carbono da atmosfera se acumulasse gradativamente até níveis perigosos. Quando o Permiano chegava ao seu término, as concentrações de CO_2 estavam quatro vezes mais elevadas do que as de hoje, dando um grande impulso às temperaturas globais.

Como num jogo de dominó fatal, a transição climática trouxe consigo uma cadeia de feedbacks positivos, cada um dos quais acrescentava um elemento a mais na crise. Os cinturões desérticos se expandiram, enquanto as florestas recuaram para refúgios mais frios perto dos pólos, reduzindo ainda mais o seqüestro de CO_2 pela fotossíntese. Os desertos atingiram 45°C ao norte (a Europa central e o norte dos Estados Unidos, segundo a configuração continental de hoje), talvez penetrasse até mesmo a 60°C, próximo ao Círculo Ártico. Esses desertos seriam quentes a um ponto inimaginável, e altos níveis de evaporação dos oceanos costeiros teriam deixado a água do mar salgada e densa, arrastando a água quente para as profundezas oceânicas. Isso é o contrário do que acontece hoje no mundo, onde é a água fria dos pólos que afunda para o abismo oceânico. Mas, com pólos mais quentes na estufa permiana, o afundamento nos oceanos polares ficou mais lento, até cessar de todo.

Água quente pode ser muito boa para nadar, mas, como já vimos antes, uma vez que se espalha pelo oceano, ela se torna uma assassina. Menor quantidade de oxigênio pode dissolver-se nos mares mais quentes, e por isso as condições da coluna de água tornaram-se estagnadas e anóxicas. Seres marinhos dependentes de oxigênio para respirar, ou seja, todas as formas mais elevadas de vida, desde os plânctons até os tubarões, defrontaram-se com a asfixia. A água quente também se expande, e durante a crise permiana os níveis do mar se elevaram em 20 metros, inundando plataformas continentais e criando mares rasos e quentes à medida que as águas anóxicas se precipitavam sobre a superfície de terra.

Esses oceanos mais quentes geraram furacões de uma ferocidade impressionante, ultrapassando de longe qualquer coisa que tenhamos presenciado hoje. As tempestades modernas são limitadas pela água fria, tanto nas profundezas quanto em latitudes mais altas, porém no final da estufa permiana os oceanos quentes assolaram o mundo de um pólo ao outro. Os superfuracões (às vezes chamados "hiperfuracões") devem ter tido energia suficiente para levá-los até o Pólo Norte e depois retornar, permitindo talvez até que dessem várias voltas ao mundo. Somente a terra seca poderia detê-los, porém um hiperfuracão que atingisse um litoral desencadeava súbitas inundações, às quais ser vivo algum conseguiu sobreviver. Essas estupendas tempestades teriam também liberado grandes quantidades de calor para as altas latitudes, aumentando o efeito estufa ainda mais através dos feedbacks do vapor d'água e das nuvens.

Mas isso era ainda apenas o começo. Um sistema equilibrado na Terra poderia ter resistido a todos esses choques. Infelizmente, no entanto, o destino decidiu de outra forma. Tão logo o efeito estufa permiano se intensificou, uma gigantesca coluna de magma, oriunda da manta derretida, seguiu seu caminho para o alto, em direção à crosta terrestre, como um punhal que apontava para o coração da Sibéria. Ao atingir a superfície, a rocha fundida estourou com uma espetacular violência, ejetando cinzas e destroços vulcânicos por centenas de quilômetros, ofuscando o solo com poeira e dióxido sulfúrico. À medida que, durante milênios, quantidades cada vez maiores de magma entraram em erupção, elas se acumularam em camadas de centenas de metros de espessura, numa área maior que a Europa ocidental. A cada sucessiva erupção, mais basalto jorrava sobre a superfície, liberando bilhões de toneladas de CO_2 pelas infernais fissuras abertas na superfície da Terra.

A vida poderia ter sobrevivido melhor às enchentes de basalto siberiano, caso elas não tivessem ocorrido num período em que o intenso aquecimento já empurrava a biosfera para além da capacidade de sobrevivência. Tal como aconteceram, as erupções constituíram mais um revés, liberando gases venenosos e CO_2 em igual proporção, desencadeando tempestades torrenciais de chuva ácida ao mesmo tempo que impulsionavam o efeito estufa para um estado ainda mais extremo. Como descreve Michael Benton em seu livro *When Life Nearly Died*, essas monções de ácido sulfúrico teriam privado a terra ainda mais da vegetação, varrendo troncos de árvores podres e folhas mortas para os oceanos já estagnados. Por essa época, grande parte dos seres vivos já teria morrido, ou estaria agonizante. Criaturas em buracos profundos podem ter sobrevivido ao início da pior parte da crise, porém qualquer coisa que emergisse para a superfície morreria logo pelo calor ou seria destruída pela fome. Com o extermínio da maior parte da vegetação — a base da cadeia alimentar tanto em terra quanto nos oceanos —, pouca coisa poderia ter sobrevivido. Os níveis de oxigênio na atmosfera despencaram a 15% (os níveis atuais são de 21%) — baixos o suficiente para deixar qualquer animal capaz de se mover depressa sufocando em busca de ar, mesmo no nível do mar.

O pior ainda estava para acontecer. Com a água quente chegando rapidamente ao fundo do oceano, um monstro agora familiar movia-se pelas plataformas oceânicas: os hidratos de metano. Tinha início o desenfreado aquecimento global.

Grande parte da liberação inicial de metano teria se dissolvido na massa fluida de água, acumulando-se gradativamente com o tempo. Enquanto a correnteza de bolhas continuava subindo, entretanto, cada camada sucessiva de água chegava gradualmente a um ponto de saturação. Uma vez preparado esse explosivo, era preciso apenas um detonador.

Esses eventos desenvolvem-se da seguinte maneira: primeiro, uma pequena perturbação no leito do mar leva para cima uma porção de água saturada de gás metano. Quando essa água sobe, começam a surgir bolhas, assim como o gás dissolvido entra em efervescência pela redução da pressão hidrostática. É a mesma coisa que acontece com uma garrafa de limonada com gás quando a tampa é retirada muito rapidamente e o líquido jorra para fora. Essas bolhas fazem aquela porção de água flutuar mais, acelerando a sua subida. À medida que a água agita-se para cima, adquirindo uma força explosiva, ela arrasta consigo um volume maior, ampliando o processo. Chegando à superfície, a água é lançada no ar, a centenas de metros, quando o gás liberado explode na atmosfera. As ondas se propagam em todas as direções, disparando outras erupções subseqüentes nas proximidades.

Nada disso é conjetura teórica: a miniatura de um processo semelhante a esse aconteceu recentemente, em 1986, no lago Nyos, em Camarões, onde uma liberação de gases vulcânicos está continuamente liberando dióxido de carbono sob seu leito. No fim da noite de 12 de agosto de 1986, esse gás entrou em erupção, criando um jorro de gás e água que subiu a 120 metros de altura, produzindo uma nuvem letal de dióxido de carbono que asfixiou 1.700 pessoas nas proximidades. Por ser mais pesada que o ar, a nuvem de CO_2 desceu para perto do chão, deixando muitas vítimas sufocadas em suas próprias camas.

Uma nuvem de metano poderia ter um comportamento muito parecido. Carregada de gotículas de água, ela se espalha sobre a superfície da terra como um cobertor tóxico. Além disso, o metano é inflamável, o que não acontece com o CO_2. Mesmo em baixas concentrações, de 5% de metano no ar, a mistura poderia entrar em combustão devido a um relâmpago ou alguma outra fonte de fagulhas, lançando aterradoras bolas de fogo pelo céu. Uma comparação moderna poderia ser feita com as *fuel-air explosives* usadas pelos exércitos dos Estados Unidos e da Rússia, cujo poder destruidor é semelhante ao das armas táticas nucleares. Chamadas "bombas de vácuo", essas armas espalham uma nuvem de gotículas de combustível acima de um alvo (de preferência algum local fechado, como uma caverna) e então fazem com que ela pegue fogo, retirando o ar e lançando uma onda explosiva forte o bastante para provocar mortes e ferimentos em áreas extensas.

As nuvens de metano e ar produzidas por erupções oceânicas, entretanto, fazem parecer medíocres até as mais violentas armas modernas de guerra. As explosões nas nuvens maiores poderiam provocar rajadas de ondas explosivas capazes de se deslocarem a uma velocidade maior que a do som. Com uma rajada supersônica, é a pressão da própria onda de choque que detona a mistura, provocando uma frente explosiva com velocidade de 2 quilômetros por segundo e vaporizando tudo à sua passagem.

É difícil imaginar os prováveis efeitos nos animais e nas plantas que habitavam o mundo permiano. Uma erupção oceânica relativamente pequena de metano poderia, assim, tornar-se muito rapidamente um eficientíssimo agente de extermínio em massa. Como escreve em um artigo o engenheiro químico Gregory Ryskin, referindo-se especificamente aos "mecanismos para matar" do final do permiano, esse metano "poderia destruir quase completamente a vida terrestre". Uma grande erupção oceânica de metano, estima ele, "liberaria uma energia equivalente a 10^8 milhões de toneladas de TNT, cerca de 10 mil vezes maior que o estoque mundial de armas nucleares". Essa conflagração planetária poderia mesmo provocar um esfriamento a curto prazo, do mesmo tipo que um inverno nuclear, antes de estimular ainda mais o aquecimento global, com o CO_2 produzido pelo metano em combustão. (E o metano que não entrou em combustão teria um efeito ainda mais grave.)

O agente mortífero do metano pode não ter agido sozinho. Enquanto a vegetação e as carcaças de animais apodreciam nos oceanos estagnados, grandes quantidades de ácido sulfídrico se acumulavam nas profundezas. Evidências desse oceano sulfuroso ainda estão preservadas nas rochas permianas no leste da Groenlândia, onde registros de pirita (também conhecida como "ouro-de-tolo", matéria-prima na fabricação de ácido sulfídrico) são comuns entre xistos negros assentados na época da catástrofe. Venenosa, mesmo que em concentrações insignificantes (e com cheiro de ovo podre), qualquer liberação de ácido sulfídrico na atmosfera teria abatido, em muitos lugares, os animais que de alguma forma tivessem conseguido escapar das erupções de metano.

Tão importante quanto isso, a fermentação sulfurosa nos oceanos também teria sido um agente muito eficaz de extermínio no reino marinho, eliminando todas as formas de vida que respiram oxigênio. Como não bastasse, a nuvem de ácido sulfídrico também teria atacado e destruído a camada de ozônio, permitindo a entrada da perigosa radiação ultravioleta do Sol. Recentemente foram descobertas sementes deformadas nas mesmas rochas permianas do leste da Groenlândia, indicando que as plantas que sobreviveram podem ter de fato sofrido mutações no DNA, provocadas pela exposição prolongada aos raios UV.

Em concentrações muito elevadas, o metano também destrói o ozônio. Um estudo de modelagem que investigou especificamente as condições da fase final do Permiano descobriu que, se as concentrações superficiais de metano chegarem a 5 mil vezes os níveis conhecidos — como poderia ser no caso de uma erupção em larga escala de hidratos de metano —, metade da coluna de ozônio* seria destruída, aumentando em sete vezes a radiação de UV que chega à superfície. Isso em si poderia ser uma importante causa de extinção, declaram os autores. Além disso, os dois agentes com-

* Montante vertical de ozônio por unidade de área. (N.R.T.)

binados — o ácido sulfídrico e o metano — poderiam aumentar maciçamente o efeito destruidor sobre a camada de ozônio.

Com todos esses sucessivos desastres desencadeando-se sobre a Terra, quase não surpreende que a extinção em massa do final do Permiano tenha ultrapassado todas as demais. De acordo com alguns cálculos, 95% das espécies — na terra e no mar — foram eliminadas. Nos oceanos, umas poucas conchas mantiveram-se firmes, encravadas profundamente na lama. Em terra, apenas um grande vertebrado conseguiu fugir da extinção: o listrossauro, parecido com um porco, e que durante milhões de anos ficou com o planeta inteiro só para ele. Existe uma distinta "lacuna fóssil", do início a meados do Triássico — o período geológico que se seguiu ao Permiano —, indicando que apenas uma esparsa vegetação sobreviveu, sem nada que se assemelhasse às exuberantes florestas que, nos períodos anteriores, Permiano e Carbonífero, depositaram espessas camadas de carbono. Levou 50 milhões de anos — já em pleno Jurássico — para que uma biodiversidade semelhante aos níveis anteriores à extinção voltasse a existir.

De volta ao futuro

Todos os geólogos concordam que a crise do final do Permiano foi a mãe de todos os desastres. Assim, que lições ela terá para nós, se o nosso mundo está se encaminhando em direção aos seis graus de aquecimento? É claro que dado o espaço de tempo de 251 milhões de anos decorridos desde então, não se pode esperar que os eventos simplesmente se repitam. Para começar, os continentes agora estão dispostos de forma diferente, talvez para permitir uma melhor circulação dos oceanos. Existe mais oxigênio na atmosfera, e assim não é provável que as piores taxas de aumento do efeito estufa venham a nos asfixiar. Tampouco estou aqui sugerindo que a perspectiva de bolas de fogo de metano atravessando o céu seja algo remotamente provável hoje. Trata-se simplesmente de uma entre muitas teorias propostas para explicar o massacre do final do Permiano, e como tal pode dar uma advertência do pior que a Terra, em situação de um extremo efeito estufa, pode fazer com seus habitantes.

Por outro lado, há certos aspectos da crise atual de aquecimento global que são especialmente preocupantes, mesmo quando em oposição aos horrores que atingiram o mundo no final do Permiano. Um evento de extinção — experimentalmente chamado de Extinção em Massa do Antropoceno — já se encontra a caminho e em grande parte nada tem a ver com o aquecimento global. Com tantas plantas e animais sendo drasticamente dizimados e levados para as margens da sobrevivência, o mundo natural já está menos flexível à mudança do que no final do Permiano. Pensemos em nossos primos, os grandes macacos, hoje em número tão reduzido que nascem diariamente mais bebês humanos do que toda a população mundial de gorilas, chimpanzés e orangotangos juntos. Com tantas espécies de vida já por um fio, graças ao estilo predatório do *Homo sapiens*, bastam moderadas alterações no clima para empurrá-los no precipício.

A perturbação humana torna muito mais difícil para os animais e as plantas poder migrar e se adaptar, como vimos em capítulos anteriores. O que ainda resta da natureza está sob estado de sítio, em "reservas" isoladas entre desertos agrícolas e urbanos. À medida que se elevam as temperaturas e que desertos reais se transferem para as latitudes médias, essas ilhas da natureza ficarão submersas, uma a uma, apagadas pelas mudanças climáticas.

Consideremos também a velocidade das mudanças. Mesmo as taxas mais aceleradas da liberação de CO_2 vulcânico levam milênios para terem qualquer efeito mensurável sobre o clima. Estamos realizando esse mesmo feito em questão de décadas. Como já mencionamos, o extremo efeito estufa do final do Permiano levou provavelmente 10 mil anos até chegar ao fim. Poderíamos atingir o mesmo nível de aquecimento em um século, cem vezes mais rápido que durante a pior catástrofe que o mundo já conheceu. Mesmo que, diante das incertezas dos registros geológicos, seja difícil fixar esse ponto com a merecida ênfase, as emissões antrópicas de dióxido de carbono estão possivelmente acontecendo mais depressa do que qualquer liberação natural de carbono desde o início da vida na Terra. O período da Máxima Térmica do Paleoceno-Eoceno e os "eventos de anoxia oceânica" do Cretáceo aparentemente produziram uma elevação da concentração de gases-estufa mais lenta do que acontece hoje. Em termos meramente de volume de carbono, estamos ainda muito abaixo da sua magnitude, porém a velocidade da mudança já é sem precedentes, colocando-nos num território totalmente desconhecido.

É evidente que nossas emissões de carbono não são intencionalmente más: para a maioria de nós, nosso imenso consumo de energia faz parte da vida moderna. Mas, para a biosfera, isso tem pouca importância. Se tivéssemos *pretendido* destruir a maior parte da vida da Terra, não existiria um meio melhor de fazê-lo do que cavando e queimando o máximo de combustíveis fósseis que pudéssemos encontrar.

Muita gente instintivamente acha que seres tão pequenos como nós, humanos, não podem de fato causar nenhum impacto sério sobre algo tão grande quanto o nosso planeta. Mas se alguém duvida da escala desse empreendimento em que a sociedade humana está envolvida, então que se coloque numa rua movimentada e olhe para o céu. Lembre-se de que a atmosfera que respiramos estende-se apenas até 7 mil metros acima de nossas cabeças. Em seguida pense em todas as outras ruas que se entrecruzam agora pelo planeta, de Bangcoc a Berlim, todas repletas de automóveis e caminhões, cada um deles com um cano de descarga soltando continuamente sua mistura mortífera de dióxido de carbono com outros gases. Lembre-se também de acrescentar todas as usinas de energia, os aviões, os aquecedores de água e o aquecimento doméstico a gás, e também que essa situação se repete dia e noite, todos os dias da semana, em todo o planeta.

E mais ainda: observe uma foto por satélite da Terra durante a noite e veja os continentes iluminados por um emaranhado de teias de aranha de cidades e se maravilhe com a amplitude visual desse contínuo excesso de consumo de energia, 80% do qual se apóia na queima de combustíveis fósseis. Então, poderá parecer menos surpreendente que todo ano as concentrações de CO_2 sejam mais altas que no ano anterior, e que cada inalação de ar tenha mais dióxido de carbono do que qualquer outra jamais feita por um ser humano antes de nós, em toda a história evolutiva da nossa espécie. Dificilmente também seria surpresa que o clima se modifique rapidamente. *Surpreendente*, sim, seria que tudo continuasse como sempre foi.

Dessa forma, a lição do final do Permiano é a seguinte: o planeta poderá rapidamente tornar-se hostil de verdade, caso seja levado a um extremo estado de desequilíbrio. Hoje, grandes volumes de hidratos de metano encontram-se novamente alojados nas placas continentais do fundo do mar, aguardando o momento de dispararem o aumento das temperaturas oceânicas. Exatamente até onde eles poderão ser mantidos em segurança, ninguém sabe dizer.

Tampouco existe qualquer motivo para se negar a estratificação oceânica e o envenenamento por ácido sulfídrico como mais um possível cenário de desastre. O gradual fechamento da corrente do Golfo pode ser apenas uma peça de engrenagem nessa máquina muito maior: à medida que os oceanos deixam de circular, as águas mais quentes penetram nas profundezas, portando menos oxigênio dissolvido e gradualmente eliminando a vida aeróbica. Os oceanos estagnados são quase invisíveis para quem vive na terra: de fato, grande parte do mar Negro é hoje anóxica, porém a água da superfície, fria e rica em oxigênio, encobre o líquido venenoso que está por baixo. Entretanto, uma liberação catastrófica de ácido sulfídrico das profundezas oceânicas é mais que apenas uma possibilidade especulativa: ela ocasionalmente acontece no mundo de hoje, embora em escala muito menor, diante da costa da Namíbia. Ali, o enxofre venenoso irrompe em maciças rajadas do material orgânico apodrecido sobre o fundo do mar, e a mistura tóxica que daí resulta descolore a superfície das águas em áreas tão grandes que o fenômeno pode facilmente ser observado pelos satélites. Enormes quantidades de peixes — de fato, tudo o que vive nos oceanos naquelas proximidades — morrem em conseqüência disso, e nas praias da região os humanos sofrem com o cheiro desagradável e com o efeito corrosivo do gás tóxico do ácido sulfídrico. Segundo algumas investigações científicas, as erupções são causadas em sua maioria pelo metano do fundo do mar — que entra em efervescência através da coluna de água, ocasionando enormes eventos, exatamente como se sugeriu que pode ter acontecido em escala mundial no final do Permiano.

De fato, Andrew Bakun e Scarla Weeks, dois especialistas no fenômeno do ácido sulfídrico na Namíbia, afirmam especificamente que o aquecimento global poderá induzir uma liberação em larga escala desse gás venenoso, aumentando a corrente ascendente oceânica. Locais vulneráveis, onde a água do fundo já sobe à superfície — embora felizmente hoje sem erupções de gás tóxico —, incluem os litorais de Marrocos, da Mauritânia, do Peru e da Califórnia. Se essa mudança nada bem-vinda começasse a qualquer momento, os moradores do litoral seriam os primeiros a sentir o cheiro de ovo podre: o sentido humano do olfato pode captar o odor do ácido sulfídrico mesmo numa concentração baixíssima. (Em concentrações mais altas, o nervo olfativo paralisa-se, e nós perdemos a capacidade de detectar a toxina.) Seria um matador silencioso: imaginemos a cena ocorrida em Bhopal em 1984, depois do vazamento de gás da Union Carbide, repetindo-se: primeiro nas colônias litorâneas, depois em regiões do interior continental pelo mundo inteiro. Ao mesmo tempo que a camada de ozônio seria atacada, nós passaríamos a sentir os raios solares queimando a nossa pele, e as primeiras mutações celulares iriam desencadear irrupções de câncer entre os que conseguissem sobreviver.

Poderá a própria humanidade vir a ser extinta? Não acho provável. De um modo geral, as pessoas são dotadas de uma combinação única de inteligência e de forte instinto de sobrevivência. Os seres humanos são capazes de percorrer incríveis distâncias para não morrerem, é o que atestam inúmeros relatos verdadeiros de sobrevivência às adversidades. Eu mesmo já tive de me arrastar montanha abaixo, nos Andes, num estado de delírio semi-inconsciente, quando o mais fácil seria ficar ali mesmo e deixar que as coisas acontecessem. Mas, evidentemente, o instinto de sobrevivência foi demasiado forte. Mesmo diante das mais dramáticas taxas de aquecimento imagináveis, com toda a certeza em algum lugar ainda será possível plantar lavouras e cultivar alimentos. As chuvas não vão parar, e o derretimento dos mantos de gelo vai proporcionar abundantes suprimentos de água nas regiões polares. Alimentar um mundo de 8 ou 9 bilhões de pessoas já é um outro caso. Mas a idéia de que cada um de nós individualmente poderia ser exterminado me atinge como algo inconcebível. Ao contrário dos animais terrestres do Permiano, nós temos a possibilidade de armazenar alimentação suficiente, em conserva, para durar muitos anos. Podemos criar atmosferas artificiais para nos isolarmos do que está se passando lá fora. Como já sugeriram alguns cientistas, poderíamos tomar algumas medidas de emergência para recriar o nosso clima, espalhando talvez espelhos solares pelo espaço ou dispersando sulfatos por toda a atmosfera superior, numa última tentativa de refrescar o ambiente. Podemos até mesmo um dia estabelecer colônias em outros planetas.

E, mesmo assim, de alguma forma, esse consolo é muito frágil diante dos tormentos que podem estar nos aguardando mais adiante. O extremo aquecimento global pode não constituir uma crise de sobrevivência para a humanidade como espécie, mas certamente o será para a maior parte dos seres humanos, infelizes o bastante para habitarem um planeta em processo de rápido aquecimento, e isso, sem sombra de dúvida, é muito ruim. Stalin estava errado ao declarar que um milhão de mortos é apenas uma questão de estatística. E é por isso que ele ainda é odiado até hoje. Toda morte de um ser humano, seja a de um bebê, de uma mãe ou de um irmão, ou de um pai, ou irmã será uma tragédia única, pela qual o mundo inteiro deve lamentar. E não só porque um resultado desses ainda pode ser evitado hoje.

Muita gente, ao confrontar-se com possibilidades tão terríveis, se refugia numa espécie de fatalismo geológico: é aquele bordão tantas vezes ouvido, de que a vida segue em frente, seja conosco ou não, e que no final das contas tudo isso realmente não tem a menor importância. O planeta até que ficaria melhor sem o *Homo sapiens*, poderão sugerir alguns. Sem pensar nas questões morais que esse tipo de atitude levanta (seria quase como dizer que o Holocausto nazista não teve a menor importância, visto que a taxa de nascimentos no pós-guerra foi tão alta que logo substituiu os seis milhões de mortos), está longe de ser evidente que a vida *irá sempre* prosseguir em frente. O Sol está se tornando mais quente, enquanto segue consumindo o seu suprimento finito de combustível nuclear, e, por milhões de anos no futuro, o grande desafio do nosso planeta será o de se manter frio enquanto o produto da radiação solar segue inevitavelmente aumentando.

Esta é uma época perigosa para se brincar com o termostato da Terra. Os cientistas calculam que resta apenas um bilhão de anos antes da extinção definitiva da biosfera devido ao superaquecimento. O planeta já tem 4,6 bilhões de anos de idade, e em grande parte desse tempo ele não abrigou vida alguma. Os muitos milhões de anos que passarão até que novas formas de vida se restabeleçam e que a biodiversidade evolua, mais uma vez, em novos ecossistemas complexos — depois de uma extinção em massa por causa humana —, constituem uma considerável porção desse tempo habitável que ainda resta. Como escreve James Lovelock, a "Mãe Terra" é hoje uma velha senhora sexagenária, que já não é tão ágil quanto antigamente. Estamos encurtando significativamente o seu tempo de vida com nossas ações conscientes.

Até onde sabemos, este é o único planeta, em todo o Universo, com o poder de apresentar a vida plenamente em seu brilho e variedade. Interromper conscientemente esse florescimento é um crime, sem dúvida alguma, algo ainda mais inominável que o mais cruel genocídio ou a mais destruidora guerra. Se cada pessoa tem valor em sua individualidade, cada espécie, certamente, o tem mais ainda. Não vejo desculpas para se colaborar com semelhante crime. Como ficou estabelecido pelos tribunais de

Nuremberg, no pós-guerra, a ignorância não é uma desculpa, e tampouco a mera obediência a ordens superiores. Para mim, a linha de conduta moral deve ser a de não aceitar passivamente esse papel destruidor, mas sim resistir ativamente contra um destino tão horrendo.

Como declarei no início deste livro, não existe nada no futuro que esteja gravado em pedra. Ainda temos o poder — embora ele fique menor a cada dia que passa — de modificar o final desse terrível drama. Não precisa ainda terminar em tragédia, e para tornar esse ponto mais claro, o próximo e último capítulo irá examinar as nossas opções para evitar cada sucessivo grau na elevação da temperatura. É aí, somente aí, que se encontra a esperança.

Como Dylan Thomas escreveu:

Do not go gentle into that good night
Old age should burn and rave at close of day
Rage, rage against the dying of the light.*

* Não vá delicadamente para aquela noite boa/ A velhice devia queimar e rugir no final do dia/ Raiva, raiva contra a morte da luz. (N.T.)

7

A escolha do nosso futuro

> "We see, like those with faulty vision,
> things at a distance," he replied. "That much,
> for us, the mighty Ruler's light still shines.
> When things draw near or happen now,
> our minds are useless. Without the words of others
> we can know nothing of your human state.
> Thus it follows that all our knowledge
> will perish at the very moment
> the portals of the future close."*

Assim como Farinata, a aparição espectral que se dirige a Dante na famosa passagem citada, é muito mais fácil enxergarmos os acontecimentos quando eles ainda se encontram a certa distância. Também, quando ainda estão distantes, fica muito mais fácil para nós influenciá-los. Pois, a não ser que dentro de alguns anos apenas — e a partir de agora — reduzamos as emissões de gases-estufa, os nossos destinos já terão sido traçados, e a nossa caminhada para o inferno talvez não possa mais ser alterada, à medida

* "As coisas distantes, nós enxergamos/ como quem tem vista imperfeita",/ Respondeu ele. "Para tanto, a luz/ do poderoso Guia ainda cai sobre nós./ Mas quando as coisas se aproximam,/ Ou acontecem neste instante,/ Nossas mentes se tornam inúteis./ Não fosse o que dizem os outros,/ Nada saberíamos da nossa condição humana./ Assim, segue-se que todo o nosso conhecimento/ Perecerá no momento mesmo/ Em que se cerrarem as portas para o futuro." (Dante, *Inferno*, Canto X: o Sexto Círculo do Inferno.)

que os feedbacks do ciclo do carbono — detalhados em capítulos anteriores — comecem a se fazer sentir violentamente, um após outro. Como as almas atormentadas que Dante encontra no Sexto Círculo do Inferno, uma vez "fechadas as portas do futuro" — seja na Amazônia, na Sibéria ou no Ártico —, é possível que nos vejamos impotentes para interferir no final dessa pavorosa história.

O alerta é muito claro. Mas será que dispomos da vontade coletiva para ouvi-lo? Em novembro de 2006, os cientistas que trabalham no Projeto Global do Carbono declararam que na época as emissões estavam aumentando num ritmo quatro vezes maior que na década anterior. Em outras palavras, todos aqueles esforços — os de comércio de carbono, os de apagarmos as luzes, os do Protocolo de Kyoto etc. — haviam tido, até o momento, um efeito bem evidente: *menos que zero*. Os participantes do projeto ressaltam que a cada dia que passa estamos nos afastando mais de qualquer um dos "caminhos de estabilização" do IPCC. As coisas não parecem andar nada bem.

Além disso, devido à lentidão do tempo térmico do planeta, mesmo que as concentrações atmosféricas de gases-estufa se estabilizassem de repente (coisa que — sejamos honestos — não vai acontecer), as temperaturas vão subir entre 0,5°C e 1°C, quer nos arrependamos, quer não. Como os mortos ambulantes que Dante encontra no Primeiro Círculo do Inferno, as geleiras dos Alpes, as pastagens do Nebraska e os esplendorosos recifes de corais já estão condenados por episódios que fazem parte do passado. Estudos recentes também deixam claro que estamos muito próximos de um ponto de desequilíbrio no Ártico, e que agora só um sólido esforço internacional poderá salvar aquela calota de gelo do colapso total, o que deixará os verões do Pólo Norte sem gelo já a partir de 2040. De fato, se dermos crédito às evidências do Plioceno, então já é possível prever um aquecimento de até três graus, e conseqüentemente uma elevação do nível do mar em 25 metros — mesmo com as atuais concentrações de CO_2. Isso, entretanto, levaria séculos para se completar, tornando esta analogia um pouquinho menos pessimista do que pareceria à primeira vista.

Segundo um sofisticado modelo por computador que projeta futuras taxas de mudanças climáticas, só nos resta pouco tempo para cortar as emissões, a fim de evitar "perigosos" níveis de aquecimento e ainda podermos sonhar com uma "aterrissagem segura" dentro da faixa de um a dois graus. No entanto, essa janela de possibilidades está praticamente fechada. Minha conclusão neste livro, que se apóia no relatório de 2007 do IPCC, é de que dispomos de menos de uma década, ainda, para atingir o ponto máximo* e começar a cortar as emissões globais. Este é um cronograma de urgência, mas não é impossível. Parece-me que a terrível situação em que nos encontramos não dá motivo para fatalismos, mas sim para o radicalismo.

Saber aquilo que não se sabe

Parodiando Donald Rumsfeld, uma das maiores "incógnitas conhecidas" no campo das mudanças do clima, e a única parte da equação climática sobre a qual temos algum controle, são as emissões futuras: saber quantos bilhões de toneladas a mais de gases-estufa os seres humanos irão lançar nos próximos anos, por meio da queima de combustíveis fósseis e do desmatamento florestal. O IPCC desenvolveu um complexo conjunto de "cenários de emissões", cada um dos quais incorpora diferentes hipóteses sobre o crescimento econômico e populacional, globalismo *versus* localismo e outros fatores-chave no decorrer do próximo século. São "cenários", e não "previsões", porque simplesmente nós não temos a menor idéia do que será mais provável de se concretizar, e o IPCC não determina de forma explícita nenhuma probabilidade em sua análise: cada cenário é considerado igualmente provável.

Os cenários de emissões são, atualmente, uma incógnita muito maior do que qualquer das incertezas tão discutidas pela ciência do clima, sobre as quais os contestadores vivem batendo na mesma tecla. Essas incertezas relacionam-se, no mínimo, a realidades físicas, que os cientistas, à custa de muito cérebro e computador, deveriam ser finalmente capazes de tornar mais precisas. As emissões futuras, entretanto, dependem de decisões que ainda estão para ser tomadas mais de um bilhão de vezes por gente igual a nós. Elas dependem da economia e da política, muito mais que do terreno mais sólido da física. Por esse motivo, provavelmente as emissões de longo prazo jamais poderão ser previstas de forma acurada.

A segunda "incógnita conhecida" é genuinamente científica: refere-se ao que os acadêmicos entendem por "sensibilidade climática". (Devo ob-

* A expressão usada pelo autor aqui e em diversas outras passagens deste capítulo é "*peak emissions*", que se apropria de seu significado emprestado da noção de "*peak oil*", ou "pico petrolífero", o momento em que se atinge a taxa máxima de extração de petróleo, depois do qual ela entra numa fase irreversível de declínio. (N.R.T.)

servar que nenhuma dessas incertezas afeta os cenários reproduzidos nos capítulos anteriores deste livro, que se referem aos impactos da elevação atual da temperatura, independentemente dos cenários de emissões que a originem. Mostro-as aqui a fim de começar a atacar a questão crucial que este capítulo se propôs a responder: quais modelos de emissões poderão levar a quais resultados na temperatura?) A sensibilidade climática é definida pela linguagem técnica como a reação de equilíbrio da temperatura do sistema planetário à duplicação das concentrações atmosféricas pré-industriais de CO_2. Ela é importante porque se a sensibilidade climática estiver baixa (ou seja, se o clima não for muito sensível ao carbono) então grandes emissões de carbono irão provocar elevações de temperatura relativamente controláveis. Por outro lado, se ela for alta, então mesmo uma drástica redução poderá ser insuficiente para impedir rápidos aumentos de temperatura.

Os modelos climáticos, por serem projetados por diversas equipes, cada uma das quais empregando parâmetros ligeiramente diferentes, propõem números também ligeiramente variados para esse total decisivo. Trata-se de muito mais do que apenas conjeturas: os modelos, afinal de contas, baseiam-se em leis físicas (embora muitas dessas leis não sejam bem compreendidas) e na sua maioria converge para algo em torno dos três graus, implicando que uma duplicação dos níveis de dióxido de carbono pré-industriais, de cerca de 280 para 550 partes por milhão, produzirá finalmente uma elevação de 3°C na temperatura.

Entretanto, mais recentemente, alguns grupos de cientistas sugeriram que o verdadeiro valor da sensibilidade climática poderia ser muito maior. Uma dessas equipes mais conhecidas é a que está por trás do projeto *climateprediction.net*, da Universidade de Oxford, que envolveu milhares de pessoas baixando e executando um modelo climático em seus computadores domésticos. Cada modelo baixado apresentava diferenças mínimas do modelo seguinte. Pelo exame dos milhares de resultados, os pesquisadores esperavam obter um conjunto das "melhores estimativas" para a sensibilidade climática. Eles conseguiram as manchetes internacionais durante o processo: enquanto a maioria dos resultados dos modelos executados em casa chegava a um padrão de três graus, aproximadamente, alguns poucos mostraram a sensibilidade climática atingindo o incrível patamar de 11 graus. Como disse aos repórteres o coordenador do projeto, Dave Frame: "A possibilidade de respostas tão altas tem implicações profundas. Se a resposta do mundo real estivesse em algum ponto próximo à extremidade superior da nossa faixa, mesmo os níveis atuais de gases-estufa já poderiam ser perigosamente altos."

Um dos maiores empecilhos para se calcular a sensibilidade climática é o fenômeno do "escurecimento global". Há muito tempo se sabe que os aerossóis de sulfatos — liberados durante a queima de combustíveis fósseis e que constituem uma importante contribuição para a chuva ácida — têm um efeito resfriador de curta duração sobre o clima, fornecendo-nos temporariamente um escudo contra os efeitos plenos do aumento do efeito estufa, ao deterem determinados raios solares. Esses aerossóis são, provavelmente, os principais responsáveis pela queda incrivelmente pequena das temperaturas globais no século XX, entre os anos de 1940 e aproximadamente 1960, numa época em que as emissões de gases estavam começando a subir rapidamente.

A maioria das projeções indica que o escurecimento global irá declinar nas próximas décadas, tão logo as medidas antipoluição começarem a surtir efeito. Na verdade, esse processo provavelmente já está ocorrendo, o que explica talvez o aquecimento global mais acelerado medido desde os anos 1980. Os aerossóis não permanecem muito tempo na atmosfera: as chuvas os limpam em questão de dias, enquanto o CO_2 dura um século, em média. Uma vez removido esse escudo de aerossol, as temperaturas então poderão acompanhar propriamente os extremos máximos das projeções do IPCC, mais próximos de seis graus do que de dois, segundo os mais recentes estudos.

Além disso, a lacuna entre os modelos e o paleoclima continua sendo perturbadora. Como mencionamos, níveis de CO_2 semelhantes aos de hoje parecem ter causado um aquecimento de aproximadamente três graus durante o Plioceno. Da mesma forma, os modelos atuais não conseguem reproduzir o evento de extremo efeito estufa do Eoceno — quando o oceano Ártico era tão agradável quanto o Mediterrâneo — sem que apresentem níveis simulados de CO_2 que, de tão altos, estão fora da realidade. O mesmo problema se repete em relação ao efeito estufa do Cretáceo. Se os níveis estimados de CO_2 do Cretáceo forem inseridos em modelos climáticos, os níveis de aquecimento simulado serão muito menores do que aqueles que os geólogos imaginam terem se verificado há 100 milhões de anos. Assim, ou os dados dos fósseis sobre temperaturas passadas e níveis de CO_2 estão errados, ou os modelos estão subestimando os feedbacks climáticos. Os dois não podem estar igualmente certos.

Os modelos climáticos, por sua própria natureza, fazem parte de uma iniciativa científica reducionista que, ao decompor diversos pedaços do sistema climático, tenta compreendê-los e explicá-los individualmente, usando equações físicas. Afirma a lógica: juntem-se todas essas equações — que representam tudo, desde as nuvens até o gelo marinho —, e se chegará a um modelo. Mas o total de um sistema complexo e interativo não é necessariamente apenas a soma de todas as suas partes. Numa comparação grosso modo, é por isso que os médicos não conseguem juntar novamente um corpo humano depois de dissecado, costurando a pele, as orelhas, os ouvidos, os dentes, o sangue, os nervos e os ossos. O segredo está na forma como todos os componentes humanos, químicos e biológicos, interagem dentro do organismo. O mesmo é verdade com o "organismo" planetário que, como demonstra a teoria de Gaia, manifesta muitas das mesmas características auto-reguladoras de um corpo vivo.

O elo que falta podem ser os feedbacks e as interações que não estão nos modelos climáticos. Enquanto agora incluem-se neles alguns elementos mais bem compreendidos do ciclo do carbono, existem muitas incertezas nos feedbacks que, simplesmente, não podem ser quantificadas. Ninguém sabe, por exemplo, precisamente quanto de CO_2 e de metano poderiam ser liberados com o derretimento do *permafrost*. Tampouco se sabe ao certo quando o gatilho dos hidratos de metano poderá ser acionado, e muito menos como esses processos podem ter ocorrido durante o Cretáceo. Jim Hansen pode ter parcialmente resolvido esse enigma, ao fazer a distinção entre as escalas de tempo envolvidas nos processos de feedback da Terra. Os "feedbacks rápidos", alerta ele, incluem mudanças no vapor d'água, nas nuvens, na poeira atmosférica e na cobertura de neve, e estes estão adequadamente presentes nos modelos. Somando-se todos, vai se chegar ao ponto, geralmente aceito, de cerca de três graus para uma duplicação de CO_2. Porém os feedbacks mais lentos — como o colapso do manto de gelo e as mudanças dos gases-estufa resultantes da alteração na vegetação e no ciclo do carbono — não se encontram bem colocados nos modelos e aumentam substancialmente a sensibilidade climática no decorrer de períodos de tempo mais longos.

Os autores dos modelos estão começando a se atualizar, entretanto, e esses diferentes efeitos dos feedbacks estão agora sendo estudados em detalhe. Um estudo de maio de 2007 revela que, como se esperava, os modelos que incluem feedbacks do ciclo de carbono tendem a aumentar drasticamente suas taxas projetadas de aquecimento. Outro trabalho estuda a forma como atuam os feedbacks de gases-estufa nas transições entre começos e fins das eras glaciais. Usando esses dados do mundo real, eles projetaram que o valor máximo de 5,8°C de aquecimento para o século XXI, apresentado em 2001 pelo IPCC, "poderia ser aumentado para 7,7°C — ou seja, um aquecimento adicional de quase dois graus".

Outro estudo internacional, que empregou informações sobre as temperaturas dos últimos mil anos, chega essencialmente à mesma conclusão. Ambos propõem que a discrepância entre o paleoclima e os modelos terá uma solução final favorável ao paleoclima — o que não constitui uma perspectiva tranqüilizadora. Seis graus? Quem sabe não seriam oito...

O estabelecimento de uma meta

Como vimos antes, é muito provável que um aquecimento entre 0,5°C e 1°C já esteja a caminho, graças à lentidão do tempo térmico do sistema da Terra. Por isso, mesmo que amanhã se detenha a elevação do CO_2, ainda assim estaríamos entrando no "mundo um grau mais quente". As temperaturas irão subir por mais 30 anos, a partir de agora, mesmo que sejam implementados cortes nas emissões de gases-estufa imediatamente — por causa da maciça quantidade de carbono que nós já descarregamos na atmosfera. Mas se ainda tivermos tempo de estabilizar o clima na faixa de dois graus a mais — e os modelos indicam que é possível fazê-lo —, então poderemos potencialmente salvar grandes faixas da biodiversidade global, atrasar até níveis toleráveis o derretimento da Groenlândia e a elevação do nível do mar, a ele associado, evitando os mais perigosos feedbacks positivos que poderiam irromper ao nos aproximarmos dos três graus de aquecimento.

É este último objetivo, tão profundamente vital, que talvez seja a mensagem central deste livro. Se, como foi demonstrado no Capítulo 3, ultrapassarmos o "ponto de desequilíbrio" do colapso da Amazônia e da liberação de carbono do solo, que se encontra em algum nível acima dos dois graus, então outras 250 partes por milhão de CO_2 vão ser despejadas na atmosfera, produzindo mais 1,5°C de aquecimento e nos levando diretamente ao mundo quatro graus mais quente. Uma vez que chegando lá, a liberação acelerada de carbono e de metano do derretimento do *permafrost* siberiano vai acrescentar ainda mais gases-estufa à atmosfera, trazendo mais aquecimento ainda e nos empurrando talvez para o mundo dos cinco graus. Nesse nível de aquecimento, como demonstrou o Capítulo 5, a liberação de hidrato de metano oceânico se tornará uma séria possibilidade, arremessando-nos para a última e apocalíptica extinção em massa dos seis graus.

A lição é tão clara quanto desanimadora: se quisermos confiar na salvação da humanidade e do planeta daquilo que poderá ser a pior extinção em massa de todos os tempos, pior mesmo que a do final do Permiano, *temos de parar nos dois graus.*

Podemos conseguir isso? Um analista acadêmico calcula que há apenas 7% de chances de já termos ultrapassado a linha dos dois graus. Este já é um número inquietantemente alto: eu, por exemplo, não poria os meus pés num navio com 7% de risco de afundar no meio do oceano. No entanto, perdidos como estamos no único planeta com vida que conhecemos no Universo, não temos muita escolha.

Entretanto, vendo as coisas pelo lado mais animador, se aceitarmos esse quadro, então o mundo ainda terá 93% de chances de permanecer abaixo dos dois graus — porém só se forem mantidas as atuais concentrações de dióxido de carbono da atmosfera. A cada ano em que permitirmos que os níveis de CO_2 subam, as probabilidades de pararmos nos dois graus vão se reduzindo. Dentro de sete anos, à medida que as concentrações de CO_2 subirem para 440ppm (elas ficaram em 382ppm em 2007 e sobem cerca de 2ppm por ano), nosso campo de manobras se terá estreitado consideravelmente. Mesmo admitindo uma sensibilidade climática relativamente baixa, até lá teremos uma chance menos tranqüilizadora de 75% de atingir a meta dos dois graus. Essas probabilidades não são facilmente aceitas, a não ser num jogo de pôquer de cacife muito baixo. Certamente não são boas probabilidades, quando o que está em jogo é o planeta.

Mesmo assim, devo repetir: não temos muita escolha. Não é uma atitude realista exigir que as emissões de gases-estufa baixem 60%, mais ou menos, na próxima década — como seria o necessário para se estabilizarem as concentrações atmosféricas de CO_2 num ponto abaixo de 400ppm. Estabilizar em 550ppm, como propõe o economista britânico Nicholas Stern, é a única opção politicamente realista, mas as nossas chances de ficarmos abaixo dos dois graus serão muito reduzidas: menos de 20%. Com os níveis de CO_2 naquela altura, evitar até mesmo os três graus a mais se tornará uma tarefa cada vez mais complicada. De fato, de acordo com os estudiosos, estabilizar os níveis de CO_2 em 550ppm deixa 10% de chance de se ultrapassarem os quatro graus, enquanto as probabilidades de se ficar abaixo dos três graus, com aquela concentração de CO_2, não são melhores que 50%. (Não se preocupem: vou resumir tudo isso na tabela a seguir.) O objetivo claro a que devemos visar depende do nível de risco que estamos dispostos a enfrentar, mantendo sempre em mente que um fracasso poderá significar o aquecimento global descontrolado e a destruição de quase toda a vida na Terra.

A maior parte desta discussão poderá parecer complexa e misteriosa a quem não é especialista no assunto. Mas não devia. Esta é de fato a questão-chave com que atualmente a humanidade se defronta, muito mais importante que o terrorismo, o crime, a saúde, a educação ou qualquer outra das preocupações do dia-a-dia, que enchem as páginas dos jornais e as telas de TV. Todos nós nos encontramos diante de uma decisão: qual a temperatura, e, por isso mesmo, qual a concentração de CO_2 que constitui o nosso objetivo? 440ppm? 550ppm? Tenho a impressão de que uma pesquisa-padrão de opinião pública não iria obter muitas respostas. A maioria da população ficaria na faixa do "não sei". Até mesmo a classe política mal começa a compreender a terminologia mais relevante, e nenhum grande partido, em qualquer lugar do mundo (que eu tenha conhecimento), tem políticas definidas sobre a questão. No final das contas, entretanto, essa é uma decisão política, e dela todas as pessoas do mundo devem poder participar de maneira bem informada e democrática, porque a decisão deve ser cumprida e defendida por todos.

O problema também levanta uma questão mais profunda, que concerne ao lugar que ocupamos na Terra. Nós, seres humanos, uma entre milhões de espécies de animais, somos agora os guardiães *de fato* da estabilidade climática do planeta — serviço este que costumava ser prestado gratuitamente (com alguns altos e baixos) pela natureza. Sem nos darmos conta, nós nos nomeamos zeladores, nossas símias mãos suadas descansando pesadamente sobre o termostato do clima. Difícil de imaginar responsabilidade mais aterradora do que essa.

Então, quais são as questões específicas de uma meta de até dois graus de aquecimento? Como já mencionei, a fim de termos 75% de certeza de que as temperaturas irão permanecer abaixo do mágico patamar dos dois graus, as emissões globais de gases-estufa precisam atingir seu pico, e então começar a declinar, nos próximos *sete anos*, ou seja, até 2015. Depois elas devem continuar declinando, e até 2050 deverão ter caído em 85%. Isso estabilizaria as concentrações de CO_2 em cerca de 400ppm (ou 450ppm de "carbono equivalente", se o efeito de aquecimento de todos os gases-estufa, como o metano e o óxido nitroso, for expresso em termos de CO_2). Se as concentrações subirem acima desse nível, as chances de ficarmos abaixo dos dois graus diminuem. Essa conclusão se baseia na minha própria leitura das mais recentes pesquisas científicas, mas é apoiada pelo relatório de 2007 do IPCC — que também deixa claro que as emissões globais precisam atingir seu pico até 2015, para que as concentrações de CO_2 permaneçam no nível de 400ppm, ou abaixo disso, e a elevação de temperatura associada a elas se limite a dois graus.

Aqui seguem as minhas melhores estimativas na forma de uma tabela, para tentar simplificar a análise. A fim de evitar cada sucessivo grau de aquecimento com alto nível de probabilidade (75%), acho que devemos agir da seguinte forma:

Mudança de grau	Temperatura real em graus Celsius	Ação necessária	Meta de concentração de CO_2
Um grau	0,1–1,0°C	Talvez impossível evitar	350ppm (o nível atual é 380ppm)
Dois graus	1,1–2,0°C	Pico das emissões globais até 2015	440ppm
Começo do feedback do ciclo de carbono?			
Três graus	2,1–3,0°C	Pico das emissões globais até 2030	450ppm
Começo do feedback de metano siberiano?			
Quatro graus	3,1–4,0°C	Pico de emissões globais até 2050	550ppm
Cinco graus	4,1–5,0°C	Emissões em elevação constante	650ppm
Seis graus	5,1–5,8°C	Emissões muito elevadas	800ppm

A tabela ilustra como são irremediavelmente inconsistentes as políticas atuais em relação ao clima, mesmo da parte de alguns importantes grupos de defesa do meio ambiente. A União Européia referiu-se a uma meta de 550ppm (embora não a tenha adotado formalmente), enquanto simultaneamente pretendia que a elevação global da temperatura se mantivesse abaixo dos dois graus. Com toda a probabilidade, como demonstrou a tabela, 550ppm significam quatro graus, mais os feedbacks positivos adicionais. O Amigos da Terra, grupo de defesa do meio ambiente muito respeitado e dedicado, que realizou um brilhante trabalho de estimular a consciência sobre as mudanças climáticas, também pretende ver as temperaturas globais permanecerem abaixo dos dois graus, e pelos mesmos motivos que eu. Mas a sua campanha política reivindica apenas uma estabilização de CO_2 na faixa de 450ppm, apesar do fato de essa concentração de carbono, segundo as melhores pesquisas científicas disponíveis, dar 75% de risco de *ultrapassar* a meta dos dois graus. Muitos outros grupos andam às turras com o mesmo dilema: só defendendo concentrações de CO_2 "politicamente fora da realidade" poderá ser evitado, de forma confiável, o aquecimento global extremo. Mas então o que é politicamente realista para os seres humanos não tem absolutamente nada a ver com o que é fisicamente realista para o planeta.

Assim, se a nossa meta é de dois graus, para podermos confiantemente evitar o irreversível efeito dominó climático dos feedbacks positivos, as emissões de todos os gases-estufa devem atingir seu pico até 2015 e decididamente cair daí em diante, com uma derradeira meta de estabilização de CO_2 em 400ppm (ou 450ppm de carbono equivalente), por mais politicamente fora da realidade que possa ser essa trajetória de emissões. A porcentagem real de cortes de emissões que essa meta implica dependerá de como se comportar o ciclo de carbono da Terra, porém, a meu ver, a ciência de hoje indica que isso corresponde a um corte mundial de 60% até 2030 e de 85% até 2050. Mais uma vez, isso é consistente com as projeções do Quarto Relatório de Avaliação do IPCC, de 2007.

Uma vez que as emissões de carbono por pessoa variam enormemente nos diferentes países, ninguém deve esperar que esses cortes percentuais sejam adotados de modo uniforme e generalizado. A Índia, por exemplo, emite atualmente cerca de uma tonelada de CO_2 por pessoa. A China, quatro toneladas por pessoa; e os Estados Unidos, 20 toneladas. É claro que, se todos esses países adotassem simultaneamente um corte de 60% nas emissões, as desigualdades básicas permaneceriam: a Índia teria emissões de 0,4 tonelada, a China de 1,6 tonelada e os Estados Unidos, de oito. A consolidação de uma desigualdade estrutural como essa obviamente não terá a menor probabilidade de constituir a base de um acordo bem-sucedido sobre as emissões globais, pela simples razão de que isso seria altamente injusto.

Então o que funcionaria como um acordo generalizado, dados os diferentes níveis de desenvolvimento? Só existe uma saída lógica para o problema: os países ricos terão de concordar em negociar a sua desigualdade habitual, em troca da participação dos países pobres num regime de acordo climático, compromisso este proposto pela primeira vez pelo Common Global Institute, e conhecido como "Contração e Convergência". De acordo com o C&C, todos os países convergiriam para distribuições iguais de emissões por pessoa até determinada data combinada, dentro do contexto geral de uma contração das emissões globais até níveis sustentáveis. Seria uma barganha histórica: os pobres conseguiriam a igualdade, enquanto todos (inclusive os ricos) conseguiriam a sobrevivência.

Nos Estados Unidos, onde as emissões por pessoa são mais altas que na maior parte do mundo, esse processo de convergência exigiria cortes muito mais substanciais do que na média global, talvez a um nível de 85% até 2030, a depender da natureza do acordo do C&C. A fim de tornar o sistema flexível e eficiente, entretanto, é imprescindível que um mercado internacional de permissões de emissões seja criado, para que os países pobres possam vender cotas não usadas aos ricos, gerando uma renda significativa nesse processo. Esse lucro com um comércio global de carbono poderia ajudar a combater a questão da pobreza, além de garantir que os países mais pobres tenham a opção de seguir um modelo de desenvolvimento com baixo consumo de carbono.

Então, para ser direto: a conclusão deste livro é de que temos apenas sete anos adiante para atingir o pico de emissões globais, antes de enfrentarmos a escalada de perigos de um aquecimento global desenfreado. Sou o primeiro a admitir que, inevitavelmente, essa meta parece inatingível. Mas acredito que é isso que a ciência está reivindicando, mesmo que se baseie em convicções conservadoras, e presumindo que nós já não tenhamos ultrapassado o limite. E sejamos honestos: os motivos para um grande pessimismo são muitos e variados, como já falei antes, a taxa de aumento das emissões de carbono no mundo quadruplicou durante a última década. Pelo mundo inteiro, as emissões ainda estão subindo aceleradamente. O maior agressor, os Estados Unidos, lança hoje 16% mais CO_2 que em 1990, enquanto o total da China, embora muito mais baixo em termos *per capita*, vem acelerando numa proporção ainda maior. Segundo alguns relatórios, a China já ultrapassou os Estados Unidos como o maior emissor individual do mundo.

Olhando para mais distante ainda, o IEA prevê que a demanda mundial de energia irá subir mais da metade até 2030, com 80% desse aumento proveniente mais dos combustíveis fósseis do que de fontes limpas de energia. Inquietantemente, esse cenário de "os negócios de sempre" assiste ao rápido aumento das energias renováveis, que, no entanto, serão responsáveis por apenas 2% da geração total de energia em 2030, devido à escala abrupta do crescimento. Conseqüentemente, as emissões de CO_2 subirão assustadores 52% até essa época, segundo a projeção. Mesmo o IEA admite agora que essas tendências "conduzem a um futuro que não será sustentável", propondo por isso um Cenário Mundial de Políticas Alternativas, "no qual países que importam energia tomem determinadas decisões para reduzir a demanda e modificar seu modelo de uso de combustível". Essa situação otimista, sob um exame mais detalhado, se revela não tão otimista assim: segundo as previsões, as emissões de CO_2 devem aumentar ainda em um terço até 2030, em vez da redução de 60% de que precisamos, se quisermos cumprir a meta dos dois graus.

Deve ficar bem claro que esses "negócios de sempre" (nos quais nos encontramos envolvidos, independentemente de Kyoto) produzem uma alta possibilidade de se chegar aos quatro graus de aquecimento até 2100. Acrescentem-se a isso todas as incertezas, e ficará absolutamente claro que um crescimento ainda maior nas emissões levará o mundo para um jogo de apostas em que os riscos são todos contra nós. E quanto maior for o aumento das emissões, piores ficam as probabilidades. Se der cara, o aquecimento global ganha; se der coroa, nós perdemos. Como um humorista já destacou, é como brincar de roleta-russa com uma pistola Luger,* em vez de uma arma comum. Uma bala, uma câmara, e estamos puxando o gatilho.

* A pistola Luger, célebre arma do Exército alemão na Primeira Guerra Mundial, não tem tambor giratório, ou seja, mesmo estando carregada com apenas uma bala, ela dispara. (N.R.T.)

Um teste de realidade

Muitos livros sobre aquecimento global terminam com verdadeiras banalidades sobre a energia renovável, como se os autores acreditassem, como a Fada Azul de Disney, que o simples fato de desejar e acreditar em alguma coisa é o bastante para torná-la real. Na minha opinião, se fosse assim tão fácil nos desligarmos dos combustíveis fósseis, já o teríamos feito, ou pelo menos estaríamos indo rapidamente na direção correta. Mas, em vez disso, como vimos, o mundo segue com rapidez, mas na direção errada, e ao que tudo indica está decidido a continuar assim.

Então, será que devemos nos desesperar com as perspectivas de atingirmos a meta dos dois graus? Não. Mas também não devemos fundamentar nossas políticas em fantasias. Talvez por isso devamos começar admitindo abertamente que não existe nenhuma solução paliativa. A energia proveniente de combustível fóssil veio desempenhar um papel central em quase todos os aspectos da vida moderna, desde os transportes até o aquecimento doméstico, e responde por 80% do nosso suprimento energético. De fato, a nossa civilização é definida mais pelo emprego da energia do que por qualquer outro aspecto da sua natureza. Sem uma maciça produção de energia, a sociedade rapidamente iria emperrar e parar, e bilhões de pessoas passariam fome.

Isso me foi mostrado, de um modo quase farsesco, pelos protestos contra os combustíveis que aconteceram por todo o Reino Unido no outono de 2000, e que provocaram cortes de petróleo e óleo diesel por duas semanas no máximo, mas que durante o processo quase levaram o país à bancarrota. Longas filas se formaram nos supermercados, enquanto os consumidores, tomados de pânico, compravam gêneros comestíveis. As pessoas dirigiam quilômetros até encontrar um posto de gasolina que ainda não estivesse inteiramente seco. Na região central do País de Gales, as vacas ficaram nos campos sem ser ordenhadas, enquanto ao mesmo tempo o leite em embalagens plásticas se esgotava em todas as lojas. Com as únicas desnatadeiras aproveitáveis fazendo agora parte do acervo de museus, até mesmo consumir leite de uma fazenda a cem metros requeria o uso de grandes caminhões, que deviam transportar o produto até um posto de embalagem e distribuição a quase cem quilômetros de distância, para depois retornarem, e tudo isso, é claro, usando óleo diesel.

Isso ilustra numa escala minúscula quanto somos dependentes dos combustíveis fósseis, porém o mesmo problema pode ser verificado em níveis mais amplos. Jeffrey Dukes, da Universidade de Utah, é uma das poucas pessoas que fizeram as contas, e seus números são estarrecedores. Segundo os seus cálculos, um galão americano médio de gasolina precisou de aproximadamente 90 toneladas de material vegetal anterior à sua formação nos antigos oceanos (pensem nisso toda vez que forem encher o tanque). Calculando-se em termos globais, a sociedade humana consome a cada ano, por meio do nosso uso dos combustíveis fósseis, o equivalente a 400 anos da energia solar do passado (expressa em termos de produtividade primária das plantas durante eras geológicas anteriores). Isso sugere que será necessária uma drástica redução no uso da energia, para que os seres humanos possam tentar viver dentro da atual disponibilidade anual de energia solar.

Isso também destaca a extensão em que a nossa sociedade é dependente de uma subvenção única de energia oriunda do passado, em forma de combustíveis fósseis produzidos pela fotossíntese das plantas, a partir da luz do Sol, durante milhões de anos. Na verdade, pelas taxas atuais de uso energético, nós provavelmente usamos, a cada ano, um milhão de anos de combustíveis fósseis, expressos em termos do tempo que foi necessário para a sua formação. Únicos entre os animais, nós, seres humanos, fomos capazes de escapar das limitações ecológicas impostas por um orçamento anual finito de energia solar, usando a energia química armazenada geologicamente no petróleo, no carvão e no gás. Não temos mais que confiar na abundância anual da natureza porque, em termos práticos, podemos comer petróleo.

Os combustíveis fósseis, mais que qualquer outro fator, tornaram os seres humanos bem-sucedidos. Os outros animais precisam viver dentro das limitações dos seus ecossistemas, onde seu número é regulado pelo suprimento de comida, pelos predadores etc. O *Homo sapiens* escapou dessa camisa-de-força ecológica: nosso suprimento de comida não é mais limitado pelo que podemos cultivar nos campos e explorar nas florestas. Em vez disso, transformamos combustíveis fósseis em comida, por meio da agricultura mecanizada e do transporte de longa distância. O gás natural é usado para fabricar fertilizantes de nitrogênio, enquanto o petróleo fornece energia para os tratores e as ceifadoras-debulhadoras, que realizam a maior parte do trabalho. Seriam necessárias centenas de segadores humanos bebendo cidra e usando a força dos seus músculos para realizarem o trabalho de uma só ceifadora-debulhadora consumindo petróleo e empregando força mecânica (certamente, a cidra foi o último biocombustível sustentável!).

Mais petróleo ainda é usado no processamento de matérias-primas em gêneros alimentícios, na embalagem e no transporte por caminhão dos produtos finais até o mercado. Por sua natureza, emprega-se nesse sistema muito mais energia do que num sistema pré-industrial, além de ele ser também muito ineficiente: colocam-se nele muito mais calorias de combustíveis fósseis do que as que obtemos dos alimentos. Seria muito melhor, se fosse possível, que comêssemos diretamente o petróleo. Por exemplo, são necessárias 127 calorias de combustível para transportar de avião cada caloria de alface *iceberg* dos Estados Unidos para o Reino Unido. Segundo uma estimativa, o sistema alimentar americano consome dez vezes mais energia fóssil do que produz em energia alimentar.

Com esse grande auxílio da energia fóssil, o impacto humano sobre o planeta e os ecossistemas naturais tem sido profundo. Os seres humanos já se apropriaram de cerca de um quarto a 40% da produção planetária primária (NPP, definida como a proporção líquida de energia solar convertida em matéria orgânica vegetal através da fotossíntese). Como observam os autores de um estudo científico, "esse é um nível notável de absorção para uma espécie que apresenta, grosso modo, 0,5% da biomassa heterotrófica (animal) da Terra". E lembrem-se: isso, *acrescentado* aos 400 anos de NPP formada no passado que nós consumimos todos os anos, através do nosso uso de combustível fóssil. Estamos consumindo vorazmente não apenas a natureza atual, mas também a antiga.

Mas é possível que a energia fóssil tenha, de algum modo, diminuído os impactos humanos diretos. Por exemplo, em vez de queimar madeira para o aquecimento, os russos descobriram que podiam queimar carvão, reduzindo assim a pressão sobre as florestas. Nos tempos anteriores aos combustíveis fósseis, a Suécia, por exemplo, tinha muito menos florestas do que hoje. É altamente improvável que grande parte da América do Norte ou da Eurásia ainda fosse significativamente coberta de florestas, não fossem os combustíveis fósseis. Passar do carvão para a biomassa da madeira, dessa forma, embora desejável em termos de emissão de gases-estufa, ia acabar depredando a natureza ainda mais.

Estados de negação

A realidade da energia não é o único motivo pelo qual nossa resposta ao aquecimento global tem sido até hoje tão apática. Nossa psicologia evolucionista nos precondiciona a não responder a ameaças que podem ser adiadas para mais tarde. Somos bons na mobilização imediata para as guerras e não tão bons para impedir desafios que ainda se encontram muito longe, no futuro. Por isso o termo mais apropriado até agora para descrever as respostas tanto individuais quanto sociais é provavelmente "negação". É o mesmo processo mental dos fumantes para se convencerem de que não vão morrer cedo, ou dos alpinistas que escalam o Everest e imaginam que são invulneráveis, mesmo quando passam pelos corpos congelados dos seus antecessores, que morreram percorrendo aquele mesmo caminho.

Essa negação é complexa e envolve uma variedade de respostas defensivas, desde a conhecida "as mudanças climáticas são um mito" até a mais compreensível (se bem que inútil, no final das contas) "mas eu preciso do meu carro para ir trabalhar!". Evidente que não é nenhuma coincidência que as mesmas pessoas, profundamente apegadas ao uso dos combustíveis fósseis (os executivos da indústria petrolífera, por exemplo), são as que provavelmente mais negam a realidade das mudanças climáticas. Como lembrou Al Gore à platéia, durante a exibição de slides para o seu filme *Uma verdade inconveniente*, não há nada mais difícil do que tentar fazer com que alguém compreenda alguma coisa quando o salário dessa pessoa depende justamente de que ela não a compreenda. Essa é a negação clássica: ninguém quer aparecer como malvado, ou mal-intencionado, e por isso os atos imorais são necessariamente revestidos do manto da autojustificação intelectual.

Segundo os psicólogos, a negação é um modo de as pessoas resolverem a discordância provocada por informações novas que possam ameaçar suas profundas convicções ou hábitos preferidos. Os motoristas, por exemplo, podem não estar muito dispostos a absorverem informações que coloquem em risco a sua óbvia necessidade de usar seus automóveis. Tampouco os turistas em férias querem pensar em aquecimento global, ao embarcarem num vôo para a Tailândia. Isso tem sérias implicações para os ativistas e os educadores: a resposta em forma de negação pode significar que o fato de se dar novas informações às pessoas sobre as mudanças climáticas possivelmente não as tornará determinadas a agir contra isso, num processo direto de causa e efeito.

Então, por que para as pessoas a negação é mais fácil do que ser mais honesto e mudar de comportamento? Parte do problema é de ordem social: estamos diante de uma pressão social diária para que nos conformemos com um estilo de vida com alto consumo de combustíveis fósseis, e assim uma mudança pessoal de comportamento exige de fato muita coragem. Os que fazem esse esforço são freqüentemente descartados pela corrente predominante como "essa gente que abraça árvores" ou que "vive de sandálias". Uma vida com alto consumo de energia muitas vezes é considerada um sinal de sucesso social.

Os anúncios na televisão e no cinema, por exemplo, procuram fazer dos automóveis de alto desempenho símbolos de status, enquanto os profissionais vangloriam-se das viagens internacionais que realizam. Todos nós precisamos da aprovação dos outros, e, se nosso grupo se comporta de uma forma que solapa as nossas convicções sobre as mudanças climáticas, isso pode levar a sentimentos muito mais de alienação do que de satisfação.

Uma vez que é difícil resolver a discordância, e que negar não é uma atitude honesta, muita gente opta por outra saída para o dilema: o seu deslocamento. Resumindo: joga-se a culpa sobre outra pessoa. Para o indivíduo comum, isso pode significar isolar alguém cujo comportamento é ainda pior: por exemplo, o motorista do carro popular acusando o da caminhonete de luxo. Para os políticos, isso pode significar lançar a responsabilidade sobre outros países. A resolução Byrd-Hagel, do Senado dos Estados Unidos, recusou a aprovação de qualquer alteração no estilo de vida norte-americano, a não ser que os países subdesenvolvidos também cortem as suas emissões. (Na realidade, eram os Estados Unidos lançando a culpa sobre a China.) Até mesmo os ambientalistas podem se ver tentados pelo deslocamento: tornar George Bush o grande vilão da história — por mais indefensável que seja a posição dele — é uma atitude mais fácil para a maioria de nós do que ter de enfrentar ameaças mais delicadas, próximas da nossa casa.

As mudanças climáticas são uma clássica situação de "tragédia dos bens comuns", na qual um comportamento que tem sentido no plano individual vem provar, no fim, ser desastroso para a sociedade, quando todos fazem a mesma coisa. O autor do conceito, Garrett Hardin, dá como exemplo pastores que compartilham o mesmo pasto. Cada pastor espera ganhar individualmente se acrescentar mais um boi ao bem comum: ele retiraria mais leite e carne. Mas se todos os pastores agirem da mesma forma, o resultado será uma pastagem excessiva, e a conseqüente destruição daquele recurso compartilhado. A negação psicológica é parte integrante do processo, como diz Hardin: "A pessoa se beneficia individualmente da sua capacidade de negar a verdade, mesmo quando a sociedade como um todo, da qual ela faz parte, sofre."

Um estudo bastante intrigante sobre essa questão recorreu a grupos de foco em amostragens aleatórias na Suíça, com o objetivo de investigar as atitudes de parte do público em geral com as mudanças climáticas. Os resultados demonstram claramente como a "tragédia dos bens comuns" se reflete na crença popular na "insignificância da ação individual para mudar a ordem das coisas", cujo resultado é que "custos individuais são maiores que os benefícios coletivos". Entretanto, os pesquisadores verificaram que a mais poderosa motivação da negação seria uma egoística falta de disposição em abandonar os confortos pessoais e padrões de consumo. As pessoas se queixavam de que o transporte público demorava muito, que era sujo e superlotado, e que por isso elas "precisavam" dos seus automóveis. Ou elas poderiam afirmar que suas vidas eram muito corridas e difíceis, e que, portanto, pelo menos algumas semanas por ano, elas "precisavam" tirar férias no exterior. Todas essas desculpas procuram justificar a continuidade de um comportamento que, quando expresso em termos coletivos, é altamente destruidor.

O estudo descreve uma variedade de outras ocorrências da negação. Existe a "metáfora do compromisso deslocado" ("Eu protejo o ambiente de várias outras maneiras, como a reciclagem, por exemplo"); a negação da responsabilidade ("Não sou eu a principal causa desse problema"); a condenação do acusador ("Você não tem o direito de me questionar"); a rejeição da culpa ("Eu não fiz nada de errado"); a ignorância ("Eu não conheço as conseqüências dos meus atos"); a impotência ("É tão difícil para mim modificar o meu comportamento"); e os "constrangimentos fabricados" ("Existem impedimentos em demasia"). É uma boa lista e, para quem já discutiu mudanças climáticas com outras pessoas, muito familiar. Já escutei todas essas objeções, de várias maneiras, e talvez uma centena de vezes.

Possivelmente a forma mais generalizada e duradoura da negação seja o que os pesquisadores suíços chamam de "fé em algum tipo de conserto gerencial", em particular, a crença no cavaleiro branco da tecnologia chegando em seu cavalo para salvar o mundo. Como outros tipos de negação, a fé no "conserto tecnológico" foge da necessidade de qualquer mudança de comportamento. Os políticos, por exemplo, comemoram o mais recente protótipo de carro movido a hidrogênio, porque isso permite que se desviem as atenções das versões mais comuns movidas a combustível fóssil. A maioria das pessoas acredita que tratar das mudanças climáticas é simplesmente construir muitas turbinas eólicas, aplicar placas de energia solar sobre os telhados, ou reciclar mais garrafas de vidro. Mesmo assim, os cálculos de Jeffrey Dukes, destacando os números brutos do consumo de energia fóssil, indicam que a realidade é um tanto diferente.

Num sentido mais amplo, seria possível afirmar que todo o sistema econômico da sociedade moderna ocidental está fundado na negação — particularmente, na negação da limitação dos recursos. As crianças aprendem na escola — e os ganhadores do Prêmio Nobel de Economia ainda parecem acreditar nisso — que os recursos que a Terra fornece, desde o ferro até a pesca, entram na categoria dos "bens gratuitos", ou seja: todos os serviços dos ecossistemas que sustentam a espécie humana são considerados financeiramente sem valor e omitidos da contabilidade econômica convencional.

A medida-padrão do sucesso econômico mundial, o PIB (Produto Interno Bruto), totaliza o valor da produção e do consumo, sem levar em conta a sustentabilidade do processo. Num golpe magistral de contabilidade criativa, a teoria econômica convencional considera, assim, a exaustão dos recursos como uma acumulação de riqueza. Isso é o mesmo que alguém gastar todo o dinheiro da sua conta corrente e contá-lo como "renda": um absurdo, porém, que alicerça toda a nossa economia.

Tendo em mente essa disfunção social, talvez seja muito injusto culpar os indivíduos por não encararem as mudanças climáticas quando todo o peso da economia e da sociedade trabalha efetivamente para impedi-los de fazer isso. Uma canção de Bob Dylan dizia que o sulista branco que em 1963 matou o líder do direitos dos negros Medgar Evers não passava de "um peão no jogo deles". O mesmo somos todos nós, peões no jogo do aquecimento global. Mas não somos inteiramente impotentes, nem totalmente inocentes. A mão coletiva que move essas peças é a nossa própria mão.

O fim do petróleo

Talvez não seja possível nos dar ao luxo de escolher se vamos desistir voluntariamente dos combustíveis fósseis. Nos últimos anos, um crescente número de pessoas capacitadas chegou à conclusão de que os suprimentos de petróleo estão prestes a se acabar. Isso fez com que se levantasse o fantasma de uma crise de energia que iria causar indescritíveis dificuldades. Existem boas razões para se pensar que essas pessoas estão certas. As descobertas de novas reservas de petróleo estão numa regular corrida ladeira abaixo desde meados dos anos 1960. Em 1980, as linhas de produção e de descoberta se cruzaram no gráfico: e desde então vemos o consumo de petróleo ser maior do que a sua descoberta. Certos analistas acham que o verdadeiro pico do petróleo, a partir do qual sua produção cairá de forma constante, poderá acontecer já no ano que vem, ou até já pode ter acontecido. Ninguém pode afirmar nada ao certo porque, por definição, só seremos capazes de perceber esse momento numa visão retrospectiva.

Parte do motivo disso está simplesmente na geologia: o petróleo, na verdade, é extremamente raro. Para um campo petrolífero se formar deve ser satisfeita toda uma gama de condições bastante improváveis. Em primeiro lugar, é preciso que grandes quantidades de carbono se acumulem num leito marinho anóxico. Os plânctons e outras matérias orgânicas mortas acumulam-se continuamente sobre o fundo do oceano, porém na maior parte do tempo esse carbono é consumido e oxidado por bactérias. A anoxia oceânica — como vimos no exame sobre o período Cretáceo — é tão rara quanto transitória. Em segundo lugar, esse sedimento rico em carbono deve se formar e se compactar de maneira a eliminar a água, permanecendo, porém, permeável, tendo poros suficientes para que o petróleo se infiltre por eles e se reúna no interior de um reservatório de rocha porosa acima.

Em terceiro lugar, essa camada permeável deve ser recoberta por uma tampa impermeável (a "tampa de pedra"), para impedir que o óleo vaze para a superfície e desapareça. Em quarto lugar, ele precisa estar enterrado a uma dada profundidade, para poder ser "cozido" pelo calor geotérmico, e na temperatura correta. Se a temperatura for muito baixa, o carbono permanece ali. Se for alta demais, então se forma gás, em vez de óleo. Em quinto e último lugar, essa improvável combinação precisa ser envolvida num "anticlíneo" em forma de sela (como um "U" invertido), que aprisiona o petróleo num tanque embaixo da tampa de pedra, assim como uma bolha de ar fica presa no teto de uma caverna inundada. Só se todas essas condições forem satisfeitas é que os corpos dos plânctons mortos há muito tempo terão a possibilidade de virem a ser descobertos por nós, milhões de anos depois, transformados no doce petróleo.*

De longe, o maior campo do mundo é o "superelefante" saudita de nome Ghawar, com uma impressionante produção de 5 milhões de barris de petróleo *por dia*, respondendo pela metade de toda a produção da Arábia Saudita. Em Ghawar, todos os improváveis eventos delineados aconteceram perfeitamente, naquilo que a Associação Americana de Petróleo, quase perdendo o fôlego, chama de "cenário geológico 101": pedras de argila ricas em matéria orgânica e rochas sedimentares de carbonato altamente permeáveis formam a rocha fonte e o reservatório de óleo, ambos os quais são encimados, por sua vez, por uma capa impermeável de rocha de sais minerais, para que a tampa se mantenha firme. O campo todo tem a forma de um "U" invertido e tem a profundidade exata para o cozimento. "Isso é pura geologia básica", comenta Abdulkader Afifi, da empresa Saudi Aramco. "São necessárias cinco condições para se formar um grande acúmulo de petróleo, e elas se juntaram de uma linda maneira, numa grande extensão."

Porém Ghawar já pode ter-se esvaído (não são os sauditas que o dizem), e se sabe que ele só pode manter os seus altos índices de produção através da injeção de grandes quantidades de água do mar, para forçar a subida do petróleo remanescente. Praticamente todo o mundo já foi geologicamente pesquisado, e por isso o risco de os exploradores terem deixado escapar alguma outra formação como a de Ghawar são muito remotas. Com o esgotamento das atuais reservas, sem reposição por outras novas, a turma do "pico do petróleo" vai parecer, na verdade, estar na trilha certa.

Jeremy Leggett, ativista britânico contra as mudanças climáticas e também um ex-geólogo, adverte que o fracasso em enfrentar o declínio do petróleo poderá causar uma quebra econômica mundial, combinada com

* No texto original o autor faz um jogo de palavras: ele usa a expressão "*sweet, light crude*", que literalmente quer dizer "óleo cru doce e leve", mas remete ao tipo de petróleo chamado de "*light, sweet crude*", a variedade mais procurada de petróleo, de altíssima qualidade. (N.R.T.)

uma onda de conflitos militares no Oriente Médio pelas reservas remanescentes de petróleo, conflitos de que a guerra dos Estados Unidos no Iraque poderá ser apenas um aperitivo. O analista de energia Richard Heinberg pede por uma estratégia, que ele chama de "*power down*", ou "desligar", segundo a qual o mundo conscientemente se afasta da sociedade de alto consumo de energia, para evitar o colapso no dia em que os poços de petróleo começarem a secar.

Existe uma superposição das questões do pico do petróleo com as mudanças climáticas que levam a uma confusão. Pela lógica, o declínio dos suprimentos de petróleo deveria ser uma coisa boa para a estabilidade do clima, por forçar a transição para longe dos combustíveis fósseis, transição esta pouco provável de ser tomada voluntariamente. Além disso, os altos preços da energia fazem com que as pessoas se comportem de uma maneira mais eficaz no controle do seu consumo, reduzindo, dessa forma, as emissões. Também os altos preços do petróleo tornam as energias renováveis mais competitivas, incitando novos investimentos em energia solar e eólica.

Porém os combustíveis fósseis não se limitam apenas ao petróleo. O carvão, ainda usado na geração da maior parte da eletricidade mundial, é um contribuinte para as emissões de gases-estufa muito maior que o petróleo e existe no mundo carvão suficiente para durar no mínimo mais alguns séculos, aumentando em muitas vezes qualquer estoque razoável de emissões. O carvão também pode ser transformado em combustíveis sintéticos, técnica cujos pioneiros foram os nazistas e à qual mais tarde o regime de *apartheid* da África do Sul deu continuidade. Os "*synfuels*"* ainda atendem metade da demanda por gasolina e diesel da África do Sul, e, com os altos preços do petróleo mundial, os *synfuels* de carvão também estão se tornando competitivos em outras partes do mundo. A liquefação do carvão produz muito mais CO_2 do que o refinamento convencional — e assim, o declínio do petróleo, nesse caso, iria agravar o aquecimento global.

São igualmente poluidoras as outras fontes "não convencionais de petróleo": a extração de óleo dos depósitos de areia de breu na província de Alberta, no Canadá, emprega grande quantidade de vapor e gás natural, o que implica que a proporção entre "energia retornada e energia investida"

* Abreviatura de "combustíveis sintéticos". (N.T.)

é perigosamente baixa, e as emissões, perigosamente altas. Os suprimentos mundiais de gás vão durar mais tempo que os de petróleo, porém não indefinidamente — as estimativas de quando acontecerá o "pico do gás" variam entre uma ou oito décadas a partir de hoje. Mas até que o gás convencional decline em âmbito mundial, é bem provável que as companhias de energia já tenham começado a explorar os hidratos de metano das placas oceânicas — que já constituem potencialmente uma considerável fonte de interesse por parte de empresas como a Exxon Mobil e a Texaco.

O quadro é bastante complicado, mas não parece provável que o declínio do petróleo nos venha salvar do aquecimento global: mesmo que o petróleo barato comece efetivamente a se extinguir mais cedo no mundo, ainda está muito distante o momento de se esgotarem os hidrocarbonos. O que é ainda pior.

Introduzindo calços

Em muitos países irrompeu um ardoroso debate sobre quais as fontes de energia que melhor substituiriam os combustíveis fósseis. Imediatamente as pessoas saem brandindo essa ou aquela bandeira: os verdes, de um modo geral, sentem ódio à energia nuclear, tendendo a apoiar entusiasticamente outras opções renováveis, como a solar e a eólica. Outros manifestam um ódio semelhante às turbinas eólicas e lideram furiosas campanhas contra o seu desenvolvimento. Há aqueles que não se colocam nem de um lado, nem do outro. Em Cape Cod, Massachusetts, ativistas importantes do meio ambiente, como Robert F. Kennedy Jr., opõem-se às grandes instalações de turbinas eólicas diante do litoral, apesar de toda a sua potencialidade na geração de uma energia limpa — porque, supõem eles, isso estragaria a paisagem. No Reino Unido, o cientista James Lovelock é, pelo menos, coerente: embora fulmine as turbinas eólicas, é um defensor apaixonado da energia nuclear.

Com cada lado apresentando a sua receita milagrosa para sanar a questão da energia, a população fica com a falsa impressão de que basta escolher uma dessas apregoadas soluções para que o problema se resolva. Na realidade, só uma combinação entre o uso racional da energia e uma ampla variedade de novas tecnologias oferece certa esperança de uma saída para a crise. Essa verdade essencial foi ilustrada de forma muito eficaz, há alguns anos, por Robert Socolow e Steve Pacala, da Universidade de Princeton, em Nova Jersey. A idéia deles foi considerar cada tecnologia uma espécie de "calço" em potencial, e todas essas tecnologias juntas seriam o diferencial entre a tendência ascendente de emissões e a de estabilização. Cada calço representaria a redução das emissões anuais de carbono em um bilhão de toneladas, até o ano de 2055. A implementação de sete calços possibilitaria ao mundo atingir a meta de não lançar, em 2055, mais CO_2 do que é lançado hoje. Socolow e Pacala insistem em que as pessoas "não se deixem iludir pela possibilidade de tecnologias revolucionárias", como a fusão nuclear, a fotossíntese artificial ou a eletricidade solar sediada no espaço. Em vez disso, frisam eles, "a humanidade poderá resolver o problema do carbono e do clima, na primeira metade deste século, apenas aumentando em escala o que já sabe fazer".

O artigo de Socolow e Pacala confirma, sem dúvida, que não existe solução milagrosa que, por si só, vá permitir que a humanidade se livre do hábito do carbono e simultaneamente continue a usar mais energia todos os anos. Enquanto, por exemplo, um reforço pode ser obtido ampliando-se a economia de combustível da frota mundial de automóveis, de 50 quilômetros para 100 quilômetros por galão, a mesma remoção de carbono poderá ser alcançada reduzindo-se pela metade a distância média percorrida para cada automóvel em um ano, de 16 para oito quilômetros. Prédios e geração de energia mais eficientes também podem, cada qual, dar uma ajuda. Se o gás substituísse o carvão na geração de eletricidade, um número quatro vezes maior de estações de energia movidas a gás funcionaria como outro calço. O acréscimo de 700 estações de energia nuclear de um gigawatt, por todo o mundo, poderia remover bastante carvão, dando mais um reforço na geração de energia, como também o faria a "captação e o armazenamento de carbono" (o bombeamento de CO_2 captado por chaminés subterrâneas dentro de reservatórios geológicos) em 800 usinas de carvão de porte semelhante. Lembrem-se, precisamos de sete desses calços só para estabilizar as emissões globais em seus níveis de hoje.

A abordagem de Socolow e Pacala é especialmente útil por ilustrar a importância da escala. Isso é desencorajador, particularmente para as energias renováveis: para que a energia eólica chegue a ser um reforço, são necessários dois milhões de turbinas de um megawatt, ou seja, 50 vezes mais do que existe hoje. As turbinas devem cobrir uma área de 30 milhões de hectares, o equivalente a 3% de toda a superfície dos Estados Unidos. Um calço de geração de energia solar fotovoltaica necessitaria de um aumento de 700 vezes no total atual, cobrindo 2 milhões de hectares de terra, ou seja, aproximadamente três metros quadrados por pessoa. A energia gerada pelos ventos pode eletrolisar a água, produzindo hidrogênio limpo para automóveis movidos a célula de combustível, mas isso iria requerer mais 4 milhões de turbinas eólicas de um megawatt para substituir uma quantidade representativa de petróleo e óleo diesel. Um programa maciço de reflorestamento, combinado com o fim da derrubada das florestas tropicais, poderia também fornecer um calço para a redução das emissões de carbono.

Todas essas abordagens têm seus prós e contras, evidentemente. Turbinas eólicas matam as aves, embora se possa reduzir esse efeito através de medidas sensatas, localizando-as longe das rotas migratórias e das áreas mais visitadas por aves de rapina como as águias-douradas. Também costuma haver um certo exagero de parte dos que são contra: uma pesquisa nacional nos Estados Unidos indica que 40 mil aves morrem todos os anos nas pás das turbinas, o que parece muito, até se comparar com o número de pássaros mortos pelos gatinhos domésticos, que atualmente se estima ser de centenas de milhões. Por isso, a fim de serem completamente coerentes, os ativistas contra a instalação das turbinas eólicas, tão preocupados com as populações de aves, deveriam se ocupar melhor pegando a espingarda e começando a matar os gatinhos da vizinhança. A potência eólica também é uma enorme fonte de energia: um estudo de 2007 indica que, se a placa continental do litoral leste dos Estados Unidos recebesse a instalação de 166 mil turbinas de 5 megawatts, a eletricidade resultante poderia fornecer energia para toda a Costa Leste, desde Massachusetts até a Carolina do Norte. Os combustíveis fósseis poderiam ser substituídos, não só nas regiões de energia a carvão, como também nos automóveis e nos edifícios — se fossem amplamente adotados os carros híbridos, ou movidos a célula de combustível, os aquecedores geotérmicos e outros substitutos elétricos. Some-se tudo isso, e quase 70% das emissões de CO_2 de toda aquela região seriam eliminados para sempre, através dessa única fonte de energia, um corte que, se executado de maneira ampla, seria um grande avanço para a estabilização do clima do mundo. Tudo o que falta é a vontade política e o investimento.

Ao contrário das turbinas eólicas, que permitem o prosseguimento da agricultura e da pesca abaixo delas sem qualquer prejuízo, a terra destinada aos painéis solares seria inútil para qualquer outra atividade, embora eu não veja o menor problema em se colocarem painéis de energia solar sobre os telhados das casas. Algumas pessoas sugerem que, se grandes áreas desérticas do mundo fossem cobertas com painéis solares fotovoltaicos, seria uma boa forma de se recolher a mais intensa luz solar sem sacrificar terras aráveis tão necessárias, principalmente se a eletricidade gerada pudesse ser transportada por longas distâncias até países de alto consumo energético, através de cabos de corrente direta de baixa resistência. Mesmo que tais esforços colossais de construção pudessem de fato ser empreendidos, sabemos que também os desertos constituem ecossistemas e que desempenham um papel na estabilidade natural do planeta, mesmo os que parecem áridos e inóspitos aos nossos olhos. Entretanto, com os ventos, não há dúvida de que a radiação solar atinge a superfície do planeta numa proporção suficiente para poder suprir muitas vezes a energia usada pela humanidade com facilidade.

Muito mais controvertida do que qualquer uma dessas energias renováveis é a energia nuclear, fonte energética com muito baixa emissão de carbono e um comprovado histórico na geração de eletricidade, mas que também levanta o perigo da proliferação das armas nucleares e dos acidentes fatais, além da questão não solucionada do que fazer com o lixo altamente radioativo. A captação e o armazenamento do carbono, a canalização do CO_2 líquido para profundos aqüíferos salinos ou velhos poços subterrâneos de petróleo, tudo isso constitui uma tecnologia experimental, que pode resultar em inesperadas liberações de CO_2 por reservatórios defeituosos ou com rachaduras debaixo do solo — embora o IPCC classifique esse risco como muito baixo. Medidas para aumentar a eficiência energética não têm tantos inconvenientes quanto a melhoria da eficiência dos automóveis e dos edifícios, que poderá ter o surpreendente efeito de aumentar o consumo generalizado de energia, tornando esta mais barata. Esta é uma questão aberta: saber até que ponto as medidas para a redução em larga escala de energia são realmente compatíveis com uma economia em crescimento.

Talvez a forma mais fácil e benéfica de se reduzirem as emissões seja deter a destruição das florestas tropicais. Embora na maior parte deste livro eu tenha me concentrado nas emissões oriundas da queima de combustíveis fósseis, as estimativas indicam que 20% das emissões humanas de gases-estufa são provenientes do desmatamento nos trópicos. O Brasil e a Indonésia são dois dos maiores emissores de carbono do mundo — não porque ali os habitantes adorem os seus automóveis, mas sim porque suas imensas áreas florestais estão sendo derrubadas num ritmo acelerado. Por outro lado, a interrupção dessa *Blitzkrieg* global deixaria de lançar na atmosfera a mesma quantidade de carbono, durante o próximo século, que a cessação total das emissões de combustíveis fósseis durante uma década. Uma vez que as florestas tropicais são de importância capital para a biodiversidade e sumidouros de carbono, a proteção dessas florestas é uma opção em que todos saem ganhando. Embora o item "evitar o desmatamento" tenha sido excluído na primeira fase do Protocolo de Kyoto (tanto devido a preocupações com a soberania dos países envolvidos quanto pela forma de explicá-lo adequadamente), isso poderá mudar na segunda fase, marcada para ter início em 2012. O único problema é o dinheiro: já que a madeira dessas árvores tem um valor extremamente alto, ao passo que o carbono que existe nelas não tem nenhum, se nós, nos países ricos, desejamos que as nações mais pobres parem de derrubar as suas florestas, teremos de pagar-lhes por isso.

Evitar o desmatamento é talvez a melhor opção de calço. A pior pode ser a dos biocombustíveis. O etanol do milho já está sendo misturado à gasolina nos Estados Unidos, manifestamente a fim de reduzir as emissões de CO_2. Mas, na realidade, isso tem mais a ver com os subsídios ao lobby politicamente poderoso da agricultura. Também está longe de estar claro que o carbono será realmente substituído, visto que a produção, a moagem e o transporte do milho empregam grandes quantidades de combustíveis fósseis, nos caminhões, tratores e fábricas. Alguns verdes mais entusiasmados já estão usando óleo de cozinha em seus carros e são grandes defensores dos biocombustíveis. Porém, mais uma vez, a questão da escala é de importância crucial. Embora ninguém possa fazer objeção ao uso dos óleos vegetais descartados pelos restaurantes como matéria-prima para o biodiesel, essa fonte pode fornecer apenas alguns centésimos da porcentagem do combustível usado pela frota automobilística inteira do país.

Outros defensores dos biocombustíveis chamam a atenção para as sobras de palha e de madeira como um meio de se produzir etanol da celulose, talvez com o uso de enzimas modificadas pela engenharia genética. Isso parece ter o maior potencial em termos da substituição do carbono, já que seria muito mais eficaz do que produzir etanol a partir do cultivo de alimentos. Entretanto, as técnicas ainda estão em processo de desenvolvimento e levariam anos até chegar a um ponto capaz de produzir um efeito sobre as emissões. Além disso, existem ainda outros problemas: se a palha não for replantada de volta na terra, então a sua biomassa estará sendo retirada, baixando o teor de húmus do solo e o seu valor nutricional para as plantas. Se o uso de resíduos de madeira faz com que bosques de plantações se expandam para áreas que hoje são "marginais", então os espaços selvagens, aos quais a natureza atualmente se atém, se reduzirão ainda mais. A destruidora necessidade que a humanidade tem por comida aumentará cada vez mais, graças à destruidora necessidade que ela tem por energia.

Deixando de lado a questão da biodiversidade e voltando o olhar apenas para as técnicas de produção, um calço de etanol, segundo a análise de Socolow e Pacala requereria 250 milhões de hectares dedicados à plantação de milho ou de cana-de-açúcar, área equivalente a um sexto das terras agrícolas do mundo. Sabendo-se que os estoques mundiais de alimentos já se encontram numa baixa histórica — devido ao crescimento populacional e às secas —, destinar a maior parte das nossas melhores terras aráveis à produção de combustível de automóvel beira a insanidade mental. E também pode ser considerado imoral. Uma vez que os donos de automóveis, por definição, pertencem à elite rica do mundo, usar plantações de alimentos para substituir o petróleo iria criar a escassez e elevar os preços da comida nos mercados, fazendo os mais pobres passarem fome. A realidade é muito simples: é possível usar a terra para alimentar os automóveis ou para alimentar as pessoas; mas não para alimentar ambos.

Uma questão relacionada a isso é levantada com a meta da União Européia de ter 5% de sua frota movida a biocombustível até 2010. Muito desse combustível virá do biodiesel, cuja matéria-prima principal será o óleo de palmeira cultivada em plantações na Indonésia e na Malásia. Essas plantações foram responsáveis por uma desastrosa derrubada de florestas tropicais naturais, que já se encontravam em acelerado declínio. Destruiu-se o hábitat de espécies raras, como o orangotango, e se provocou uma grande liberação adicional de carbono, por meio da queima da madeira e da turfa subterrânea. Como mencionamos, esses incêndios florestais asiáticos são a grande causa individual das emissões de gases-estufa, além do uso dos combustíveis fósseis: durante a seca de 1997-98, estima-se que 2 bilhões de toneladas de carbono tenham sido lançadas das florestas do Sudeste Asiático, enquanto elas queimavam. Alguns desses incêndios foram de causas naturais, porém muitos foram provocados pelos proprietários das plantações, queimando as florestas a fim de limpar o terreno. Assim, não é preciso muita imaginação para se compreender por que o "diesel do desmatamento", quase com toda a certeza, tem um impacto pior sobre o aquecimento global do que a sua contrapartida convencional: as estimativas indicam que o biodiesel baseado na matéria-prima de óleo de palmeira pode ser dez vezes mais intenso em carbono que os combustíveis fósseis.

Se deixarmos os biocombustíveis e a energia nuclear fora de qualquer portfólio prospectivo de energia, por causa dos seus óbvios inconvenientes, será ainda possível conseguir os nossos sete calços de outras maneiras. Precisamos reduzir pela metade as distâncias percorridas pelas pessoas em seus automóveis a cada ano e também duplicar a economia de combustível dos veículos. Temos de aumentar drasticamente a eficiência dos edifícios e das usinas de energia movidas a combustíveis fósseis. Precisamos construir 2 milhões de turbinas eólicas de um megawatt para a geração de energia elétrica e recobrir 2 milhões de hectares de terra com painéis solares. Precisamos parar com a destruição das florestas em outras regiões. E também fazer a difícil escolha entre injetar bilhões de toneladas de dióxido de carbono no subsolo e investir em 1.400 novas usinas de energia a gás para a produção de eletricidade.

Com tudo isso, talvez possamos ter esperanças de estabilizar as emissões em 2055 nos níveis de hoje, interrompendo a contínua ascensão do tipo "de sempre". Mas ainda ficamos com um problema. Como já me referi antes, simplesmente estabilizar dentro de 50 anos as emissões nos níveis de hoje quase não basta para nos manter dentro da meta de segurança dos dois graus. Precisamos *cortar* as emissões e fazer isso dentro de uma década. Socolow e Pacala estimam que os seus sete calços põem o mundo a caminho dos 550ppm, isto é, 100ppm a mais que o nível que considero necessário para estabilizar o clima abaixo dos dois graus de aquecimento global. Na verdade, uma concentração de 500ppm provavelmente aqueceria o mundo entre três e quatro graus, ultrapassando talvez os pontos de desequilíbrio do ciclo de carbono e do metano siberiano durante o processo.

Para permanecermos dentro da meta de 400ppm e 2°C, por outro lado, precisamos inserir outros quatro ou cinco calços no gráfico das emissões. Isso não é impossível: pode-se dobrar a quantidade de turbinas eólicas e reduzir ainda mais o número de veículos nas estradas. Pode-se cortar a nossa necessidade de energia por meio da adoção de um estilo de vida menos consumista e de formas mais localizadas de comportamento. Como frisam Socolow e Pacala, já dispomos de tecnologias e de know-how social para realizarmos essa transição. Mas isso ainda deixa em aberto a questão política: existiria algum modo de fazer a sociedade dar uma reviravolta, com as pessoas passando a agir com vontade e sentido coletivos para chegar à meta dos dois graus, em vez de ignorarem o problema como um todo ou tentarem descobrir formas de justificar o seu próprio comportamento nocivo? Atualmente a pressão econômica e social trabalha numa outra direção: as crianças, por exemplo, em vez de rejeitarem o consumismo, têm de exibir a mais recente roupa da moda para não se sentirem diminuídas nos playgrounds. Seus pais têm de fazer economia para que possam comprar o último jipe ou carro utilitário esportivo, a fim de mostrar status e ganhar prestígio entre os vizinhos. Os programas de televisão sugerem que velocidade é equivalente à virilidade e que dirigir um carro é sinal de liberdade, mensagens culturais estas incansavelmente reforçadas pelas propagandas no cinema e nos cartazes. Os artistas do *hip-hop* dão força a esses valores, compondo *raps* sobre os seus automóveis caríssimos e produzindo vídeos com modelos com pouca roupa, dançando sensualmente em volta.

Parece-me claro que nenhum conjunto de barracas de hippies ambientalistas barbudos poderá persuadir a sociedade em geral de que a esteira rolante do consumidor não é o caminho mais rápido para a saúde e a felicidade. A maior parte dos meus vizinhos ainda faz compras nos supermercados, por mais que precisem de automóveis para chegar até eles e que assim estejam impedindo as pequenas lojas de sobreviver. Ainda prevalece a velha opinião de que um estilo de vida com baixo consumo de carbono requer imensos sacrifícios e sofrimento pessoal. Na minha opinião, nada poderia estar mais longe da verdade. Todas as evidências demonstram que as pessoas que não dirigem carros, que não viajam de avião, que fazem as suas compras nas lojas que cultivam os seus próprios alimentos e procuram conhecer de fato os demais membros da sua comunidade têm uma qualidade de vida muito melhor que seus conterrâneos que continuam agarrados a uma vida de alto consumo de combustíveis fósseis.

Assim como as pessoas ficaram melhores e mais saudáveis na Grã-Bretanha durante o racionamento de alimentos da Segunda Guerra Mundial, também a maioria de nós poderia ter uma radical melhoria na qualidade de vida se o "racionamento do carbono" fosse introduzido pelo governo. Um esquema desses não precisava ser tecnicamente complexo ou difícil de aplicar: as pessoas simplesmente poderiam negociar o carbono como uma moeda virtual paralela, passando os cartões de carbono nos postos de gasolina, e renunciando à quantidade requisitada de carbono na hora de comprar passagens aéreas ou no pagamento das contas de energia elétrica. Embora as permissões de carbono devessem ser negociáveis no interesse da flexibilidade, o notório consumo de carbono pelas celebridades seria em grande parte eliminado. Em lugar disso, a pressão social se voltaria em sentido contrário, com as pessoas sentindo-se felizes por realizarem mudanças, sabendo que todos os outros estariam fazendo o mesmo. Com o fim do perigo no trânsito, as crianças poderiam novamente jogar futebol nas ruas.

Com a restrição do carbono por meio do racionamento, logo poderíamos descobrir que estaríamos construindo um novo tipo de sociedade, onde se daria mais ênfase à qualidade de vida e não às cruas estatísticas do crescimento econômico e do consumismo desenfreado. Não faço nenhuma idéia grandiosa de como seria essa sociedade, tampouco imagino que ela seria algum tipo de utopia. A vida iria prosseguir, com todas as suas tentativas e atribulações, e essa, afinal de contas, é precisamente a questão. A menos que façamos restrições ao carbono, grande parte da vida não vai prosseguir, de forma alguma.

Parece-me que essa sociedade de baixo consumo de carbono iria se lembrar que o nosso planeta é um presente único em todo o Universo e que somos indescritivelmente privilegiados por termos nascido nele. Seria uma sociedade que poderia olhar para trás, para o cenário de pesadelo dos seis graus, e ver apenas isso: um pesadelo, do qual a humanidade despertou e que pôde evitar, antes que fosse tarde demais. Sobretudo, seria uma sociedade que sobreviveu e que prosperou e que transmitiu essa gloriosa herança, de calotas de gelo, florestas tropicais e civilizações prósperas, para outras incontáveis gerações, muito longe, no futuro.

Notas

Introdução *(p.9-17)*

p.13 **seis graus de esfriamento**: Schneider von Deimling, T. e outros, "How Cold was the Last Glacial Maximum?", *Geophysical Research Letters*, 33, 14, 2006, L14709. Os pesquisadores concluem que o resfriamento médio do mundo relativo ao clima pré-industrial (0,8°C mais frio que o nosso clima) foi de 5,8°C ± 1,4°C, significativamente mais frio do que estimativas prévias baseadas em modelos.

p.13 **Os seres humanos foram quase totalmente exterminados**: Burroughs, W., *Climate Change in Prehistory: The End of the Reign of Chaos*, Cambridge University Press, 2005, p.139.

1. Um grau *(p.18-60)*

p.19 **aqueles tocos datavam da época medieval**: Stine, S., "Extreme and persistent drought in California and Patagonia during mediaeval time", *Nature*, 369, 1994, p.546-9.

p.19 **os mesmos intervalos de tempo**: Ibid.

p.20 **a ponto de se tornarem facilmente inflamáveis**: Swetnam, T., "Fire history and climate change in giant sequoia groves", *Science*, 262, 1993, p.885-9.

p.21 **secas impressionantes**: Laird, K. e outros, "Greater drought intensity and frequency before AD 1200 in the Northern Great Plains, USA", *Nature*, 384, 1996, p.552-4.

p.21 **inundações relâmpagos**: Meyer, G., e Pierce, J., "Climatic controls on fire-induced sediment pulses in Yellowstone National Park and central Idaho: a long-term perspective", *Forest Ecology and Management*, 178, 1-2, 2003, p.89-104.

p.21 **conflitos violentos**: Diamond, J., *Collapse: How Societies Choose to Fail or Survive*, Allen Lane, 2005.

p.22 **ficando mais quentes e em seguida esfriando**: Jones, P., e Mann, M., "Climate over past millennia", *Reviews of Geophysics*, 42, 2004, RG2002.

p.22 **enchentes medievais**: Meko, D. e outros, "Medieval drought in the upper Colorado River Basin", *Geophysical Research Letters*, 34, 2007, L10705.

p.22 **seca ... por muitas décadas**: Mangan, J. e outros, "Response of Nebraska and Hills natural vegetation to drought, fire, grazing, and plantfunctional type shifts as simulated by the century model", *Climatic Change*, 63, 2004, p.49-90.

p.26 **também ocorreu um esfriamento**: Committee on Abrupt Climate Change, *Abrupt Climate Change: Inevitable Surprises*, Capítulo 2: Evidence of Abrupt Climate Change, 2002.

p.26 **uma imensa onda de água**: Burroughs, W., *Climate Change in Prehistory: The End of the Reign of Chaos*, Cambridge University Press, 2005, p.61.

p.27 **a circulação atlântica tinha caído**: Bryden, H. e outros, "Slowing of the Atlantic meridional overturning circulation at 25°N", *Nature*, 438, 2005, p.655-7.

p.27 **invernos tão rigorosos quanto o de 1962-63**: "Great weather events: the winter of 1962-63", UK Met Office, http://www.metoffice.com/corporate/pressoffice/anniversary/winter1962-63.html.

p.28 **uma queda de 50%**: Jacob, D. e outros, "Slowdown of the thermohaline circulation causes enhanced maritime climate influence and snow cover over Europe", *Geophysical Research Letters*, 32, 2005, L21711.

p.28 **variação natural aleatória**: Kerr, R., "False alarm: Atlantic conveyor belt hasn't slowed down after all", *Science*, 314, 2006, 1064.

p.28 **"ainda há o aquecimento"**: Climate Change: The Physical Science Basis. Contribution of Working Group I to the Fourth Assessment Report of the Intergovernmental Panel on Climate Change — Capítulo 10: Global Climate Projections, Executive Summary, 2007.

p.30 **Thompson e sua equipe de perfuração acamparam**: Krajik, K., Ice man: Lonnie Thompson scales the peaks for science", *Science*, 298, 2002, p.518-22.

p.30 **gelo daquela montanha já se derretera**: Thompson, L. e outros, "Kilimanjaro ice core records: Evidence of Holocene climate change in tropical Africa", *Science*, 298, 2002, p.589-93.

p.31 **todo o gelo terá desaparecido**: "Deciphering the ice", 2001, CNN, http://edition.cnn.com/SPECIALS/2001/americasbest/science.medicine/pro.lthompson.html.

p.32 **a redução de gelo nas Rwenzori**: Taylor, R.G. e outros, "Recent glacial recession in the Rwenzori Mountains of East Africa due to rising air temperature", *Geophysical Research Letters*, 33, 10, 2006, L10402.

p.32 **15 milhões de metros cúbicos**: Agrawala, S. e outros, "Development and climate change in Tanzania: Focus on Mount Kilimanjaro", OECD Environment Directorate, 2003, 67pp.

p.34 **Pinturas neolíticas**: Brooks, N. e outros, sem data: "The prehistory of Western Sahara in a regional context", http://www.uea.ac.uk/sahara/publications/nb_westabs.pdf.

p.34 **pontas de flechas e facas de pedra**: Kindermann, K. e outros, "Paleoenvironment and Holocene land use of Djara, Western Desert of Egipt", *Quaternary Science Reviews*, 25, 2006, p.13-14, 1619-1637.

p.34 **anzóis de pedra para a pesca**: Fezzan Project — Archaeology, http://www.cru.ueaq.ac.uk/%7Ee118/Fezzan/fezzan_archaeol.html.

p.34 **vales fluviais inteiros soterrados**: NASA Earth Observatory Newsroom, http://earthobservatory.nasa.gov/Newsroom/NewImages/images.php3?img_id=1693.

p.34 **a beira do deserto recuou**: Gasse, F., "Diatom-inferred salinity and carbonate oxygen isotopes in Holocene waterbodies of the western Sahara and Sahel (Africa)", *Quaternary Science Reviews*, 21, 2002, p.737-67.

p.35 **a maior massa de água doce**: Leblanc, M. e outros, "Reconstruction of Megalake Chad using Shuttle Radar Topographic Mission data", *Palaeogeography, Palaeoclimatology, Palaeoecology*, 239, 1- 2, 2006, p.16-27.

p.35 **águas quentes e rasas**: Schuster, M. e outros, "Holocene Lake Mega-Chad palaeoshorelines from space", *Quaternary Science Reviews*, 24, 2005, p.1821-7.

p.35 **o poder erosivo**: Leblanc, M. e outros: "Reconstruction of Megalake Chad using Shuttle Radar Topographic Mission data", Palaeogeography, Palaeoclimatology, Palaeoecology, 239, 1-2, 2006, p.16-27.

p.35 **ativou uma monção**: Claussen, M. e outros, "Simulation of an abrupt change in Saharan vegetation in the mid-Holocene", *Geophysical Research Letters*, 26, 14, 1999, p.2037-40.

p.36 **longas secas**: Kindermann, K. e outros, "Paleoenvironment and Holocene land use of Djara, Western Desert of Egipt", *Quaternary Science Reviews*, 25, 13-14, 2006, p.1619-1637.

p.36 **a se tornar mais chuvoso**: Hoerling, M. e outros, "Detection and attribution of 20th century northern and southern African monsoon change", *Journal of Climate*, 19, 16, 2005, p.3989-4008.

p.36 **chuvas mais fortes**: Paeth, H., e Hense, A., "SST versus climate change signals in West African rainfall: 20th century variations and future projections", *Climatic Change*, 65, 2004, p.179-208.

p.37 **situações de seca ainda mais rigorosas**: Held, I. e outros, "Simulation of Sahel drought in the 20th and 21st centuries", *Proceedings of the National Academy of Sciences*, 2005, 102, 50, 17891-6.

p.38 **as temperaturas na Groenlândia**: Climate Change: The Physical Science Basis. Contribution of Working Group I to the Fourth Assessment Report of the Intergovernmental Panel on Climate Change, 2007 – Capítulo 6: Paleoclimate, seção 6.4.2.

p.39 **tão quente quanto hoje em dia**: Climate Change: The Physical Science Basis. Contribution of Working Group I to the Fourth Assessment Report of the Intergovernmental Panel on Climate Change, 2007 – Capítulo 6: Paleoclimate, seção 6.6.1.

p.39 **estão hoje a um grau menos**: Hansen, J. e outros, "Global Temperature Change", *Proceedings of the National Academy of Sciences*, 2006, 103, 39, 14288-93.

p.39 **já subiu de 2 a 3 graus**: Arctic Climate Impact Assessment, *Impacts of a Warming Arctic*, Cambridge University Press, 2004.

p.39 **súbito derretimento**: Torre Jorgenson, M. e outros, "Abrupt increase in permafrost degradation in Arctic Alasca", *Geophysical Research Letters*, 2006, 33, L02503.

p.39 **encolheram ou desapareceram**: Riordan, B. e outros, "Shrinking ponds in subarctic Alaska based on 1950-2002 remotely sensed images", *Journal of Geophysical Research*, 2006, 111, G04002.

p.40 **facilmente pega fogo**: Smol, J., e Douglas, M., "Crossing the final ecological threshold in high Arctic ponds", *Proceedings of the National Academy of Sciences*, 104, 30, 2007, 12395-7.

p.40 **os níveis globais do mar**: Arendt, A. e outros, "Rapid wastage of Alaska glaciers and their contribution to rising sea level", *Science*, 297, 2002, p.382-6.

p.40 **perderam 400 quilômetros cúbicos**: Hinzman, L. e outros, "Evidence and implications of recent climate change in Northern Alaska and other Arctic regions", *Climatic Change*, 72, 2005, p.251-98.

p.40 **desapareceu**: Serreze, M., Holland, M., e Stroeve, J., "Perspectives on the Arctic shrinking sea-ice cover", *Science*, 315, 2007, p.1533-6.

p.41 **extensão do gelo**: Comiso, J., "Abrupt decline in the Arctic winter sea-ice cover", *Geophysical Research Letters*, 33, 2006, L18504.

p.41 **praticamente sem gelo**: Holland, M., Bitz, C., e Tremblay, B., "Future abrupt reductions in the summer Arctic sea ice", *Geophysical Research Letters*, 2007, 33, L23503.

p.41 **uma chance de evitar**: Hansen, J. e outros, "Climate change and trace gases", *Philosophical Transactions of the Royal Society* A, 365, 2007, 1925-54.

p.41 **reduções na extensão do gelo**: Registrado em http://arctic.atmos.uiuc.edu/cryosphere/, em 9 de agosto de 2007.

p.41 **o ponto de desequilíbrio**: Foley, J., "Tipping points in the tundra", *Science*, 310, 2005, p.627-8.

p.42 **contração de 1° de latitude**: Fu, Q. e outros, "Enhanced mid-latitude tropospheric warming in satellite measurements", *Science*, 312, 2006, p.1179.

p.42 **"fora do envelope"**: Citado em Foley, J., "Tipping points in the tundra", *Science*, 310, 2005, p.627-8.

p.44 **verão de 2003**: Schiermeier, Q., "Alpine thaw breaks ice over permafrost's role", *Nature*, 2003, 424, 712.

p.44 **artigo científico**: Gruber, S., Hoezle, M., e Haeberli, W., "Permafrost thaw and destabilisation of Alpine rock walls in the hot summer of 2003", *Geophysical Research Letters*, 31, 2004, L13504.

p.45 ***Wet Tropics***: Informações gerais em http://www.wettropics.gov.au/pa/pa_default.html e páginas seguintes.

p.46 **acima de determinadas alturas**: "The future of life in the rainforest canopy", 2002, Earthbeat, Radio National, http://www.abc.net.au/rn/science/earth/stories/s601197.htm.

p.47 **"uma catástrofe ambiental"**: Williams, S. e outros, "Climate change in Australian tropical rainforests: an impending environmental catastrophe", *Proceedings of the Royal Society of London B*, 270, 2003, 1887-92.

p.47 **florestas tropicais montanhosas**: Hilbert, D. e outros, "Sensitivity of tropical forests to climate change in the humid tropics of North Queensland", *Austral Ecology*, 26, 2001, p.590-603.

p.48 **milênios passados**: Hoegh-Guldberg, O., comunicação pessoal.

p.49 **de 60 a 95%**: "Securing Australia's Great Barrier Reef", 2003, WWF Australia, http://www.wwf.org.au/News_and_information/Publications/PDF/Policies_position / securing_australias_great_barrier_reef.pdf.

p.49 **memorável artigo em 1999**: Hoegh-Guldberg, O., Climate change, coral bleaching and the future of the world's coral reefs", *Marine and Freshwater Research*, 50, 1999, p.839-66.

p.51 **tolerante ao calor**: Baker, A. e outros, "Corals' adaptive response to climate change", *Nature*, 430, 2005, p.741.

p.51 **Graves ocorrências de branqueamento**: Donner, S. e outros, "Global assessment of coral bleaching and required rates of adaptation under climate change", *Global Change Biology*, 11, 2005, p.2251-65.

p.51 **a cada dois anos**: Donner, S., Kutson, T., e Oppenheimer, M., "Model-based assessment of the role of human-induced climate change in the 2005 Caribbean coral bleaching event", *Proceedings of the National Academy of Sciences*, 104, 13, 2007, p.5483-8.

p.52 **um terço**: Stone, R.,"A world without corals?", *Science*, 316, 2007, p.678-81.

p.52 **a região de Cape Floristic**: *Ver* resumo sobre focos de biodiversidade disponíveis em http://www.biodiversityhotspots.org/xp/Hotspots/cape_floristic/biodiversity.xml.

p.53 **impacto devastador**: Bomhard, B. e outros, "Potential impacts of future land use and climate change on the Red Lust status of the Proteaceae in the Cape Floristic region, South Africa", *Global Change Biology*, 11, 2005, p.1452-68.

p.53 **pikas**: *Ver* informações da WWF sobre espécies ameaçadas: pikas, em http://www.panda.org/about_wwf/what_we_do/climate_change/problems/impacts/species/pikas/index.cfm.

p.54 **Floresta úmida de Monteverde**: "While still verdant enough to justify its name, the Monteverde Cloud Forest Preserve is beginning to resemble a crown that has lost its brightest and most beautiful gems", escreve Tom Flannery. Sou grato a ele por suas extensas citações da obra de Martin Crump. *Ver* Flannery, T., *The Weather Makers*, Allen Lane, 2005, Capítulo 12.

p.54 **sapo-arlequim**: Pounds, A. e outros, "Widespread amphibian extinctions from epidemic desease driven by global warming", *Nature*, 439, 2006, p.161-7.

p.54 **central**: "Global warming and amphibian losses", três artigos publicados em *Nature*, 447, 31 de maio de 2007, E3-E6.

p.55 **furacão Wilma**: a pressão mínima central do Wilma caiu para 882mb em 19 de outubro de 2005, enquanto a velocidade dos ventos se elevou para 280km/h. *Ver* reportagem em http://www.nhc.noaa.gov.archive/2005/tws/MIATWSAT_oct.shtml.

p.56 **detalhada análise do Catarina**: Bernardes Pezza, A., e Simmonds, I., "The first South-Atlantic hurricane: Unprecedented blocking, low shear and climate change", *Geophysical Research Letters*, 32, 2005, L15712.

p.58 **olho simétrico**: Gaertner, M. e outros, "Tropical cyclones over the Mediterranean Sea in climate change simulations", *Geophysical Research Letters*, 34, 2007, L14711.

p.58 **discussão acadêmica**: *Ver*, por exemplo, a resposta de William Gray apresentada à *Nature*: http://tropical.atmos.colostate.edu/Includes/Documents/Responses/emanuel_comments.pdf.

p.58 **outro trabalho**: Webster, P. e outros, "Changes in tropical cyclone number, duration and intensity in a warming environment", *Science*, 309, 2005, p.1844-6.

p.59 **no mínimo, metade**: Trenberth, K., e Shea, D., "Atlantic hurricanes and natural variability in 2005", *Geophysical Research Letters*, 33, 2006, L12704.

p.60 **começará a desmanchar-se**: Arenstam Gibbons, S., e Nicholls, R., "Island abandonment and sea level rise: An historical analog from the Chesapeake Bay, USA", *Global Environmental Change*, 16, 1, 2006, p.40-47.

2. Dois graus *(p.61-104)*

p.62 **cientistas chineses**: Chen, F. e outros, "Stable east Asian monsoon climate during the Last Interglacial (Eemian) indicated by paleosol S1 in the western part of the Chinese Loess Plateau", *Global and Planetary Change*, 36, 2003, p.171-9.

p.62 **cerca de um grau a mais**: Hansen, J. e outros, "Global Temperature Change", *Proceedings of the National Academy of Sciences*, 2006, 103, 39, 14288-93.

p.64 **reduzir a alcalinidade**: Orr, J. e outros, "Anthropogenic ocean acidification over the twenty-first century and its impact on calcifying organisms", *Nature*, 437, 2005, p.681-6.

p.64 **importante relatório**: The Royal Society, *Ocean acidification due to increasing atmospheric carbon dioxide*, Policy Document 12/05, 2005.

p.64 **tóxicas**: Orr, J. e outros, "Anthropogenic ocean acidification over the twenty-first century and its impact on calcifying organisms", *Nature*, 437, p.681-6.

p.65 **começarem a se desintegrar**: Rutimann, J., "Sick Seas", *Nature*, 442, 2006, p.978-80.

p.65 **irão dissolver-se**: Gazeau, F. e outros, "Impact of elevated CO_2 on shellfish calcification", *Geophysical Research Letters*, 33, 2007, L12704.

p.65 **"um enorme risco"**: Schiermeier, Q., "Researchers seek to turn the tide on problem of acid seas", *Nature*, 430, 2004, p.820.

p.66 **declínio na produtividade de plâncton**: Behrenfeld, M. e outros, "Climate-driven trends in contemporary ocean productivity", *Nature*, 444, 2006, p.752-5.

p.67 **Suíça**: Beniston, M., e Diaz, H., "The 2003 heat wave as an example of summers in a greenhouse climate? Observations and climate model simulations for Basel, Switzerland", *Global and Planetary Change*, 44, 2004, p.73-81.

p.68 **incêndios florestais**: Schar, C., e Jendritzky, G., "Hot news from summer 2003", *Nature*, 432, 2004, p.559-60.

p.68 **A taxa de derretimento**: World Meteorological Institute: *ver* http://www.wmo.int/web/Press/Press702_en.doc.

p.68 **o derretimento do *permafrost***: Beniston, M., e Diaz, H., "The 2003 heat wave as an example of summers in a greenhouse climate? Observations and climate model simulations for Basel, Switzerland", *Global and Planetary Change*, 44, 2004, p.73-81.

p.68 **fora da escala estatística**: Schar, C. e outros, "The role of increasing temperature variability in summer heatwaves", *Nature*, 427, 2004, p.332-6.

p.68 **duplicou o risco**: Stott, P., Stone, D., e Allen, M., "Human contribution to the European heatwave of 2003", *Nature*, 423, 2004, p.610-14.

p.68 **Do outro lado da Europa**: Della-Marta, P. e outros, "Doubled length of western European summer heat waves since 1880", *Journal of Geophysical Research (Atmospheres)*, 2007, 112, D15103.

p.68 **mais quentes que em 2003**: Stott, P., Stone, D., e Allen, M., 2004: "Human contribution to the European heatwave of 2003", *Nature*, 423, p.610-14.

p.69 **uma queda de 30% no crescimento das plantas**: Ciais, Ph. e outros, "Europe-wide reduction in primary productivity caused by the heat and drought in 2003", *Nature*, 437, 2005, p.529-33.

p.69 **plantas européias**: Ibid.

p.70 **acumularam-se na atmosfera**: Zeng, N., e Haifeng, Q., "Impact of the 1998-2002 midlatitude drought and warming in terrestrial ecosystem and the global carbon cycle", *Geophysical Research Letters*,32, 2005, L22709.

p.70 **visíveis do espaço**: as imagens da Nasa estão disponíveis em http://earthobservatory.nasa.gov/NaturalHazards/natural_hazards_v2.php3?img_id=11709.

p.70 **uma imagem cada vez mais comum**: Giannakopoulos, C. e outros, "Climate change impacts in the Mediterranean resulting from a 2°C global temperature rise", WWF, julho de 2005.

p.73 **muitos metros mais altos**: Vezina, J., Jones, B., e Ford, D., "Sea-level highstands over the last 500,000 years; evidence from the Ironshore Formation on Grand Cayman, British West Indies", *Journal of Sedimentary Research*, 69, 2, 1999, p.317-27.

p.73 **de 5 a 6 metros acima**: Tarasov, L., e Richard Peltier, W., "Greenland glacial history, borehole constraints and Eemian extent", *Journal of Geophysical Research*, 108, B3, 2143, 2003; Overpeck, J. e outros, "Paleoclimatic evidence for future ice-sheet instability and rapid sea-level rise", *Science*, 311, 2006, 1747-50.

p.73 **cerca de um grau mais altas do que hoje**: James Hansen estima aproximadamente um grau. *Ver* Hansen, J., "A slippery slope: How much global warming constitutes 'dangerous anthropogenic interference?'", *Climatic Change*, 68, 2005, p.269-79. Segundo E. Rohling e outros, a diferença seria de 2°C globalmente. *Ver* Rohling e outros, "African monsoon variability during the previous interglacial maximum", *Earth and Planetary Science Letters*, 202, 2002, p.61-75.

p.73 **contém gelo bastante**: Oppenheimer, M., e Alley, R., "The West Antarctic Ice Sheet and long term climate policy", *Climatic Change*, 64, 2004, 1-2, 1-10.

p.73 **"uma ameaça de desastre"**: Mercer, J., "West Antarctic ice sheet and CO_2 greenhouse effect: a threat of disaster", *Nature*, 271, 1978, p.321-5.

p.73 **livre de gelo**: Cuffey, K., e Marshall, S., "Substantial contribution to sea-level rise during the last interglacial from the Greenland ice-sheet", *Nature*, 404, 2000, p.591-4.

p.73 **outrora recoberta por florestas**: Willerslev, E. e outros, "Ancient biomolecules from deep ice cores reveal a forested southern Greenland", *Science*, 311, 2007, p.1751-3.

p.74 **de dois a cinco metros**: Tarasov, L., e Richard Peltier, W., "Greenland glacial history, borehole constraints and Eemian extent", *Journal of Geophysical Research*, 108, 2003, B3, p.2143; Otto-Bliesner, B. e outros, "Simulating Arctic climate warmth and icefield retreat in the last interglaciation", *Science*, 311, 2006, p.1751-3.

p.74 **muito maiores**: Hansen, J., "A slippery slope: How much global warming constitutes 'dangerous anthropogenic interference?'", *Climatic Change*, 68, 2005, p.269-79.

p.75 **recifes tropicais de corais**: Webster, J. e outros, "Drowning of the – 150 m reef off Hawaii: A casualty of global meeltwater Pulse 1 A?", *Geology*, 32, 3, 2004, p.249-52.

p.75 **submergindo**: Kienast, M. e outros, "Synchroneity of meltwater pulse 1 A and the Bolling warming: New evidence from the South China Sea", *Geology*, 31, 1, 2003, p.67-70.

p.75 **"explosivamente rápidas"**: Hansen, J., "A slippery slope: How much global warming constitutes 'dangerous anthropogenic interference?'", *Climatic Change*, 68, 2005, p.269-79.

p.75 **2,7°C**: Gregory, J., Huybrechts, P., e Raper, S., "Threatened loss of the Greenland ice sheet", *Nature*, 428, 2004, 616.

p.75 **2,2 vezes maior**: Chylek, P., e Lohmann, U., "Ratio of the Greenland to global temperature change: Comparison to observations and climate modelling results", *Geophysical Research Letters*, 32, 2005, L14705.

p.76 **6 centímetros por ano**: Johannessen, O. e outros, "Recent ice-sheet growth in the interior of Greenland", *Science*, 310, 2005, p.1013-16.

p.76 **contrabalançar a elevação dos níveis do mar**: Bugnion, V., e Stone, P., "Snowpack model estimates of the mass balance of the Greenland ice sheet and its changes over the twenty-first century", *Climate Dynamics*, 20, 2002, p.87-106.

p.76 **"afinando loucamente"**: Schiermeier, Q., "A rising tide", *Nature*, 428, 2004, p.114-15.

p.76 **o afinamento da calota de gelo**: Parizek, B., e Alley, R., "Implications of increased Greenland surface melt under global-warming scenarios: ice-sheet simulations", *Quaternary Science Reviews*, 23, 2004, p.1013-27.

p.77 **Jakobshavn Isbrae**: Joughin, I. e outros, "Large fluctuations in speed ond Greenland's Jakobshavn Isbrae glacier", *Nature*, 432, 2004, p.608-10.

p.77 **a fusão do gelo se havia acelerado**: Howat, I. e outros, "Rapid retreat and acceleration of Helkmheim Glacier, east Greenland", *Geophysical Research Letters*, 32, 2005, L22502.

p.78 **Geleira de Kangerdlugssuaq**: Luckman, A. e outros, "Rapid and synchronous ice-dynamic changes in East Greenland", *Geophysical Research Letters*, 33, 2006, L03503.

p.78 **dobrado sua taxa**: Ibid.

p.78 **normalidade**: Howat, I. e outros, "Rapid changes in ice discharge from Greenland outlet glaciers", *Science*, 315, 2007, 1559-61.

p.78 **"mais vulnerável"**: Truffer, M., e Fahnestock, M., "Rethinking ice sheet time scales", *Science*, 315, 2007, 1508-10.

p.78 **100 bilhões de toneladas**: Luthcke, S. e outros, "Recent Greenland ice mass loss by drainage system from satellite gravity observations", *Science*, 314, 2006, 1286-9.

p.79 **"censura"**: por exemplo: Revkin, A., "Climate expert says NASA tried to silence him", *New York Times*, 29 de janeiro de 2006.

p.79 **"perigosamente próxima"**: Hansen, J. e outros, "Climate changes and trace gases", *Philosophical Transactions of the Royal Society* A, 365, 2007, 1925-54.

p.79 **"mecanismo desencadeador"**: Ibid.

p.80 **cinco metros**: Hansen, J., "Scientific reticence and sea level rise", *Environmental Research Letters*, abril-junho de 2007, disponível em: http://www.iop.org/EJ/article/1748-9326/2/2/024002/erl7_2_024002.html.

p.80 **3,3 milímetros por ano**: Rahmstorf, S. e outros, "Recent climate observations compared to projections", *Science* 316, 2007, 709.

p.81 **nova corrida do Ártico**: Krauss, C. e outros, "As polar ice turns to water, dreams of treasure abound", *New York Times*, 10 de outubro de 2005.

p.82 **"'Estamos reivindicando este território'"**: Solovyov, D., "Russia explores snub critics in North Pole row", Reuters, 8 de agosto de 2007.

p.83 **os ursos polares da baía de Hudson**: Stirling, I. e outros, "Long-term trends in the population ecology of polar bears in western Hudson Bay in relation to climate change", *Arctic*, 52, 1999, p.294-306.

p.83 **água sem a presença de gelo**: Comiso, J., "Impact studies of a 2°C global warming on the Arctic sea ice cover", em 2° *Is Too Much! Evidence and Implications of Dangerous Climate Change in the Arctic*, WWF International Arctic Programme, janeiro de 2005.

p.84 **o desespero das morsas**: Krauss, C. e outros, "Old ways of life are fading as the Arctic thaws", *New York Times*, 20 de outubro de 2005.

p.84 **Em terra**: Arctic Climate Impact Assessment, *Impacts of a Warming Arctic*, Cambridge University Press, 2004 — Capítulo 7: Arctic Tundra and Polar Desert Ecosystems.

p.84 **Peixes de água doce**: Ibid. — Capítulo 8: Freshwater Ecosystems and Fisheries.

p.84 **e a tundra... serão levados quase à extinção**: Kaplan, J., "Climate change and Arctic vegetation", em 2° *Is Too Much! Evidence and Implications of Dangerous Climate Change in the Arctic*, WWF International Arctic Programme, janeiro de 2005.

p.84 **o limite do *permafrost* se retrai**: Arctic Climate Impact Assessment, *Impacts of a Warming Arctic*, Cambridge University Press, 2004 — Capítulo 6: Cryosphere and Hydrology.

p.84 **"amplificador ártico"**: New, M., "Arctic climate change with a 2°C global warming", em: 2° *Is Too Much! Evidence and Implications of Dangerous Climate Change in the Arctic*, WWF International Arctic Programme, janeiro de 2005.

p.85 **não tem termos**: "Inuit translators, elders meet to develop Inuktitut words or climate change", Canadian Press, 4 de outubro de 2005.

p.85 ***uggianaqtuq***: Cowen, R., "In melting Arctic, warming is now", *Christian Science Monitor*, 18 de outubro de 2005.

p.85 **"Os povos indígenas do Ártico"**: Doyle, A., "Arctic peoples urge UN aid to protect cultures", Reuters, 7 de dezembro de 2005.

p.86 **Rajendra Pachauri**: "India unlikely to agree emissions caps post Kioto", Webindia123, 24 de novembro de 2005, http://news.webindia123.com/news/showdetails.asp?id=171704&n_date=20051124&cat=India.

p.86 **Índia já ultrapassou o Japão**: "India takes a hard line on global warming", Reuters, 19 de novembro de 2005.

p.86 **"Não há como"**: Ibid.

p.87 **reduções na produção agrícola**: *Climate Change Impacts on Agriculture in India*, Keysheet 6, Defra, s.d.

p.87 **tipos de floresta**: *Climate Change Impacts on Forestry in India*, Keysheet 7, Defra, s.d.

p.87 **grandes impactos agrícolas**: Kavi Kumar, K., e Parikh, J., "Indian agriculture and climate sensitivity", *Global Environmental Change*, 11, 2001, p.147-54.

p.87 **um reforço das monções**: May, W., "Simulation of the variability and extremes of daily rainfall during the Indian summer monsoon for present and future times in a global time-slice experiment", *Climate Dynamics* 22, 2004, p.183-204.

p.87 **Bangladesh**: Agrawala, S. e outros, "Development and climate change in Bangladesh: Focus on coastal flooding and the Sundarbans", OECD Environment Directorate, 2003, 70p.

p.87 **o seguinte efeito**: Goswami, B. e outros, "Increasing trend of extreme rain events over India in a warming environment", *Science*, 314, 2006, 1442-5.

p.88 **Nepal**: Agrawala, S. e outros, "Development and climate change in Nepal: Focus on water resources and hydropower", OECD Environmental Directorate, 2003, 64p.

p.89 **camadas geladas dos Andes**: Barnett, T. e outros, "Potential impacts of a warming climate on water availability in snow-dominated regions", *Nature*, 438, 2005, p.303-9.

p.89 **O rio Santa**: Kaser, G. e outros, "The impact of glaciers on the runoff and the reconstruction of mass balance history from hydrological data in the tropical Cordillera Blanca, Peru", *Journal of Hydrology*, 282, 1, 2005, p.130-44.

p.90 **é canalizada ... campos**: Chevallier, P. e outros, "Climate change impact on the water resources from the mountains in Peru", artigo apresentado no Fórum Global da OECD sobre Desenvolvimento Sustentável: Desenvolvimento e Mudanças Climáticas, Paris, 11-12 de novembro de 2004.

p.90 **diminuição ... na corrente gelada**: Juen, I., Kaser, G., e Georges, C., 2006: "Modelling observed and future runoff from a glacierized tropical catchment (Cordillera Blanca, Peru)", *Global and Planetary Change* 59, 1-4, 37-48.

p.90 **moche ... e chimu**: Dillehay, T. e outros, "Pre-industrial human and environment interactions in northern Peru during the late Holocene", *The Holocene*, 14, 2, 2004, p.272-81.

p.91 **ligadas à seca**: Ibid.

p.92 **já está subindo**: Bradley, R. e outros, "Threats to water supplies in the tropical Andes", *Science*, 312, 2006, p.1.755-6.

p.92 **já se diminui rapidamente**: Ibid.

p.93 **armazenada pela neve acumulada**: Mote, P. e outros, 2005: "Declining mountain snowpack in western North America", *Bulletin of the American Meteorological Society*, janeiro de 2005.

p.94 **"os lagartos e as ervas emaranhadas"**: Barbassa, J., "An uncertain future for San Joaquin River", Associated Press, 17 de setembro de 2005.

p.94 **projetou o declínio dos blocos de neve**: Hayhoe, K. e outros, "Emissions pathways, climate change, and impacts on California", *Proceedings of the National Academy of Sciences*, 101, 34, 2004, 12.422-7.

p.95 **Oregon e em Washington**: Ruby Leung, L. e outros, "Mid-century ensemble regional climate change scenarios for the western United States", *Climatic Change*, 62, 2004, p.75-113.

p.95 **regiões montanhosas**: Kim, J., "A projection of the effects of the climate change induced by increased CO_2 on extreme hydrologic events in the western US", *Climatic Change*, 68, 2005, p.153-68.

p.95 **bacia do rio Columbia**: Ruby Leung, L. e outros, "Mid-century ensemble regional climate change scenarios for the western United States", *Climatic Change*, 62, 2004, p.75-113.

p.96 **deverá dobrar**: Southworth, J. e outros, "Sensitivity of winter wheat yields in the Midwestern United States to future changes in climate, climate variability and CO_2 fertilization", *Climate Research*, 22, 2002, p.73-86.

p.96 **plantadores de cítricos**: Tubiello, F. e outros, "Effects of climate change on US crop production: simulation results using two different GCM scenarios. Part I: wheat, potato, maize and citrus", *Climate Research*, 20, 2002, p.259-70.

p.96 **o Reino Unido**: *Climate Change and Agriculture in the United Kingdom*, MAFF, s.d., 65pp.

p.96 **pela Europa como um todo**: Maracchi, G. e outros, "Impacts of present and future climate variability on agriculture and forestry in the temperate regions: Europe", *Climatic Change*, 70, 2005, p.117-35.

p.97 **nas Américas Central e do Sul**: Jones, P., e Thornton, P., "The potential impacts of climate change on maize production in Africa and Latin America in 2005", *Global Environmental Change*, 13, 2003, p.51-9.

p.97 **Mali**: Butt, T. e outros, "The economic and food security implications of climate change in Mali", *Climatic Change*, 68, 2005, p.355-78.

p.97 **Botsuana**: Chipanshi, A. e outros, "Vulnerability assessment of the maize and sorghum crops to climate change in Botswana", *Climatic Change*, 61, 2003, p.339-60.

p.97 **Congo**: Wilkie, D. e outros, "Wetter isn't better: global warming and food security in the Congo basin", *Global Environmental Change*, 9, 1999, p.323-8.

p.97 **sudeste da América do Norte**: Carbone, G. e outros, "Response of soybean and sorghum to varying spatial scales of climate change scenarios in the southeastern United States", *Climatic Change*, 60, 2003, p.73-98.

p.97 **Canadá**: 2005: *Implications of a 2°C Global Temperature Rise for Canada's Natural Resources*, WWF, 30 de novembro de 2005, 109p.

p.98 **bacalhau do mar do Norte**: Clark R. e outros, "North Sea cod and climate change — modelling the effects of temperature on population dynamics", *Global Change Biology*, 9, 2003, 1669-80.

p.99 **África do Sul**: Midgeley, G. e outros, "Assessing the vulnerability of species richness to anthropogenic climate change in a biodiversity hotspot", *Global Ecology & Biogeography*, 11, 2002, p.445-51.

p.99 **floresta tropical de Queensland**: Williams, S. e outros, "Climate change in Australian tropical rainforests: an impending environmental catastrophe", *Proceedings of the Royal Society of London B*, 270, 2003, 1887-92.

p.99 **sapo-arlequim de Monteverde**: Pounds, A., e Puschendorf, R., "Clouded Futures", *Nature*, 427, 2004, p.107-9.

p.99 **os deixar presos**: Hare, W., *Assessment of Knowledge on Impacts of Climate Change — Contribution to the Specification of Art. 2 of the UNFCCC*, WBGU, Berlim, 2003, 104p.

p.99 **100 a 1.000 vezes maior**: Martens, P. e outros, "Biodiversity: luxury or necessity?", *Global Environmental Change*, 13, 2003, p.75-81.

p.100 **em direção aos pólos**: Parmesan, C., e Yohe, P., "A globally coherent fingerprint of climate change impoacts across natural systems", *Nature*, 421, 2003, p.37-42.

p.100 **nos limites e nos comportamentos**: Root, T. e outros, "Fingerprints of global warming on wild animals and plants", *Nature*, 421, 2003, p.57-60.

p.100 **borboleta-azul inglesa**: Thomas, J., 2006: "Biodiversity and climate change", palestra na Universidade de Oxford em 23 de janeiro de 2006.

p.101 **30 quilômetros por década; segundo os seguintes cálculos**: as zonas climáticas se deslocam 150 quilômetros a cada grau Celsius. Assim, isso corresponde a cerca de 300 quilômetros para um aquecimento de dois graus, pertinente a este capítulo, ou 30 quilômetros por década, admitindo dois somente até 2100 e nenhum aumento adicional de temperatura no Reino Unido sobre a temperatura global.

p.101 **papa-moscas-preto**: Both, C. e outros, "Climate change and population declines in a long-distance migratory bird", *Nature*, 441, 2006, p.81-3.

p.102 **um terço de todas as espécies**: Thomas, C. e outros, "Extinction risk from climate change", *Nature*, 427, 2004, p.145-8.

p.102 **"mais de um milhão de espécies"**: "Climate change threatens a million species with extinction", *press release* da Universidade de Leeds, 7 de janeiro de 2004.

3. Três graus *(p.105-58)*

p.106 **dividida ao meio**: Hoerling, M. e outros, "Detection and attribution of 20th century northern and southern African monsoon change", *Journal of Climate*, 19, 16, 2005, 3989-4008.

p.108 **remobilização total**: Thomas, D. e outros, "Remobilization of southern African desert dune systems by twenty-first century global warming", *Nature*, 435, 2005, p.1218-21.

p.111 **evoluído para o bipedalismo**: Haywood, A., e Valdes, P., "Vegetation cover in a warmer world simulated using a dynamic global vegetation model for the mid-Pliocene", *Palaeography, Palaeoclimatology, Palaeoecology*, 237, 2006, p.412-77.

p.112 **troncos e folhas fósseis**: Francis, J., e Hill, R., "Fossil plants from the Pliocene Sirius Group, Transantarctic Mountains; evidence for climate from growth rings and fossil leaves", PALAIOS, 11, 4, 1996, p.389-96.

p.112 **variedade de mamíferos**: Tedford, R., e Harrington, R., "An Arctic mammal fauna from the early Pliocene of North America", *Nature*, 425, 2003, p.388-90.

p.113 **25 metros mais alto**: Barreiro, M. e outros, "Simulation of warm tropical conditions with application to middle Pliocene atmospheres", *Climate Dynamics*, 26, 2006, p.249-365.

p.113 **reconstrução das temperaturas marítimas**: Haywood, A. e outros, "Warmer tropics during the mid-Pliocene? Evidence from alkenone paleothermometry and a fully coupled ocean-atmosphere GCM", *Geochemistry, Geophysics, Geosystems*, 6,3, 2005, 20p.

p.113 **"da maior importância para se compreender"**: British Antarctic Survey, "Carbon dioxide role in past climate revealed", *press release*, 11 de abril de 2005.

p.113 **sazonalmente sem gelo**: Haywood, A. e outros, "Warmer tropics during the mid-Pliocene? Evidence from alkenone paleothermometry and a fully coupled ocean-atmosphere GCM", *Geochemistry, Geophysics, Geosystems*, 6,3, 2005, 20p.

p.113 **circulação atlântica ... reduzida**: Raymo, M. e outros, "Mid-Pliocene warmth: stronger greenhouse and stronger conveyor", *Marine Micropaleontology*, 27, 1996, p.313-26.

p.114 **360 a 400 partes por milhão (ppm)**: Haywood, A., e Valdes, P., "The climate of the future: clues from three million years ago", *Geology Today*, 21, 4, 2005, p.138-43.

p.114 **pouco menos que três graus**: Haywood, A., e Valdes, P., "Modelling Pliocene warmth: contribution of atmosphere, oceans and cryosphere", *Earth and Planetary Science Letters*, 218, 2004, p.363-77; Jiang, D. e outros, "Modelling the middle Pliocene climate with a global atmospheric general circulation model", *Journal of Geophysical Research*, 110, 2005, D14107.

p.115 **tempestades ... fome**: Couper-Johnston, R., *El Niño: The Weather Phenomenon that Changed the World*, Hodder & Stoughton, 2000.

p.116 **trouxeram os icebergs**: Ibid.

p.116 **sempre foi seguida**: Khrishna Kumar, K. e outros, "Unraveling the mistery of Indian monsoon failure during El Niño", *Science*, 314, 2006, p.115-19.

p.116 **quase permanente de El Niño**: Boer, G. e outros, "Is there observational suport for an El Niño-like pattern of future global warming?", *Geophysical Research Letters*, 31, 2004, L06201.

p.116 **eventos mais fracos de El Niño**: Meehl, G. e outros, "Future changes of El Niño in two global coupled climate models", *Climate Dynamics*, 26, 2006, p.549-66.

p.117 **pequenas alterações**: Collins, M., e os CMIP Modelling Groups, "El Niño or La Niña-like climate change", *Climate Dynamics*, 24, 2005, p.89-104; Cane, M., "The evolution of El Niño, past and future", *Earth and Planetary Science Letters*, 230, 2005, p.237-40.

p.117 **mais fracos, ou totalmente ausentes**: Boer, G. e outros, "Is there observational support for an El Niño-like pattern of future global warming?", *Geophysical Research Letters*, 31, 2004, L06201.

p.117 **os ventos ... do leste enfraqueceram, ou acabaram**: Barreiro, M. e outros, "Simulation of warm tropical conditions with application to middle Pliocene atmosphere", *Climate Dynamics*, 26, 2006, p.249-365.

p.117 **ventos ... já começaram a enfraquecer**: Vecchi, G. e outros, "Weakening of tropical Pacific atmospheric circulation due to anthropogenic forcing", *Nature*, 441, 2006, p.73-6.

p.117 **"super-El Niños"**: Hansen, J. e outros, "Global temperature change", *Proceedings of the National Academy of Sciences*, 103, 39, 2006, 14288-93.

p.118 **A Europa... invernos mais secos**: Müller, W., e Roeckner, E., "ENSO impact on midlatitude circulation patterns in future climate change projections", *Geophysical Research Letters*, 33, 2006, L05711.

p.118 **cortes dos ventos**: Vecchi, G., e Soden, B., "Increased tropical Atlantic wind shear in model projections of global warming", *Geophysical Research Letters*, 334, 2007, L08702.

p.118 **regiões ... secas da Califórnia**: Maurer, E. e outros, "Amplification of streamflow impacts of El Niño by increased atmospheric greenhouse gases", *Geophysical Research Letters*, 33, 2006, L02707.

p.120 **um salto de 1,5°C**: Cox, P. e outros, "Acceleration of global warming due to carbon cycle feedbacks in a coupled climate model", *Nature*, 408, 2000, p.184-7.

p.120 **carbono armazenado**: Fung, I. e outros, "Evolution of carbon sinks in a changing climate", *Proceedings of the National Academy of Sciences*, 103, 39, 2005, 14288-93.

p.120 **equipe francesa repetiu**: Berthelot, M. e outros, "How uncertainties in future climate change predictions translate into future terrestrial fluxes", *Global Change Biology*, 11, 2005, 1-12.

p.120 **Outro grupo**: Zeng., N. e outros, "How strong is carbon cycle feedback under global warming?", *Geophysical Research Letters*, 31, 2004, L20203.

p.121 **modelos que examinaram**: Li, W. e outros, "Future precipitation changes and their implications for tropical peatlands", *Geophysical Research Letters*, 34, 2007, L01403.

p.122 **"mecanismo de energia hidrológica"**: Bunyard, P., "Climate and the Amazon: Consequences for our planet", *The Ecologist*, outubro de 2002.

p.122 **o governo brasileiro**: Ibid.

p.122 **a precipitação de chuvas se reduz**: Betts, R. e outros, "The role of ecosystem-atmosphere interactions in simulated Amazonian precipitation decrease and forest dieback under global climate warming", *Theoretical and Applied Climatology*, 78, 2004, p.137-56.

p.122 **completamente deserto**: Cowling, S., e outros, "Contrasting simulated past and future responses of the Amazonian forest to atmospheric change", *Philosophical Transactions of the Royal Society of London B*, 359, 2004, p.367-80.

p.122 **Toda temporada de queimadas**: Barlow, J., e Peres, C., "Ecological responses to El Niño-induced surface fires in central Brazilian Amazonia: management implications for flammable tropical forests", *Philosophical Transactions of the Royal Society of London B*, 359, 2004, p.367-80.

p.124 **New South Wales**: Hennessy, K. e outros, *Climate Change in New South Wales: Part 2 — Projected changes in climate extremes*, CSIRO, novembro de 2004, 79pp.

p.124 **a freqüência das secas poderá triplicar**: Ibid.

p.124 **as chuvas ... poderão reduzir-se**: Hennessy, K. e outros, *Climate Change in New South Wales: Part 1 — Past climate variability and projected changes in average climate*, CSIRO, novembro de 2004, 46p.; *ver* p.36 para projeções concernentes a este capítulo, usando o cenário de estabilização da concentração de CO_2 em 550ppm em 2070.

p.125 **Victoria**: Suppiah, R. e outros, *Climate change in Victoria: Assessment of climate change for Victoria: 2001-2002*, CSIRO, abril de 2004, 33p.

p.125 **O sudoeste da Austrália**: Timbal, B., "Southwest Australia past and future rainfall trends", *Climate Research*, 26, 2004, p.233-49.

p.125 **idosos irão morrer**: Woodruff, R. e outros, *Climate Change Health Impacts in Austrália: Effects of Dramatic CO_2 Emissions Reductions*, Australian Conservation Foundation and Australian Medical Association, 2005, 45pp.

p.125 **dengue**: Ibid.

p.125 **350 litros de água**: Australian Natural Resources Atlas — Water, Australian Government Department of the Environment and Heritage, http://audit.deh.gov.au/ANRA/water/water_frame.cfm?region_type=AUS&region_code=AUS&info=allocation.

p.125 **Darwin e Queensland**: Pittock, B. (org.) *Climate Change — An Australian Guide to the Science and Potential Impacts*, Australian Greenhouse Office, 2003, p.88.

p.125 **permanecerão viáveis**: Luo, Q. e outros, "Risk analysis of possible impacts of climate change on South Australian wheat production", *Climatic Change*, 85, 1-2, 2007, p.89-101.

p.125 **A bacia do rio Murray-Darling**: Pittock, B. (org.), *Climate Change — An Australian Guide to the Science and Potential Impacts*, Australian Greenhouse Office, 2003, p.88, baseado num cenário médio A1 do IPCC até 2100.

p.126 **queda na precipitação pluviométrica anual**: Hope, P., "Projected future changes in synoptic systems influencing southwest Western Australia", *Climate Dynamics*, 26, 2006, p.765-80.

p.126 **monte Pinatubo**: Fromm, M. e outros, "Violent pyro-convective storm devastates Australia's capital and pollutes the stratosphere", *Geophysical Research Letters*, 33, 2006, L05815.

p.129 **crescente intensidade dos furacões**: Knutson, T., e Tuleya, R., "Impact of CO_2-induced warming on simulated hurricane intensity and precipitation: sensitivity to the choice of climate model and convective parameterisation", *Journal of Climate*, 17, 18, 2004, 3477-95.

p.129 **Os furacões**: Emanuel, K., *Divine Wind: The History and Science of Hurricanes*, Oxford University Press, 2005, p.258.

p.130 **estimular a seca**: Sewall, J., e Sloan, L., "Disappearing Arctic sea ice reduces available water in the Americana west", *Geophysical Research Letters*, 31, 2004, L06209.

p.131 **80%**: Johannessen, O. e outros, "Arctic climate change: observed and modelled temperature and sea ice variability", *Tellus*, 26A, 2004, p.328-41.

p.131 **"nova condição no Ártico"**: Stroeve, J. e outros, "Arctic sea ice decline: Fasten than forecast", *Geophysical Research Letters*, 34, 2005, L09501.

p.131 **Calotas de gelo menores**: Oerlemans, J. e outros, Estimating the contribution of Arctic glaciers to sea-level change in the next 100 years", *Annals of Glaciology*, 42, 1, 2005, p.230-6.

p.132 **3.500 quilômetros cúbicos**: CWE Glaciers Group, *The Impact of Climate Change on Glaciers in the Nordic Countries*, The CWE Project, 2004, 42p.

p.132 **elevação de 25cm**: Raper, S., e Braithwaite, R., "The potential for seal level rise: New estimates from glacier and ice cap area and volume distributions", *Geophysical Research Letters*, 32, 2005, L05502.

p.132 **a Noruega desfrutará uma estação produtiva**: Skaugen, T., e Tweito, O., "Growing-season and degree-day scenario in Norway for 2021-2050", *Climate Research*, 26, 2004, p.221-32.

p.132 **Finlândia**: Dankers, R., e Christensen, O., "Climate change impact on snow coverage, evaporation and river discharge in the sub-Arctic Tanna basin, Northern Fennoscandia", *Climatic Change*, 69, 2005, p.367-92.

p.134 **se revoltarem, ou até mesmo de cometerem o regicídio**: Diamond, J., *Collapse: How Societies Choose to Fail or Survive*, 2005, Allen Lane, Capítulo 5 – The Maya Collapses.

p.134 **Registros ... nos leitos dos lagos**: Hodell, D. e outros, "Terminal Classic drought in the northern Maya lowlands inferred from multiple sediment cores in Lake Chichancanab (Mexico)", *Quaternary Science Reviews*, 25, 12-13, 2005, 1413-27.

p.134 **"repetidas secas anuais intensas"**: Huag, G. e outros, "Climate and the collapse of Maya civilization", *Science*, 299, 2003, 1731-5.

p.135 **um a dois milímetros por dia**: Johns, T. e outros, "Anthropogenic climate change for 1860-2100 simulated with the HadCM3 model under updated emissions scenarios", *Climate Dynamics*, 20, 2003, p.583-612 — *ver* gráfico 13-c para o mundo no cenário B1.

p.135 **agravar o desmatamento**: Breshears, D. e outros, "Regional vegetation die-off in response to global-change-type drought", *PNAS*, 102, 42, 2005, p.15144-8.

p.135 **"pontos críticos" das mudanças climáticas**: Giorgi, E., "Climate change hot spots", *Geophysical Research Letters*, 33, 2006, L08707.

p.136 **as épocas passadas**: Burns, S. e outros, "Indian Ocean climate and absolute chronology over Dansgaard/Oeschger Events 9 to 13", *Science*, 301, 2003, 1365-7.

p.136 **"nuvem marrom asiática"**: Zickfield, K. e outros, "Is the Indian summer monsoon stable against global change?", *Geophysical Research Letters*, 32, 2005, L15707.

p.136 **muitos e variados estudos**: May, W., "Simulation of the variability and extremes of daily rainfall during the Indian summer monsoon for present and future times in a globaltime-slice experiment", *Climate Dynamics*, 22, 2004, p.183-204; Ueda, H. e outros, 2006: "Impact of anthropogenic forcing on the Asian summer monsoon as simulated by 8 GCMs", *Geophysical Research Letters*, 33, L06703.

p.137 **associados a grandes enchentes**: Dairaku, K., e Emori, S., "Dynamic and thermodynamic influences on intensified daily rainfall during the Asian summer monsoon under doubled atmospheric CO_2 conditions", *Geophysical Research Letters*, 33, 2006, L01704.

p.137 **ainda mais difícil**: Meehl, G., e Arblaster, J., "Mechanisms for projected future changes in south Asian monsoon precipitation", *Climate Dynamics*, 21, 2003, p.659-75.

p.137 **uma dura seca**: Abram, N. e outros, "Seasonal characteristics of the Indian Ocean Dipole during the Holocene epoch", *Nature*, 445, 2007, p.299-302; Overpeck, J., e Cole, J., "Lessons from a distant monsoon", *Nature*, 445, 2007, p.270-1.

p.139 **um recuo glacial acelerado**: WWF Nepal Program, *An Overview of Glaciers, Glacier Retreat, and Subsequent Impacts in Nepal, India and China*, WWF, março de 2005, 70p.

p.140 **uma redução no suprimento de água**: Rees, G., e Collins, D., *An Assessment of the Potential Impacts of Deglaciation on the Water Resources of the Himalaya*, DFID KAR Projeto Nº R7980, 2004, 54p e anexos.

p.140 **China**: Barnett, T. e outros, "Potential impacts of a warming climate on water availability in snow-dominated regions", *Nature*, 438, 2005, p.303-9.

p.142 **rio Colorado**: Christensen, N. e outros, "The effect of climate change on the hydrology and water resources of the Colorado river basin", *Climatic Change*, 62, 2004, p.337-63.

p.142 **lago Mead**: Allen, J., "Drought lowers Lake Mead", NASA Earth Observatory, http://earthobservatory.nasa.gov/Study/Lake/Mead, 2003.

p.142 **o sistema basicamente entrará em falência total**: Christensen, N. e outros, "The effect of climate change on the hidrology and water resources of the Colorado river basin", *Climatic Change*, 62, 2004, p.337-63.

p.142 **Glen Canyon**: Para mais dados, visite o site do Glen Canyon Institute: http://www.glencanyon.org/.

p.143 **data média do descongelamento das neves primaveris**: Stewart, I. e outros, "Changes in snowmelt runoff timing in western North America under a 'business as usual' climate change scenario", *Climatic Change*, 62, 2004, p.217-32.

p.143 **irá para os oceanos**: Barnett, T. e outros, "Potential impacts of a warming climate on water availability in snow-dominated regions", *Nature*, 438, 2005, p.303-9.

p.143 **a costa do Pacífico**: Mote, P. e outros, "Preparing for climatic change: The water, salmon and forests of the Pacific northwest", *Climatic Change*, 61, 2003, p.45-88.

p.144 **Um rio canadense**: Lapp, S. e outros, "Climate warming impacts on snowpack accumulation in an alpine watershed", *International Journal of Climatology*, 25, 2005, p.521-36.

p.144 **as Rochosas**: Laprise, R. e outros, "Current and perturbed climate as simulated by the second-generation Canadian Regional Climate Model (CRCM-II) over northwestern North America", *Climate Dynamics*, 21, 2003, p.405-21.

p.144 ***dust bowl***: Seagers, R. e outros, "Model projections of an iminent transition to a more arid climate in Southwestern North America", *Science*, 316, 2007, p.1181-4.

p.144 **graves incêndios**: Westerling, A. e outros, "Warming and earlier spring increase western US Forest wildfire activity", *Science*, 313, 2006, p.940-3.

p.144 **incêndios fora de controle**: Fried, J. e outros, "The impact of climate change on wildfire severity: a regional forecast for northern California", *Climatic Change*, 64, 2004, p.169-91.

p.145 **a mais de risco de grandes incêndios**: Brown, T. e outros, "The impact of twenty-first century climate change on wildland fire danger in the western United States: An applications perspective", *Climatic Change*, 62, 2004, p.365-88.

p.146 **meio metro**: Gornitz, V. e outros, "Impacts of sea level rise in the New York City metropolitan area", *Global and Planetary Change*, 32, 2002, p.61-88.

p.146 **uma enchente a cada 100 anos**: Ibid.

p.146 **as praias ... poderão avançar para o interior**: Ibid.

p.147 **barreiras contra inundações**: Van Lenten, C., "Storm surge barriers for New York harbour?, *Science and the City*, http://www.nyas.org/snc/update.asp?UpdateID=28, 2005.

p.147 **Malcolm Bowman**: A primeira citação acima, a segunda em Bowman, M., "A city at sea", *New York Times*, 25 de setembro de 2005.

p.147 **duzentas vezes**: *London's Warming: The Impacts of Climate Change on London*, The London Climate Change Partnership, outubro de 2002, 293p.

p.148 **episódios de inundações**: Lowe, J. e outros, "Changes in occurrence of storm surges around the United Kingdom under a future climate scenario using a dynamic storm surge model driven by the Hadley Centre models", *Climate Dynamics*, 18, 2001, p.179-88.

p.148 **maiores ocorrências de ventos tempestuosos**: Leckebusch, G., e Ulbrich, U., "On the relationship between cyclones and extreme windstorm events over Europe under climate change", *Global and Planetary Change*, 44, 2004, p.181-93.

p.148 **mais freqüentes pelo mundo inteiro**: Lambert, S., e Fyfe, J., "Changes in winter cyclone frequencies and strengths simulated in enhanced greenhouse warming experiments: results from the models participating in the IPCC diagnostic exercise", *Climate Dynamics*, 26, 2006, p.713-28.

p.148 **ressacas mais violentas**: Beniston, M. e outros, "Future extreme events in a European climate: An exploration of regional climate model projections", Prudence, WP5, 2004.

p.149 **intensificação do ciclo hidrológico**: Huntingdon, T., "Evidence for intensification of the global water cycle: Review and synthesis", *Journal of Hydrology*, 319, 2005, p.83-95.

p.1549 **um aumento na precipitação**: Zhang, X e outros, "Detection of human influence on twentieth-century precipitation trends", *Nature*, 448, 2007, p.461-5.

p.149 **episódios cada vez mais violentos**: Semmler, T, e Jacob, D., "Modeling extreme precipitation events — a climate change simulation for Europe", *Global and Planetary Change*, 44, 2004, p.119-27.

p.149 **nas grandes inundações**: Kay, A. e outros, "RCM rainfall for UK flood frequency estimation. II. Climate change results", *Journal of Hydrology*, 318, 2006, p.163-72.

p.149 **dilúvios e falta d'água**: Pal, J. e outros, "Consistency of recent European summer precipitation trends and extremes with future regional climate projections", *Geophysical Research Letters*, 31, 2004, L13202.

p.149 **Alpes**: Jaspers, K. e outros, "Differential impacts of climate change on the hydrology of two alpine river basins", *Climate Research*, 26, 2004, p.113-29.

p.150 **Reno**: Shabalova, M. e outros, "Assessing future discharge of the river Rhine using regional climate model integrations and a hydrological model", *Climate Research*, 23, 2003, p.2333-46.

p.150 **Mediterrâneo**: Gibelin, A.-L., e Déqué, M., "Anthropogenic climate change over the Mediterranean region simulated by a global variable resolution model", *Climate Dynamics*, 20, 2003, p.237-339.

p.150 **chuvas mais fortes e enchentes mais freqüentes**: McHugh, M., "Multi-model trends in East African rainfall associated with increased CO_2", *Geophysical Research Letters*, 32, 2005, L01707.

p.151 **85% das infecções**: *The World Health Report 2002: Reducing Risks, Promoting Healthy Life*, World Health Organization, 2002.

p.151 **96% do país**: Ebi, K. e outros, "Climate suitability for stable malaria transmission in Zimbabwe under different climate change scenarios", *Climatic Change*, 73, 2005, p.375-93.

p.151 **milhões de pessoas a mais**: Van Leishout, M. e outros, "Climate change and malaria: analysis of the SRES climate and socio-economic scenarios", *Global Environmental Change*, 14, 2004, p.87-99.

p.151 **mais pessoas expostas**: Ibid.

p.153 **vegetação endêmica dos *tepuis***: Rull, V., e Vegas-Vilarrubia, T., "Unexpected biodiversity loss under global warming in the neotropical Guyana highlands: a preliminary appraisal", *Global Change Biology*, 12, 2006, p.1-9.

p.153 **recifes de corais**: Donner, S. e outros, "Global assessment of coral bleaching and required rates of adaptation under climate change", *Global Change Biology*, 11, 2005, p.2251-65.

p.154 **vegetação européia**: Thuiller, W. e outros, "Climate change threats to plant diversity in Europe", *PNAS*, 2005, 102, 23, 8245-50.

p.154 **Rochosas e nas Grandes Planícies**: Townsend Peterson, A., "Projected climate change effects on Rocky Mountain and Great Plain birds: generalities of biodiversity consequences", *Global Change Biology*, 9, 2003, p.647-55.

p.154 **nordeste da China**: Shao, G. e outros, "Sensitivities of species compositions of the mixed forest in eastern Eurasian continent to climate change", *Global and Planetary Change*, 37, 2003, p.307-13.

p.155 **"novos" climas**: Williams, J., Jackson, S., e Kutzbach, J., "Projected distributions of novel and disappearing climates by 2100 AD", *PNAS*, 1104, 14, 2007, p.5.738-42.

p.155 **numa faixa entre um terço e a metade**: Thomas, C. e outros, "Extinction risk from climate change", *Nature*, 427, 2004, p.145-8.

p.156 **"declinar numa taxa de 10%"**: Halweil, B., "The irony of climate", *Worldwatch Magazine*, março/abril de 2005.

p.156 **nos trópicos semi-áridos da África**: Sivakumar, M. e outros, "Impacts of present and future climate variability and change on agriculture and forestry in the arid and semi-arid tropics", *Climatic Change*, 70, 2005, p.31-72.

p.156 **declínios**: Easterling, W., e Apps, M., "Assessing the consequences of climate change for food and Forest resources: a view from the IPCC", *Climatic Change*, 70, 2005, p.165-89.

p.157 **"os grandes celeiros do planeta"**: Ibid.

p.157 **Estados Unidos, as áreas ao sul**: Tsvetsinskaya, A. e outros, "The effect of spatial scale of climate change scenarios on simularted maize, winter wheat and rice production in the southeastern United States", *Climatic Change*, 60, 2003, p.37-71.

p.157 **prejuízos adicionais causados pelas enchentes**: Rosenzweig, C. e outros, "Increased crop damage in the US from excess precipitation under climate change", *Global Environmental Change*, 12, 2002, p.197-202.

p.157 **"deslocar-se centenas de quilômetros"**: Motha, R., e Baier, W., "Impacts of present and future climate change and climate variability on agriculture in the temperate regions: North America", *Climate Change*, 70, 2005, p.137-64.

p.157 **elevar os preços de mercado**: Easterling, W., e Apps, M., "Assessing the consequences of climate change for food and forest resources: a view from the IPCC", *Climatic Change*, 70, 2005, p.165-89.

4. Quatro graus *(p.159-84)*

p.160 **50 centímetros**: El Raey, M. e outros, "Adaptation to the impacts of sea level rise in Egypt", *Climate research*, 12, 1999, p.117-28.

p.161 **Boston**: Kirshen, P. e outros, sem data: *Climate's Long-Term Impacts on Metro Boston (CLIMB)*, resumo para mídia.

p.161 **Nova Jersey**: Cooper, M. e outros, *Future Sea Level Rise and the New Jersey Coast: Assessing Potential Impacts and Opportunities*, Science, Technology and Environmental Policy Program, Woodrow Wilson School of Public and International Affairs, Princeton University, junho de 2005.

p.163 **O manto de gelo da Antártida ocidental**: Mercer, J.H., "West Antarctic ice sheet and CO_2 greenhouse effect: A threat of disaster", *Nature*, 271, 1978, p.321-5.

p.163 **acelerar o processo de recuo**: Payne, A. e outros, "Recent dramatic thinning of the largest West Antarctic ice stream triggered by oceans", *Geophysical Research Letters*, 31, 2004, L23401.

p.163 **perdendo ... gelo**: Velicogna, I., e Wahr, J., "Measurements of time-variable gravity show mass loss in Antarctica", *Science*, 311, 2006, 1754-6.

p.163 **propagado ... muito para o interior**: Kerr, R., "A bit of icy Antarctica is sliding towards the sea", *Science*, 305, 2004, 1897.

p.163 **acrescentando 0,14 milímetros**: Thomas, R. e outros, "Accelerated sea-level rise from West Antarctica", *Science*, 306, 2004, p.255-8; Van den Broeke, M. e outros, "Snowfall in West Antarctica much greater than preciously assumed", *Geophysical Research Letters*, 33, 2006, L02505. Este último com uma nova atualização.

p.164 **"monitorando"**: NASA mission news, 15 de maio de 2007: "NASA finds ast regions of West Antarctica melted in recent past", disponível em http://www.nasa.gov/vision/earth/lookingatearth/arctic-200705.html.

p.165 **aceleraram o seu fluxo**: Alley, R. e outros, "Ice-sheet and sea-level changes", *Science*, 310, 2005, p.456-60.

p.165 **Ross e Ronne**: Oppenheimer, M., e Alley, R., "Ice sheets, global warming, and Article 2 of the UNFCCC", *Climatic Change*, 68, 2005, p.257-67.

p.166 **leitos submarinos**: Bindshadler, R., "Hitting the ice sheets where it hurts", *Science*, 311, 2006, p.1720-1.

p.166 **quase 40 milhões de anos**: Zachos, J. e outros, "Trends, rhythms, and aberrations in global climate over 65 Ma to present", *Science*, 292, 2001, p.686-93.

p.167 **a água costeira da China**: Liu, J., e Diamond, J., "China's environment in a globalizing world", *Nature*, 435, 2005, 1179-86.

p.167 **tão vorazes quanto os americanos**: Brown, L., "Learning from China: Why the Western economic model will not work for the world", Earth Policy Institute, Eco-Economy Update, 9 de março de 2005: http://www.earth-policy.org/Updates/2005/Update46.htm.

p.168 **a produção agrícola da China irá desmoronar**: China-UK collaboration project, *Investigating the Impacts of Climate Change on Chinese Agriculture*, Defra, 2004.

p.169 **Austrália**: Hare, B., "Relationship between increases in global mean temperature and impacts on ecosystems, food production, water and socio-economic systems", *in* Schellnhuber, F.J. (org.), *Avoiding Dangerous Climate Change*, Cambridge University Press, 2006.

p.169 **Índia**: *Climate Change Scenarios for India*, Keysheet 2, Defra, 2005.

p.169 **análise global**: Wang, G., "Agricultural drought in a future climate: results from 15 global climate models participating in the IPCC 4th assessment", *Climate Dynamics*, 29, 2005, p.739-53.

p.169 **China ... civilizações**: Chang Huang, C. e outros, "Climatic aridity and the relocations of the Zhou culture in the southern Loess Plateau of China", *Climatic Change*, 61, 2003, p.361-78.

p.170 **civilização harappa**: Staubwasser, M. e outros, "Climatic change at the 4.2 ka BP termination of the Indus valley civilization and the Holocene south Asian monsoon variability", *Geophysical Research Letters*, 30, 8, 2003, p.1.425.

p.172 **declínios nas precipitações pluviométricas**: Raisanen, J. e outros, "European climate in the late twenty-first century: regional simulations with two driving global models and two forced scenarios", *Climate Dynamics*, 22, 2004, p.13-31.

p.172 **ondas de calor**: Holt, T., e Palutikof, J., *The Effect of Global Warming on Heat Waves and Cold Spells in the Mediterranean*, Prudence Deliverable D5A4, Climate Research Unit, 2004.

p.172 **aumento de 200 a 500%**: Diffenbaugh, N. e outros, "Heat stress intensification in the Mediterranean climate change hotspot", *Geophysical Research Letters*, 34, 2007, L11706.

p.172 **Suíça**: Beniston, M., e Diaz, H., "The 2003 heat wave as an example of summers in a greenhouse climate? Observations and climate model simulations for Basel, Switzerland", *Global and Planetary Change*, 44, 2004, p.73-81.

p.173 **Inglaterra**: Brabason, B. e outros, "Soil moisture and predicted spells of extreme temperatures in Britain", *Journal of Geophysical Research*, 110, 2005, D05104.

p.173 **as temperaturas no continente**: Rowell, D., "A scenario of European climate change for the late twenty-first century: seasonal means and interannual variability", *Climate Dynamics*, 25, 2005, p.837-49.

p.173 **mar Cáspio**: Elguindi, M., e Giorgi, F., "Projected changes in the Caspian Sea level for the 21st century based on the latest AOGCM models", *Geophysical Research Letters*, 33, 2006, L08706.

p.173 **"pontos críticos"**: Giorgi, F., "Climate change hot spots", *Geophysical Research Letters*, 33, 2006, L08707.

p.175 **a neve vai ser uma raridade**: Duração da camada de neve segundo o gráfico da fig.3 *in* Beniston, M. e outros, "Snow pack in the Swiss Alps under changing climatic conditions: an empirical approach for climate impacts studies", *Theoretical and Applied Climatology*, 74, 2003, p.19-31.

p.175 **3.000 metros**: Beniston, M. e outros, "Estimates of snow accumulation and volume in the Swiss Alps under changing climatic conditions", *Theoretical and Applied Climatology*, 76, 2003, p.125-40.

p.175 **geleiras vão desaparecer**: Zemp, M. e outros, "Alpine glaciers to disappear within decades?", *Geophysical Research Letters*, 33, 13, 2006, L13504.

p.175 **As ondas de calor**: Beniston, M., "Warm winter spells in the Swiss Alps: Strong heat waves in a cold season? A study focusing on climate observations at the Saentis high mountain site", *Geophysical Research Letters*, 32, 2005, L01812.

p.177 **o norte da Europa**: Fischer-Bruns, I. e outros, "Modelling the variability of midlatitude storm activity on decadal to century time scales", *Climate Dynamics*, 25, 2005, p.461-76.

p.177 **Escócia**: Yin, J.,"A consistent poleward shift in the storm tracks in simulatioins of 21st century climate", *Geophysical Research Letters*, 32, 2005, L18701.

p.177 **Os custos ... poderão aumentar**: Leckebusch, G. e outros, "Property loss potentials for European midlatitude storms in a changing climate", *Geophysical Research Letters*, 34, 2007, L05703.

p.177 **em menor número**: Lambert, F., e Fyfe, J., "Changes in winter cyclone frequencies and strengths simulated in enhanced greenhouse warming experiments: results from the models participating in the IPCC diagnostic exercise", *Climate Dynamics*, 26, 2006, p.713-28.

p.177 **o sul e o leste ... da Inglaterra**: UKCIP, *Climate Change Scenarios for the United Kingdom*, The UKCIP02 Briefing Report, abril de 2002.

p.178 **Estima-se ... irão quadruplicar**: *Future Flooding*, sumário executivo, Foresight programme, UK Office of Science and Technology, s.d.

p.178 **Toda a costa inglesa**: Ibid.

p.178 **As nevadas**: UKCIP, *Climate Change Scenarios for the United Kingdom*, The UKCIP02 Briefing Report, abril de 2002.

p.179 **tese de doutorado**: http://www.lib.utexas.edu/etd/d/2005/cooked44152/cooked44152.pdf; artigo: Cooke, J. e outros, "Precise timing and rate of massive late Quaternary soil denudation", *Geology*, 31, 10, 2003, p.853-6.

p.180 **chuvas convectivas com maior intensidade**: Chen, M. e outros, "Changes in precipitation characteristics over North America for doubled CO_2", *Geophysical Research Letters*, 32, 2005, L19716.

p.180 **Toda a superfície de terra**: Semenov, V., e Bengtsson, L., "Secular trends in daily precipitation characteristics: greenhouse gas simulation with a coupled AOGCM", *Climate Dynamics*, 19, 2002, p.123-40.

p.180 **Na Europa central e setentrional**: Frei, C. e outros, "Future change of precipitation extremes in Europe: Intercomparison of scenarios from regional climate models", *Journal of Geophysical Research*, 111, 2006, D06105.

p.180 **Ciclones de inverno**: Lambert, F., e Fyfe, J., "Changes in winter cyclone frequencies and strengths simulated in enhanced greenhouse warming experiments: results from the models participating in the IPCC diagnostic exercise", *Climate Dynamics*, 26, 2006, p.713-28.

p.180 **a região leste da Austrália**: Walsh, K. e outros, "Fine-resolution regional climate model simulations of the impact of climate change on tropical cyclones near Australia", *Climate Dynamics*, 22, 2004, p.47-56.

p.180 **Coréia**: Boo, K.-O. e outros, "Response of global warming on regional climate change over Korea: An experiment with the MM5 model", *Geophysical Research Letters*, 31, 2004, L21206.

p.181 **o Pólo Norte ... no verão**: Teng, H. e outros, "Twenty-first century Arctic climate change in the CCSM3 IPCC scenario simulations", *Climate Dynamics*, 26, 2006, p.601-16.

p.181 ***permafrost* ... encolherá**: Lawrence, D., e Slater, A., "A projection of severe near-surface permafrost degradation during the 21st century", *Geophysical Research Letters*, 32, 2005, L24401.

p.181 **No extremo leste da Rússia**: Arctic Climatic Impact Assessment, *Impacts of a Warming Arctic*, Cambridge University Press, 2004, p.87-8.

p.182 **água doce seguindo**: Lawrence D., e Slater, A., "A projection of severe near-surface permafrost degradation during the 21st century", *Geophysical Research Letters*, 32, 2005, L24401.

p.182 **carbono ... encerradas**: Frey, K., e Smith, L., "Amplified carbon release from vast West Siberian peatlands by 2100", *Geophysical Research Letters*, 32, 2005, L09401.

p.183 **"desligando a geladeira"**: Walker, G., "A world melting from the top down", *Nature*, 446, 2007, p.718-21.

p.183 **700% de aumento**: Frey, K., e Smith, L., "Amplified carbon release from vast West Siberian peatlands by 2100", *Geophysical Research Letters*, 32, 2005, L09401.

p.183 **lodaçal recentemente derretido**: Christensen, T.,e outros, "Thawing sub-arctic permafrost: Effects on vegetation and methane emissions", *Geophysical Research Letters*, 31, 2005, L04501.

p.183 **lagos descongelados**: Walter, K.M. e outros, "Methane bubbling from Siberian thaw lakes as a positive feedback to climate warming", *Nature*, 443, 2006, p.71-5.

p.183 **já se acelera**: Torre Jorgenson, M. e outros, "Abrupt increase in permafrost degradation in Arctic Alaska", *Geophysical Research Letters*, 33, 2006, L02503.

p.184 **"as quantidades potenciais"**: Ibid.

p.184 **exagerada**: Delisle, G., "Near-surface permafrost degradation: How severe during the 21st century?", *Geophysical Research Letters*, 34, 2007, L09503.

p.184 **"duplicássemos"**: Walker, G., "A world melting from the top down", *Nature*, 446, 2007, p.718-21.

5. Cinco graus *(p.185-204)*

p.185 **tanto a evaporação quanto a precipitação de chuvas aumentam**: Manabe, S. e outros, "Century-scale change in water availability: CO_2-quadrupling experiment", *Climatic Change*, 64, 2004, p.59-76.

p.185 **trópicos ... O Reino Unido**: Huntingford, C. e outros, "Regional climate-model predictions of extreme rainfall for a changing climate", *Quarterly Journal of the Royal Meteorological Society*, 129, 2003, p.1.607-21.

p.186 **"à expansão dos grandes desertos"**: Manabe, S. e outros: "Century-scale change in water availability: CO_2-quadrupling experiment", *Climatic Change*, 64, 2004, p.59-76.

p.187 **blocos de neve ... da Califórnia**: Hayhoe, K. e outros, "Emissions pathways, climate change, and impacts on California", *Proceedings of the National Academy of Sciences*, 101, 34, 2004, p.12.422-7.

p.187 **Iêmen**: Brown, L., *Plan B: Rescuing a Planet under Stress and a Civilization in Trouble*, W.W. Norton & Co., 2003, p.31-2.

p.188 **declínios na produção agrícola**: Parry, M. e outros, "Effects of climate change on global food production under SRES emissions and socio-economic scenarios", *Global Environmental Change*, 14, 2004, p.53-67.

p.188 **James Lovelock**: comunicação pessoal, 31 de março de 2006.

p.189 **duplicação**: Flannigan, M. e outros, "Future area burned in Canada", *Climatic Change*, 72, 2005, p.1-16.

p.189 **começo do Eoceno**: Dawson, M. e outros, "Paleogene terrestrial vertebrates: northernmost occurrence, Ellesmere Island, Canada", *Science*, 192, 1976, p.781-2.

p.190 **diferenças entre as estações**: McKenna, M., "Eocene paleolatitude, climate and mammals of Ellesmere Island", *Palaeography, Palaeoclimatology, Palaeoecology*, 30, 1976, p.349-62.
p.190 **novas espécies de mamíferos**: Rose, K., "Clarkforkian Land-Mammal Age: revised definition, zonation, and tentative intercopntinental correlation", *Science*, 208, 1980, p.744-6.
p.191 **episódio de extinção**: Kennett, J., e Stott, L., "Abrupt deep-sea warming, palaeoceanographic changes and benthic extinctions at the end of Palaeocene", *Nature*, 353, 1991, p225-9.
p.192 **Dickens achou**: Dickens, G. e outros, "Dissociation of oceanic methane hydrate as a cause of the carbon isotope excursion at the end of the Paleocene", *Paleoceanography*, 10, 1995, p.965-71.
p.192 **Miriam encontrou ... evidências**: Katz, M. e outros, "The source and fate of massive carbon input during the latest Paleocene Thermal Maximum", *Science*, 286, 1999, p.1.531-3.
p.193 **os geólogos dataram**: Storey, M. e outros, "Paleocene-Eocene Thermal Maximum and the opening of the Northeast Atlantic", *Science*, 316, 2007, p.587-9.
p.193 **Espanha**: Schmitz, B., e Pujalte, V., "Sea-level, humidity, and land-erosion records across the initial Eocene thermal maximum from a continental-marine transect in northern Spain", *Geology*, 31, 8, 2003, p.689-92.
p.193 **"megaventilador"**: Schmitz, B., e Pujalte, V., "Abrupt increase in seasonal extreme precipitation at the Paleocene-Eocene boundary", *Geology*, 35, 3, 2007, p.215-18.
p.193 **os mares ácidos**: Zachos, J. e outros, "Rapid acidification of the ocean during the Paleocene-Eocene Thermal Maximum", *Science*, 308, 2005, p.1.611-15.
p.194 **América do Norte**: Retallack, G., "Pedogenic carbonate proxies for amount and seasonality of precipitation in paleosols", *Geology*, 33, 4, 2005, p.333-6.
p.194 **Rochosas**: Sewall, J., e Sloan, L., "Come a little bit closer: A high-resolution climate study of the early Paleogene Laramide foreland", *Geology*, 34, 2, 2006, p.81-4.
p.194 **a Inglaterra e a Bélgica**: Retallack, G., "Pedogenic carbonate proxies for amount and seasonality of precipitation in paleosols", *Geology*, 33, 4, 2005, p.333-6.
p.194 **o seu próprio efeito estufa**: Jahren, A., e Sternberg, L., "Humidity estimate for the middle Eocene Arctic rain forest", *Geology*, 31, 5, 2003, p.463-6.
p.194 **temperaturas próximas às do Pólo Norte**: Sluijs, A. e outros, "Subtropical Arctic Ocean temperatures during the Palaeocene/Eocene thermal maximum", *Nature*, 441, 2006, p.610-13.
p.194 **temperaturas do ar**: Weijers, J. e outros, "Warm Arctic continents during the Palaeocene-Eocene Thermal Maximum", *Earth and Planetary Science Letters*, no prelo, 2007.
p.194 **muito mais chuvas**: Pagani, M. e outros, "Arctic hydrology during global warming at the Palaeocene/Eocene thermal maximum", *Nature*, 442, 2006, p.671-5.
p.194 **sem gelo**: Kerr, R., "Signs of a warm, ice-free Arctic", *Science*, 305, 2004, p.1.693.
p.194 **temperaturas médias elevavam-se**: Pagani, M. e outros, "An ancient carbon mystery", *Science*, 314, 2006, p.1.556-7.
p.195 **Gerald Dickens**: Dickens, G., "The blast in the past", *Nature*, 401, 1999, p.752-5.
p.195 **John Higgins e Daniel Schrag**: Higgins, A., e Schrag, D., "Beyond methane: Towards a theory for the Paleocene-Eocene Thermal Maximum", *Earth and Planetary Science Letters*, 245, 2006, p.523-37.

p.195 **até o início do Eoceno**: Lowenstein, T., e Demicco, R., "Elevated Eocene atmospheric CO_2 and its subsequent decline", *Science*, 313, 2006, 11928.

p.195 **30 vezes mais rápidas**: "Lesson from 55 million years ago says climate change could be faster than expected", *Daily Telegraph*, 17 de fevereiro de 2006.

p.195 **ondas de calor cáusticas**: Thomas, D. e outros, "Warming the fuel for the fire: Evidence for the thermal dissociation of methane hydrate during the Paleocene-Eocene thermal maximum", *Geology*, 30, 12, 2002, p.1.067-70.

p.195 **reduzir-se em 85%**: Buffett, B., e Archer, D., "Global inventory of methane hydrate: sensitivity to changes in the deep ocean", *Earth and Planetary Science Letters*, 227, 2004, p.185-99.

p.196 **oceano Ártico**: *vide* "Methane hydrates and global warming", Real Climate blog, 12 de dezembro de 2005, http://www.realclimate.org/index.php?p.227.

p.196 **um mapa**: Hadley Centre, *Stabilising Climate to Avoid Dangerous Climate Change — a Summary of Relevant Research at the Hadley Centre*, 2005, p.9: "Increasing natural methane emissions".

p.197 **um desses tsunamis atingiu as ilhas Britânicas**: Sissons, J., e Smith, D., "Peat bogs in a post-glacial sea and a buried raised beach in the western part of the Carse of Stirling", *Scottish Journal of Geology*, 1, 1965, p.247-55.

p.197 **Northumberland**: Smith, D. e outros, "The Holocene Storegga Slide tsunami in the United Kingdom", *Quaternary Science Reviews*, 23, 2004, p.2291-321.

p.197 **Shetlands**: Bondevik, S. e outros, "Record-breaking height for 8.000-year-old tsunami in the North Atlantic", *Eos*, 84, 31, 2004, p.289-300.

p.198 **20 metros nas Shetlands**: Ibid.

p.198 **liberação de hidratos de metano**: Zillmer, M. e outros, "Imaging and quantification of gas hydrate and free gas at the Storegga slide offshore Norway", *Geophysical Research Letters*, 32, 2005, L04308.

p.198 **marcas de buracos**: *ver* "Methane hydrates and global warming", Real Climate blog, 12 de dezembro de 2005, http://www.realclimate.org/index.php?p=227.

p.198 **perdeu todo o hidrato de metano**: Paull, C. e outros, "Assessing methane release from the colossal Storegga submarine landslide", *Geophysical Research Letters*, 34, 2007, L04601.

p.199 **há mais de 10 mil anos**: Pagani, M. e outros, "An ancient carbon mystery", *Science*, 314, 2006, p.1.556-7.

p.199 **Evidências geológicas da América do Norte**: Wing, S. e outros, "Transient floral change and rapid global warming at the Paleocene-Eocene boundary", *Science*, 310, 2005, p.993-6.

p.199 **o PETM no início era tão seco como quente**: Ibid.

6. Seis graus *(p.205-27)*

p.205 **período Cretáceo**: Skelton, P. (org.), *The Cretaceous World*, Cambridge University Press, 2003.

p.207 **rochas cretacianas**: Ibid.

p.207 **champsossauros**: Tarduno, J. e outros, "Evidence for extreme climatic warmth from Late Cretaceous Arctic vertebrates", *Science*, 282, 1998, p.2.241-4.

p.207 **protuberâncias**: Ito, M. e outros, "Temporal variation in the wavelength of hummocky cross-stratification: Implications for storm intensity through Mesozoic and Cenozoic", *Geology*, 29, 1, 2001, p.87-9.

p.207 **América do Norte**: White, T. e outros, "Middle Cretaceous greenhouse hydrologic cycle of North America", *Geology*, 29, 4, 2001, p.363-6.

p.207 **Atlântico tropical**: Bice, K. e outros, "A multiple proxy and model study of Cretaceous upper ocean temperatures and atmospheric CO_2 concentrations", *Palaeoceanography*, 21, 2006, PA2002.

p.207 **Atlântico Sul**: Bice, K. e outros, "Extreme polar warmth during the Cretaceous greenhouse? Paradox of the late Turonian O18 record at Deep Sea Drilling Project Site 511", *Palaeoceanography*, 18, 2, 2003, p.1.031.

p.208 **tolerantes à seca**: Skelton, P. (org.), *The Cretaceous World*, Cambridge University Press, 2003.

p.208 **Península Antártida**: Poole, I. e outros, "A multi-proxy approach to determine Antarctic terrestrial palaeoclimate during the Late Cretaceous and Early Tertiary", *Palaeography, Palaeoclimatology, Palaeoecology*, 222, 2005, p.95-121.

p.208 **Pólo Sul**: Brentnall, S. e outros, "Climatic and ecological determinants of leaf lifespan in polar forests of the high CO_2 Cretaceous 'greenhouse' world", *Global Change Biology*, 11, 2005, p.2.177-95.

p.208 **Pólo Norte**: Jenkyns, H. e outros, "High temperatures in the Late Cretaceous Arctic Ocean", *Nature*, 432, 2004, p.888-92.

p.208 **supercontinente de Pangéia**: Poulsen, C., "Did the rifting of the Atlantic Ocean cause the Cretaceous thermal maximum?", *Geology*, 31, 2, 2003, p.115-18.

p.211 **correlação com os picos de aquecimento**: Jenkyns, H., "Evidence for rapid climate change in the Mesozoic-Palaeogene greenhouse world", *Philosophical Transactions of the Royal Society of London* A, 361, 2003, p.1.885-1916.

p.211 **liberações de hidrato de metano**: Kerr, R., "Quakes large and small, burps big and old", *Science*, 287, 2000, p.566-7.

p.212 **florescimento de algas**: Beckmann, B. e outros, "Orbital forcing of Cretaceous river discharge in tropical Africa and ocean response", *Nature*, 437, 2005, p.241-4.

p.212 **tubos verticais de rocha**: Svensen, H. e outros, "Hydrothermal venting of greenhouse gases triggering Early Jurassic global warming", *Earth and Planetary Science Letters*, 256, 2007, p.554-66.

p.213 **pulso**: Ibid.

p.214 **A maior parte da vida ... foi exterminada**: Benton, M., *When Life Nearly Died: The Greatest Mass Extinction of All Time*, Thames & Hudson, 2003, p.168.

p.214 **12 milímetros de estratos**: Kaiho, K. e outros, "Close-up of the end-Permian mass extinction horizon recorded in the Meishan section, South China: Sedimentary, elemental, and biotic characterization and a negative shift of sulfate sulfur isotope ratio", *Palaeography, Palaeoclimatology, Palaeoecology*, 239, 3-4, 2006, p.396-405.

p.215 **rápido aumento do efeito estufa**: Benton, M., *When Life Nearly Died: The Greatest Mass Extinction of All Time*, Thames & Hudson, 2003, p.267.

p.215 **erosão do solo**: Sephton, M., "Catastrophic soil erosion during end-Permian biotic crisis", *Geology*, 33, 12, 2005, p.941-4.

p.215 **"pico fúngico"**: Visscher, H. e outros, "The terminal Paleozoic fungal event: Evidence of terrestrial ecosystem destabilization and collapse", *PNAS*, 93, 5, 1996, p.2.155-8.

p.215 **bacia do Karoo**: Smith, R., e Ward, P., "Pattern of vertebrate extinctions across an event bed at the Permian-Triassic boundary in the Karoo Basin of South Africa", *Geology*, 29, 12, 2001, p.1.147-50.

p.216 **fascinante modelo**: Kidder, D., e Worsley, T., "Causes and consequences of extreme Permo-Triassic warming to globally equable climate and relation to the Permo-Triassic extinction and recovery", *Palaeography, Palaeogeography, Palaeoecology*, 203, 3-4, 2004, p.207-37.

p.217 **furacões**: Ibid.

p.217 **Sibéria**: Kamo, S. e outros, "Rapid eruption of Siberian flood-volcanic rocks and evidence for coincidence with the Permian-Triassic boundary and mass extinction at 251 Ma", *Earth and Planetary Science Letters*, 214, 2003, p.75-91.

p.218 **privado a terra ainda mais**: Benton, M., *When Life Nearly Died: The Greatest Mass Extinction of All Time*, Thames & Hudson, 2003.

p.218 **Os níveis de oxigênio**: Weidlich, O. e outros, "Permian-Triassic boundary interval as a model for forcing marine ecosystem collapse by long-term atmospheric oxygen drop", *Geology*, 31, 11, 2003, p.961-4.

p.218 **Esses eventos desenvolvem-se da seguinte maneira**: Ryskin, G., "Methane-driven oceanic eruptions and mass extinctions", *Geology*, 31, 9, 2003, p.741-4.

p.219 **Uma erupção oceânica ... de metano**: Ryskin, G., 2003: Ibid.

p.220 **oceano sulfuroso**: Nielsen, J., e Shen, Y., "Evidemnce for sulfidic deep water during the Late Permian in the East Greenland basin", *Geology*, 32, 12, 2004, p.1037-40.

p.220 **liberação de sulfeto de hidrogênio**: Kump, L. e outros, "Massive release of hydrogen sulfide to the surface ocean and atmosphere during intervals of ocean anoxia", *Geology*, 33, 5, 2005, p.397-400.

p.220 **mutações no DNA**: Visschner, H. e outros, "Environmental mutagenesis during the end-Permian ecological crisis", *PNAS*, 35, 2004, 12952-6.

p.220 **causa de extinção**: Lamarque, J.-F. e outros, "Modeling the response to changes in tropospheric methane concentration: Application to the Permian-Triassic boundary", *Palaeoceanography*, 21, 2006, PA3006.

p.220 **dois agentes combinados**: Lamarque, J.-F. e outros, "Role of hydrogen sulfide in a Permian-Triassic boundary ozone collapse", *Geophysical Research Letters*, 34, 2007, L02801.

p.224 **liberação em larga escala**: Bakun, A., e Weeks, S., "Greenhouse gas buildup, sardines, submarine eruptions and the possibility of abrupt degradation of intense marine upwelling ecosystems", *Ecology Letters*, 7, 2004, p.1.015-23.

p.224 **o nervo olfativo paralisa-se**: Kump, L. e outros, "Massive release of hydrogen sulfide to the surface ocean and atmosphere during intervals of ocean anoxia", *Geology*, 33, 5, 2005, p.397-400.

p.224 **resta um bilhão de anos**: Franck, S. e outros, "Long-term evolution of the global carbon cycle: historic minimum of global surface temperature at present", *Tellus B*, 54, 4, 2002, p.325-43.

7. A escolha do nosso futuro *(p.229-60)*

p.230 **ritmo quatro vezes maior**: Jones, N., "Carbon tally shows growing global problem", Nature.com news, http://www.nature.com/news/2006/061106/full/061106-18.html, 2006.

p.230 **0,5°C**: Teng., H., e outros,"Twenty-first century climate change commitment from a multi-model ensemble", *Geophysical Research Letters*, 33, 2006, L07706.

p.230 **um grau**: Wigley, T., "The climate change commitment", *Science*, 307, 2005, p.1.766-9.

p.232 **11 graus**: Stainforth, D., e outros, "Uncertainty in predictions of the climate response to rising levels of greenhouse gases", *Nature*, 433, 2005, p.403-6.

p.233 **"perigosamente altos"**: *vide*: http://climateprediction.net/science/pubs/climate-prediction_press_release.pdf.

p.233 **já está ocorrendo**: Wild, M., e outros, "From dimming to brightening: decadal changes in solar radiation at Earth's surface", *Science*, 308, 2005, p.847-50.

p.233 **os extremos máximos**: Andraea, M., e outros, "Strong present-day aerosol cooling implies a hot future", *Nature*, 435, 2005, p.1.187-90; Bellouin, N., e outros, "Global estimate of aerosol direct radiative forcing from satellite measurements", *Nature*, 438, 2005, p.1.138-41.

p.233 **modelos atuais não conseguem reproduzir**: Higgins, A., e Schrag, D., "Beyond methane: Towards a theory for the Paleocene-Eocene Thermal Maximum", *Earth and Planetary Science Letters*, 245, 2006, p.523-37.

p.233 **efeito estufa do Cretáceo**: Bice, K., e outros, "A multiple proxy and model study of Cretaceous upper ocean temperatures and atmospheric CO_2 concentrations", *Palaeoceanography*, 21, 2006, PA2002.

p.234 **diferentes efeitos dos feedbacks**: Torn, M., e Harte, J., "Missing feedbacks, asymmetric uncertainties, and the underestimation of future warming", *Geophysical Research Letters*, 33, 2006, L10703.

p.234 **aumentam ... a sensibilidade climática**: Hansen, J., e outros, "Climate change and trace gases", *Philosophical Transactions of the Royal Society* A, 365, 2007, p.1.025-54.

p.235 **aumentar drasticamente**: Damon Matthews, H., e Keith, F., "Carbon-cycle feedbacks increase the likelihood of a warmer future", *Geophysical Research Letters*, 34, 2007, L09702.

p.235 **Outro estudo internacional**: Scheffer, M., e outros, "Positive feedback between global warming and atmospheric CO_2 concentration inferred from past climate change", *Geophysical Research Letters*, 33, 2006, L10702.

p.236 **7% de chances**: Meinshausen, M., "What does a 2°C target mean for greenhouse gas concentrations? A brief analysis based on multi-gas emission pathways and several climate sensitivity uncertainty estimates", *in* Schellnhuber, H. J. (org.), *Avoiding Dangerous Climate Change*, Cambridge University Press, 2006.

p.236 **opção politicamente realista**: Stern, N., *Stern Review: The economics of climate change*, publicado por HM Govt, disponível em: http://www.hm-treasury.gov.uk/independent_reviews/stern_review_economics_climate_change/sternreview_index.cfm., 2006.

p.238 **começarem a declinar ... *sete anos***: Den Elzen, M., e Meinshausen, M., "Multi-gas emission pathways for meeting the EU 2°C climate target", *in* Schellhuber, H.J. (org.), *Avoiding Dangerous Climate Change*, Cambridge University Press, 2006.

p.241 **o IEA prevê**: World Energy Outlook 2005 Executive Summary, IEA, http://www.iea.org?Textbase/npsum/WEO2005SUM.pdf, 2005.

p.241 **Cenário Mundial de Políticas Alternativas**: World Energy Outlook 2005 Executive Summary, IEA, 2005, http://www.worldenergyoutlook.org/press_rel.asp.

p.243 **os números são estarrecedores**: Dukes, J., "Burning buried sunshine: Human consumption of ancient solar energy", *Climatic Change*, 61, 2003, p.31-44.

p.244 **alface *iceberg***: *Eating Oil: Food Supply in a Changing Climate*, Sustain/Elm Farm Research Centre, dezembro de 2001, sumário: http://www.sustainweb.org.

p.244 **consome dez vezes mais**: Giampietro, M., e Pimentel, D., "The tightening conflict: Population, energy use, and the ecology of agriculture", *NPG Forum Series*, outubro de 1993, p.1-8.

p.244 **"nível notável de absorção"**: Imhoff, M. e outros, "Global patterns in human consumption of net primary production", *Nature*, 429, 2004, p.870-3.

p.246 **"tragédia dos bens comuns"**: Hardin, G., "The tragedy of the commons", *Science*, 162, 1968, p.1.243-8.

p.247 **grupos de foco ... na Suíça**: Stoll-Kleemann, S., e outros, "The psychology of denial concerning climate mitigation measures: evidence from Swiss focus groups", *Global Environmental Change*, 11, 2001, p.107-17.

p.249 **o consumo de petróleo ser maior**: Leggett, J., *Half Gone: Oil, Gas, Hot Air and the Global Energy Crisis*, Portobello Books, 2005, p.59.

p.250 **"elas se juntaram"**: "Saudi Arabia's Ghawar Field: the elephant of all elephants", *AAPG Explorer*, http://www.aapg.org//explorer/2005/01jan/ghawar.cfm.

p.251 **uma quebra econômica mundial**: Leggett, J., *Half Gone: Oil, Gas Hot Air and the Global Energy Crisis*, Portobello Books, 2005, p.95-6.

p.252 **"power down"**: Heinberg, R., *Powerdown: Options and Actions for a Post-carbon World*, Clairview Books, 2004.

p.254 **calços**: Pacala, S., e Socolow, R., "Stabilization wedges: Solving the climate problem for the next 50 years, with current technologies", *Science*, 305, 2004, p.968-72.

p.254 **matam as aves**: Marris, E., e Fairless, D., "Wind farms' deadly reputation hard to shift", *Nature*, 447, 2007, p.126.

p.254 **eliminados para sempre**: Kempton, W., e outros, "Large CO_2 reductions via offshore wind power matched to inherent storage in energy end-uses", *Geophysical Research Letters*, 34, 2007, L02817.

p.255 **A captação e o armazenamento do carbono**: IPCC, *Carbon Dioxide Capture and Storage: Summary for Policymakers and Technical Summary*, WMO/UNEP, 2005.

p.256 **deixaria de lançar na atmosfera a mesma quantidade**: Gullison, R., e outros, "Tropical forests and climate policy", *Science*, 316, 2007, p.985-6.

p.256 **alguns centésimos**: Monbiot, G., "Fuel for nought", *The Guardian*, 23 de novembro de 2004.

p.258 **florestas do Sudeste Asiático**: Ibid.

Agradecimentos

Este livro é, acima de tudo, um trabalho de síntese, reunindo pesquisas realizadas por centenas de cientistas pelo mundo inteiro. Não é possível agradecer a todos individualmente, mas apenas demonstrar o meu reconhecimento a eles, declarando que sem a sua percepção, o seu conhecimento especializado e sua dedicação, *Seis graus* não poderia existir, deixando-nos sem saber tanta coisa sobre o que nos aguarda. Também gostaria de agradecer aos que me ajudaram a localizar e usar as muitas e variadas fontes das quais dependeu este livro: a Jenny Colls, da Earth Sciences Library da Universidade de Oxford, e particularmente à equipe da Biblioteca Científica Radcliffe, onde passei muitas semanas e meses mergulhado no trabalho, na Lancaster Room. Infelizmente, nem sempre tudo estava disponível — mesmo com os recursos da Bodleian Library — e, assim, também devo muitos agradecimentos a Jonathan Lifland, da American Geophysical Union, por me enviar por e-mail dezenas de artigos publicados pela *Geophysical Research Letters*, além de outras publicações da AGU.

Também sou devedor ao meu agente, Antony Harwood, residente em Oxford e constante companheiro de almoço, que imediatamente compreendeu a minha idéia para *Seis graus*, desde os primeiros momentos. James Macdonald Lockheart e Antony Harwood Ltd. me forneceram valiosa assessoria em diversas ocasiões. Sou muito agradecido particularmente a Mitzi Angel, minha editora da Fourth Estate, por assumir e apoiar o livro (e a mim) com tanto entusiasmo, durante todo o processo. Silvia Crompton e a Fourth Estate contribuíram com muito trabalho, assim como Merlin Cox, pela edição, que melhorou sensivelmente meu primeiro rascunho.

Não posso esquecer de Anne Rieley, a revisora de provas, que felizmente percebeu pequenos erros meus e de digitação, bem a tempo.

Stephen Harrison, glaciologista e também um irmão espiritual, examinou um dos primeiros esboços de *Seis graus*, como também o fez meu velho amigo e parceiro de squash Paul Kingsnorth. Seus comentários foram muito apreciados, mesmo quando foi necessário ignorá-los! Por último, e o mais importante, sou eternamente agradecido à minha esposa, Maria, por nem uma vez sequer ter duvidado de mim, mesmo quando o estresse e as tensões do trabalho (para não falar do seu conteúdo) faziam de mim alguma coisa muito aquém do marido ideal.

Índice remissivo

A vingança de Gaia (Lovelock), 171
abordagem dos calços, 252-60
ácida, chuva, 167, 216-7, 233
ácido sulfídrico, 220, 223-4
adaptação, 101-2, 107, 187-8, 198-200, 208, 221-2
Afifi, Abdulkader, 250
África, 122-3
  agricultura, 96-8, 156-7, 168-9, 186-7
  antiga, 111-2, 186-7
  doença, 150-3
  fome, 115-6
  monção, 34-6, 61-2
  precipitação de chuvas, 35-7
  refugiados, 157-8
  refúgios, 200-1
  retração glacial, 28-33
  seca, 36-7, 105-9, 168-9, 186
Agassiz, lago, 26
agricultura, 11, 171-2, 243-4
  abandono, 24, 169-70, 201-2
  África, 11, 96-8, 156-7, 168-9
  "agricultura com bastão de fogo", 124
  América Central e do Sul, 90, 93, 97, 135, 169
  América do Norte, 21-5, 95-8, 143-4, 157-8, 168-9
  Ártico, 132
  Austrália, 115, 125-6, 169
  China, 167-9
  declínio na, 97-9, 156, 167-71, 187-8
  estação de cultivo ampliada, 132-3, 157, 187-8
  Europa, 68-72, 96-7
  fracasso da colheita, 28-9, 115-6
  Índia, 86-8, 137-8, 168-70
  intensiva, 186-7
  irrigação, 24, 67-8, 90, 93-4, 140-1, 144, 157-8, 188-9
  novas áreas, 156, 180-2, 187-9
  Paquistão, 139-41
  plantações resistentes à seca, 169-70
  refúgios, 200-1
  Reino Unido, 96, 200-2
  "seca agrícola mundial", 168-70
  utilização das queimadas, 122-3
água doce, ondas de, 25-7
água, 10, 88-90
  aqüíferos, 187-8
  conflito por, 17, 92-4, 140-1
  e floresta montanhosa, 32-3
  e recuo glacial, 32-3
  falta de, 63, 67-8, 72, 89-96, 124-6, 130-1, 137-42, 187-8
  lagoas, 32
  penetração salina, 125-6, 161-2
  projeto de transferência de água, 63
  racionamento de, 125-6
  suprimentos "fósseis" de, 140-1
Alasca, 39-40, 209
  derretimento, 39-41, 83-4, 132-3, 181-2
  fósseis da encosta norte, 206-9
  precipitação de chuvas 130-1, 185
Alemanha, 68-9, 101-2, 148, 150, 176, 209
Alexandria, Egito, 159-63
algas, 47-51, 67-8, 211-2

alimentos, 95-9, 140-2, 161-2, 167-8, 203-4
 ajuda, 200-1
 falta de, 134-5, 140-2, 156-7, 169-70, 180-1, 256-7
 preços dos, 24, 98-9, 156-7, 256-7
 produção de, 200-1, 243-6
 rede de, Ártico, 83-4; *ver também* agricultura,
Alley, Richard, 76
alojamento, ilegal, 122
Alpes, 11, 42-5, 67-8, 149-50, 172-3, 175-6, 230
Amarelo, rio, China, 167, 185
Amazonas, rio, 121-2
Amazônia, 45-7, 152, 171
 desertificação, 186, 199-200
 desmatamento, 121-3
 morte da, 117-23, 184, 199-200, 235-6
 seca, 115, 117-9, 168-9
American Geophysical Union, 77-8
Amigos da Terra, 239
Andes, 88-93, 111-2, 118, 121, 225
Angola, 108
animais, *ver* vida selvagem
Antártico, oceano, 190-2
Antártida, 76, 172
 antiga, 111-3, 207-10, 215-6
 carvão, 210
 mantos de gelo, 73, 79-80, 145-6, 162-6
 sem gelo, 201-2, 207-8
Antropoceno, 199, 222
aquecimento, picos de, 210-1
Aqüíferos, 24, 63, 157, 162, 166, 186-7
Archer, David, 196-7
ar-condicionado, 68-9, 71-2, 173-4
Arctic Climate Impact Assessment, 83
Argélia, 34-5
Argentina, 186
Ártico, 25, 75, 129-33
 agricultura, 187-8
 amplificador, 38-9, 84-5, 183-4
 antigo, 112-4, 189-91, 194
 derretimento, 37-42, 75-82, 180-4, 230
 povos, 84-6
 sem gelo, 39-42, 112-4, 131-2, 165-6, 180-1, 194, 207-8
 vegetação, 84-5
 vida selvagem, 46-7, 80-6, 181-2
Ártico, oceano
 antigo, 190-1, 206-7, 232-4
 derretimento de hidrato de metano, 195-7
 gelo marinho, 15-6, 80-6, 130-1, 180-2
 torrente de água doce, 182-3
árvores, 100-2
 estômatos, 113-4
 limite de, 112-3, 145-6
 tocos, 19-20, 194, 206-7
Asiática, Nuvem Marrom, 136
Associação Americana para o Progresso da Ciência, 194-5
Atacama, deserto do, Peru, 116
Atlântico, oceano
 antigo, 192, 206-7
 circulação, 25-9, 113-4, 171-2
 formação de furacões, 55-9
 Norte, 77
 torrente de água doce, 25-7
 tropical, 36-7
Atlas, Montanhas, Marrocos, 175-6
Atmosfera, 129-31, 220-4
 antiga, 193-6, 209-10, 212,-3, 217-8, 232-4
 atóis, 31-2, 59-60
Austrália, 41-52, 102, 201
 agricultura, 115, 125-6, 168-9
 carvão, 209
 desertificação, 186
 incêndios florestais, 123,7
 seca, 114-6, 168-9, 186
Australian Conservation Foundation, 125
Avalanches, 175-6
 submarinas, 192-3, 196-9
aves, 83-6, 99-103, 122-3, 154-5
Axel Heiberg, ilha de, Canadá, 194

bacia do Bighorn, Wyoming, 190
Baker, Andrew , 50
Bakun, Andrew, 224
Bancoc, Tailândia, 80
Banda Aceh, 198
Bangladesh, 87, 133, 136-7, 161
Barbados, 162
barreiras contra enchentes, 146-8, 161
Barrow, Alasca, 39
Beever, Dr. Eriki, 53
Benike, Ole, 112
Benton, Michael, 217-8
Bhopal, Índia, 224
biocombustíveis, 255-8
biodiversidade, 46-8, 98-104, 153-5, 189-90, 203-4, 220-1, 226-7, 235-6

Amazonas,121-2
China, 166-7
marinha, 153-4
plantas, 52-3
sob ameaça, 33, 54-5
biosfera 2, 104
Bolívia, 92, 123
Bombaim, 80, 136-8, 161
bombas de vácuo, 219
borboletas, 100, 102
Boston, EUA, 161
Botsuana, 97, 105-9, 150
Bowman, Malcolm, 147
Brahmaputra, rio, 138-9, 185
Brasil, 55-7, 102, 122-3, 186
desertificação, 186
floresta tropical, 122-3
furacões, 55-8
Brigham, Lawson, 184
Britânicas, ilhas Virgens, 51
British Antarctic Survey, 113,163
British Council, 29
Broe, Pat, 81
Bryden, Professor Harry, 27-8
Buffett, Bruce, 196-7
Bunyard, Peter, 122
Burke, Eleanor, 37
Burkina Fasso, 97
Bush, George W., 246

Cairo, Egito, 186
cálcio, carbonato de, 47-8, 62-6, 208-9
Caldeira, professor Ken, 64
Califórnia, 19-21, 24-5, 93-5, 118, 142, 144-5, 187
calor, 70-1, 123-5, 185, 188-9, 199-201, 218
calotas de gelo, 40-2, 73-81, 89, 131-3, 188-9, 198-9, 207-8, 230
Camarões, República dos, 218
Camill, Phil, 183-4
Canadá, 13, 132, 183, 187-8
agricultura, 97-8, 143-4, 156-7, 169-70, 187-9
antigo, 23
áreas habitáveis, 187-9
ártico, 84-5, 132, 182
combustíveis fósseis, 81-2, 208-9, 251-2
correntes dos rios, 185, 187-8
incêndios florestais, 189
precipitação de chuvas, 130-1
Canberra, Austrália, 125-6
Cape Floristic, região de, África do Sul, 52
carbonífero, período, 135
carbono, 104, 119-20, 196, 209-10, 249
acidificação do oceano, 62-6
antiga atmosfera, 113-5, 194-5, 207-8, 212-3, 216-8, 220, 232-4
captação e armazenamento, 253-5, 257-8
ciclo do carbono, 65-6, 118-21, 184, 208-10, 212-5, 230, 233-4, 237-9
comércio de carbono, 230, 239-40
dióxido de carbono, 14-6, 96-7, 103-4, 235-7
dissolvido, 182-4
dos incêndios, 188-9, 194
e a sensibilidade climática, 231-3
efeito fertilizante do, 169-70
emissões de plantas, 69-70
emissões de, 86-7, 132-3, 194-5, 220-3, 230-1
emissões vulcânicas, 219-22
liberação do leito do mar, 193
liberação do solo, 119-21, 182-3, 233-5
seqüestro, 171, 209-11
Caribe, 51, 116
Carnegie Institution, 64
carros, 167, 253-4, 257-8
Carson, Rachel, 103
carvão, 209-10, 213-4, 221, 244, 251, 253
Cascades, EUA, 95
Cáspio, mar, 173
Caymã, ilhas, 72
Central, América, 90-3, 96-7, 134-6, 168-9
Centro Nacional de Informações sobre Neve e Gelo dos EUA (EUA), 41
Centro Nacional de Pesquisas Atmosféricas (EUA), 41, 120
Chaco Canyon, Novo México, 21-2
Chade, lago, 35
Chernobil, 171
Chile, 97, 186, 201
Chilingarov, Artur, 82
chimu, civilização, 90-1
China, 17, 140, 182, 206
carvão, 208-9
conflito, 188-9
desertificação, 188-9
emissões, 239-41, 246-7
enchentes, 115
florestas, 154-5

hipercapitalismo, 165-71
monção, 62-3, 185, 199-200
primeira civilização, 167-9
secas, 61-3
suprimento de água, 140-1, 186
Chipre, 71
ciclones, *ver* furacões
Circulação de Reversão do Atlântico Meridional (MOC), 25-8
civilizações, colapso das, 90-1, 132-6, 169-71
clima, mudanças do, 14-6, 21-2, 25-7
antigas, 30-2, 37-8, 188, 97
conferências sobre, 29-30
modelo das, 11, 108-11, 186-8, 205, 231-5
negação das, 29, 32, 244-8
transitórias, 16-7
velocidade das, 16-7, 221-3
climática, sensibilidade, 231-7
climáticas, zonas, mudança de, 41-2, 124-5, 130-1
climático, envoltório, 101-2
cocolitóforos, 63-6
coelho-da-rocha, 53, 55, 99
colapso pelo calor, 66-8, 71-2
Colapso: Como as sociedades escolhem, 134
Colorado, rio, EUA, 22, 93-4, 142-5, 163
Colúmbia, 123
Columbia, rio, EUA, 95
Comiso, Josefino, 83
computador, modelo por, 27-8, 36-7
clima, 11. 108-11, 186-8, 205, 231-5
El Niño, 115-7
feedback do ciclo de carbono, 118-21
furacão, 129-30
hidrológico, 139-40
modelo Hadley, 53, 68, 109-10, 135
modelos globais e regionais, 109-10
retroprojetar, 107-10
temperatura do mar, 113-4
conflito, 21-2, 202-4
sobre água, 17, 92-4, 141-2
sobre petróleo, 249-51
sobre refugiados do clima, 141-2, 157-8, 174-5
sobre terra habitável, 17, 188-9
congelamento, 96-7, 206-7
conservação in loco, 101-2
continentais, climas, 189-90
continental, corrente, 206
continental, placa, 223-4
colapso da, 192-3, 196-8
contração e convergência, 239-40
Cooke, Jennifer, 179
corais: branqueamento, 47-53, 153-5
recifes de, 47-53, 55-6, 72, 98-9, 153-5, 199-200, 207-8, 230
Cordilheira Blanca, Peru, 89-91
Cordilheira Central, Peru, 91
Cordilheira da costa da Califórnia, 94-5
Coréia, 180, 186
Cornwall, 42
correntes, 42
Costa de corais, Fiji, 52
Costa Rica, sapo dourado da, 53-4
costa, 80-1, 84-5, 144-8, 177-80, 185
Cox, Peter, 119-20, 254-6
Cretáceo, 65-6, 191-2, 205-11, 222-3, 233-4
Crump, Marty, 54
CSIRO, 47-8, 124-5

Dante, 13-4, 205, 229-30
Danúbio, rio, 176
Dasuopu, Tibete, 30
Dawson, Mary, 189
degelo, *ver* geleiras
Democrática do Congo, República, 32
Departamento de Meio Ambiente, Alimentos e Assuntos Rurais da Grã-Bretanha, 86
deserto
Amazônia, 117-9
América do Norte, 19-25
deserto de Kalahari, 106-9, 186
difusão, 149-51, 180-1, 186-8, 199-200, 230
Europa, 68-9, 149, 186
margens do Mediterrâneo, 149-5
marinho, 211-2
Polar, 76
Saara, 36, 38, 70-1, 122, 150, 175-6, 180-1, 186-7, 211-2
tempestades de areia, 211-2
deslizamento de Storega, 198
deslizamentos de terra, 44-5
submarinos, 192-3, 196-9, 201-3
deslizamentos de terra, 88-9, 117-8, 135, 175-6
desmatamento, 29-30, 170-2, 231
da Amazônia, 121-3
da América Central, 134-5
dessalinização, usinas de, 173-4
Dia depois de amanhã, O, 25

Diamond, Jared, 134-5
Dickens, Gerald, 191-2, 195
diesel do desmatamento, 257-8
Dinamarca, 82, 148
doença, 124-5, 150-3, 156-7
Doyle, Arthur Conan, 152-3
Dudh Koshi, rio, 88
Dukes, Jeffrey, 243, 248
dunas de areia, 23-4, 33-4, 90, 123
  estabilizadas, 106-8
  remobilização, 107-8
dust bowl, 23-4, 95, 144, 186

economia, 165-8
ecossistemas, 98-104, 170-2, 209-11, 226-7, 243-4
  ártico, 182
  floresta úmida, 44-8
Eemiano interglacial, 62, 72-3
Egito, 34, 186-7
egoísta, 64
El Niño, 90, 115-8, 211-2
Ellesmere, ilha de, Nunavut, 39, 112, 189-90
Emanuel, Kerry, 58-9
emissões, 115-6, 240-2
  cenários futuros de, 231-2
  contração e convergência, 239-40
  cortes nas, 125-6, 230, 236-42, 257-9
  Índia, 86
  permissões, 240
  taxa de, 65-6, 230, 241-2
  ver também gases-estufa,
enchentes
  Estados Unidos, 10, 117-8, 144-7, 157, 161-2
  interiores continentais, 185, 206
  inundações relâmpagos, 21, 37-8, 145-6, 175-6, 194, 217
  monções, *ver também* monção
  na África, 150-1
  na Europa, 147-51, 177-9
  nas cidades costeiras, 144-8, 160-3, 185, 201-3
  nos atóis, 59-60
  pós era glacial, 75
  Reino Unido, 9-10, 147-50, 177-9, 185-6
  ressaca, *ver também* ressacas
energia
  eficiência, 253-8
  renovável, 240-1, 249-59
Enso, 115-8
Environmental Research Letters, 80
Eoceno, 189-91, 194-5, 198, 200; *ver também* Máxima Térmica Paleoceno-Eoceno
Equador, 92, 97
eras glaciais, 12-4, 21-2, 24-6, 38-9, 135-6
  e o El Niño, 116-7
  modelos de, 109-10, 234-5
erosão
  costeira, 84-5, 114-8, 177-80, 185
  da encosta, 134-5
  do solo, 165-6, 178-80, 193-4, 204, 214-6
Escócia, 42, 108-9, 177, 179, 197-8
esfriamento
  aerossóis, 135-6
  inverno nuclear, 13-4, 126-7, 119-20
  noroeste da Europa, 25, 27-8, 201-2
  Younger Dryas, 26
Espanha, 57, 71-2, 172, 174, 181, 193
Estônia, 69
etanol, 256
Etiópia, 33, 97, 111, 186, 201
Europa
  agricultura, 68-72, 96-7
  antiga, 206-8
  desertificação,149-50, 172-4, 180-1
  El Niño, efeito do, 115-6
  elevação de temperatura, 170-5, 180-1
  enchentes, 147-51, 177-9
  esfriamento, 25-8
  extinções, 102-3, 155-6
  furacões, 57-8
  incêndios florestais, 71-2
  ondas de calor, 66-72, 172-7
  precipitação de chuvas, 71-2, 172-3
  refugiados, 157-8
  seca, 67-72, 149-50, 186
  tempestades, 147-51
Européia, União, 239, 257
Everest, monte, 138-40
excesso ecológico, 134-5
extinções, 46-7, 52-5, 84-6, 93-4, 98-104, 198-9, 221-2
  das plantas, 52-3, 84-6, 98-102, 154-5, 215-6
  em massa, 65-6, 99-100, 156, 192-3, 211-22
  em massa no Antropoceno, 222
  espécies mortas-vivas, 155-6
  humana, 226-7

no fim do Permiano, 213-22
no Paleoceno-Eoceno, 198-201
marinha, 198-201, 211-4, 216-7, 119-21

Fahnestock, Mark, 78
Faroe, ilhas, 198
feedbacks, 184, 235-6, 238
ciclo do carbono, 69-71, 118-22, 184, 229-30, 233-4, 238
desertificação, 186
era glacial, 238
gelo, albedo, 42, 78-80
metano, 182-4, 193, 195-7
Fiji , 52, 162
Finlândia, 172
floresta tropical
Amazônia, 118-23, 152-3, 170-1
antiga, 194, 207-8
incêndios, 185
perda do hábitat, 44-8
Queensland Wet Tropics, 45-7
floresta úmida de Monteverde, Costa Rica, 53-4, 99
floresta, 244-5
antiga, 216-7
boreal, 188-9
desmatamento, 121-3, 170-2, 231
emissões de carbono, 69-70
montanhosas, 32-3
morte por pragas, 69-70, 86-7
oeste dos Estados Unidos, 144
polares, 181-2, 198-9, 207-8
reflorestamento, 254
floresta, queimadas na, *ver* incêndios florestais
focas, 41, 83-6
fome, 95-9, 106-7, 156-8, 203-4
em massa, 169-70
na África, 115-6
na Índia, 86-8
no Sahel, 33
Ford, Derek, 72
fósseis, combustíveis, 81-2, 86-7, 166-8, 208-14, 243-4, 249-53
França, 68, 71, 148, 172
Francis, Jane, 111, 114
Frey, Karen, 183-4
fronteira permiano-triássica, 212-26, 235-6
fungos, 215-6
furacões, 55-9, 126-31, 145-6
antigos, 206-7, 216-8
Catarina, 55-6
Floyd, 145
formação de, 55-9
fortes, 126-30, 206-7, 217
Galveston 1900, 128
hiperfuracões, 217
Katrina, 10, 51, 55, 59, 127-8, 161
modelos de, 109-10
na Europa, 57-8, 148-9, 179-80
Odessa, 128
ressacas, 10, 144-9, 160-1, 177
Rita, 59
temperatura do mar e os, 127-8, 216-8
Vince, 57
Wilma, 59
Gabão, 97
gado, fazendas de, 24, 34, 106-7, 121-2, 179
Gaia, teoria de, 171, 208, 226-7
Gana, 33
Ganges, rio, 138-41, 185, 201
gás, natural,23, 81, 210, 243, 249, 252-4, 257-8
gases-estufa, 14-6, 113-4, 171-5, 182-3, 222-3, 231
acidificação oceânica, 63-4
ver também dióxido de carbono; emissões; metano
Gazprom, 81
Geleiras, 25-6, 88, 113
da Antártida, 111-3, 163-4
da Escandinávia, 132
da Groenlândia, 75-8, 138-9
da Islândia, 131-2
do Ártico, 39-41
do Karakoram, 137-42
do Kilimanjaro, 28-33
dos Alpes, 44, 67-8, 172-3, 175-6, 181-2, 230
dos Andes, 89-93
dos Himalaias, 88
gelo marinho, 15-6, 25-6
derretimento, 27-8, 40-2, 82-4, 130-1, 180-2
Geology Today, 114
Geology, 179
Geophysical Research Letters, 56, 180
Giant Sequoia National Park, 20
Gladwell, Malcolm, 38
Glen Canyon, represa do, 142-3

Global Commons Institute, 240
global, aquecimento, 14
  aceleração do, 10, 196
  amplificador ártico, 40-1, 84-5
  antigo, 12-3
  descontrolado, 194-6, 218, 236-7, 239-41
  feedback positivo, 183-4, 235-6
  inércia térmica, 16-7, 114
  mudanças de zonas climáticas, 42-3
  picos, 210-4
  velocidade do, 16-7, 221-3
global, escurecimento, 110, 233
Gobi, deserto de, 61, 186
Golfo do México, 211-2
Golfo, corrente do, 25-6, 201, 223-4
GRACE (Experimento Climático e de Recuperação da Gravidade), 78
Grande Barreira de Corais, 47-50
Grande Depressão, 200
Grandes Lagos, 24
Grandes Planícies, 20-1, 23, 154
Grécia, 172
Greenpeace, 122
Grindelwald, Suíça, 43
Groenlândia, 22, 25, 28, 76-8, 84, 131, 181, 235
  antiga, 38-9, 83-4, 112-3, 206-7, 219-20
  colapso do manto de gelo, 73-81, 130-3, 145-6, 165-6, 171-2, 235-6
Guadalupe, rio, 179
guerra *ver* conflito

Hadley Centre, Reino Unido, 37-8, 53, 109-10, 118-22, 135, 147, 196
Haeberli, Wilfried, 44
Hall, T.D. e Billie, 179
Hamilton, Dr. Gordon, 77-8
Hansen, James, 41, 75-6, 79-80, 117, 161-2
Harappa, civilização, 170
Hardin, Garrett, 246-7
Harrison, Gary, 85
Harvard, Universidade de, 195
Havaiano, 99
Hayward, Dr. Alan, 113-4
Heilheim, geleira, Groenlândia, 77-8
hidroeletricidade, 32-3, 67-8, 71-2, 91-5, 140-1, 173-4, 176
hidrológico, ciclo, 211-2
Higgins, Craig, 42
Higgins, John, 195
High Tide, 10-1, 59, 85, 89
Hilbert, David, 47
Hill, Robert, 112
Himalaia, 88, 111, 169
Hoegh-Guldberg, Ove, 49-52
Hoerling, Martin, 36, 106-8
Holanda, 148-51
Holland, Marika, 41
Holoceno, 35-6, 38, 75, 111
Hong Kong , 167
Houston, Texas, 127-9
Howat, Ian, 76-7
Huntingford, Chris, 254-6

ice-albedo gelo, feedback do albedo, 42,78-80
icebergs, 76-7, 115-6
Iêmen, 187
inabitáveis, regiões, 186-9, 199-200
incêndios florestais, 32, 70-2, 123-7, 188-9, 194
  na Amazônia, 122-3
  na América do Norte, 20, 94-6, 143-5
  na Ásia, 257-8
  na Austrália, 123-7
  na Europa, 67-72
  na Indonésia, 120-3
incêndios florestais, Austrália, 123-7
Índia, 17, 85-8, 136-8, 168
  agricultura na, 86-8, 137-8, 168-9
  antiga, 206
  aquecimento, 106-8
  aqüífero, 168-9
  fome na, 86-8
  Ministério do Meio Ambiente, 86
  monção, 35-6, 62, 87-8, 136-8, 168-9, 199-200, 206-7
  seca na, 168-9
Índico, oceano, 137
Indo, rio, 137-42, 170
Indonésia, 13, 121, 123, 137, 197, 201, 257
Industrial, Revolução, 115
Instituto Meteorológico (Reino Unido), 10, 36-8, 67-8, 147-8
Instituto Nacional de Biodiversidade (África do Sul), 52
Inter-Americana, Comissão, de Direitos Humanos, 85
interglacial, Eemiano, 62, 72-5, 107
Intergovernamental, Painel sobre Mudanças Climáticas (IPCC), 10, 16, 28-9, 39,

74-5, 79-80, 85-6, 120-1, 131, 157, 169, 205, 212, 230, 235, 239
International Energy Agency (IEA), 241
International Rice Research Institute, 156
intertropical, zona de convergência, 150, 185
Inuítes, povos, 84-6
inverno, 21-2, 27-8, 176, 187-8
Irrigação, 24, 68, 90, 93-4, 140-1, 144, 156-7, 187
Islândia, 131-2
Itália, 58, 72

Jacobshavn Isbrae, geleira de, Groenlândia, 76-7
James Cook University, 47
Japão, 186
Jequetepeque, rio, 90-1
Jones, Brian, 72
Jones, Chris, 254-6
Joshi, S. K., 86
Journal of Climate, 129
Jurássico, Período, 211-4, 220-1

K2, 138, 140
Kalahari, deserto de, 106-8, 186
Kangerdlugssuaq, Geleira de, Groenlândia, 77-8
Karakoram, cordilheira de, 138-40, 169
Karoo, planície de, África do Sul, 212, 215
Katz, Miriam, 192, 197
Keipper, Dr. Vince, 29
Kennett, James, 191
Khama, sir Seretse, 106
Kidder, David, 216
Kilimanjaro, Monte, 29-33, 89
Kiribati, 60
Knutson, Tom, 129
Krakatoa, 193
Kruger, Parque nacional, África do Sul, 102
Kyoto, Protocolo de, 230, 241

lagos
  antigos 31-2, 36-7
  glaciais, 88-9, 131-2
  poluição dos, 166-7
  salinos, 20-1
Lawrence Berkeley National Laboratory, 144
Lebensraum, 200
Lesoto, 97
Líbia, 34, 58
Lima, Peru, 89, 91-3, 117, 186-7
Localismo, 200-1, 231, 259-60
Loire, rio, França, 68
Londres, 25, 27-8, 80, 147, 161
Lovelock, James, 171, 188, 204, 208, 226
Lowe, Jason, 147
Luxemburgo, 70

Madagascar, 186, 206
Madeira, ilhas, 57
Maias, 133-6, 169-71
Malária, 150-2
Maldívias, 60
Mali, 97
Manabe, Syukuro, 186, 188
mantos de gelo, 73-81, 130-3, 145-6, 161-6, 171-2, 185
mar Negro, 224
Marshall, ilhas, 60
Matterhorn, 43-4, 68
Máxima Térmica Paleoceno-Eoceno (PETM), 194-6, 199, 210, 222, 233
Mead, lago, 142
Medieval, período quente, 21-3
Mediterrâneo, 57-8, 70-2, 150, 173-4, 177
Mega-Chade, lago, 35
Meghna, delta do, 201
Meltwater Pulse l A, enchente, 75
Meshian, pedreiras de, China, 213-4
Metano, 15, 182-4, 192-3, 212, 234, 236
  nuvens de, 219-21, 224-5
metano, hidrato de, 191-7, 201-2, 210-3, 218-21, 224-5, 233-4, 236-7, 252
México, 102, 132, 158
  golfo do, 211-2, 223-4
Migração
  de espécies, 100-2, 153-4, 198-200
  de plantas, 100-2, 198-200
  humana, 92-3, 125-6, 135-6, 141-2, 168-71, 176-7, 190-1, 201-2
milho, 11, 97
Ministério do Desenvolvimento Internacional (RU), 139
Mississippi, rio, 212
Moçambique, 150
moche, civilização, 90-1, 115
Modelos *ver* modelos por computador
monção, 34-6, 199-200, 214-5
  ácida, 217-8, 35-6, 62
  africana, 35-6, 62

América do Norte, 24, 194
asiática, 35-6, 87, 136-8, 168-9, 199-200, 207
australiana, 125
chinesa, 62-3, 185, 199-200
intensificação, 136-8
interrupção, 135-8
Mont Blanc, 44, 175
montanhas, 43-5, 92-4, 174-6
derretimento de permafrost, 43-5
descongelamento, 137-42, 175-6
formação, 206, 216-7
refúgios, 201-4
Moon Lake, 20-1
Moradia, 177-8, 254, 257-8
morsas, 84
Murray-Darling, rio, bacia do, Austrália, 125

Nações Unidas (ONU)
Avaliação Ecossistêmica do Milênio, 99
Conferências sobre Mudanças Climáticas, 29-30, 84-6
Protocolo de Kyoto, 230, 241
Namíbia, 108, 224
Nasa, 41, 74, 79, 83, 162, 164
National Oceanic and Atmospheric Administration (EUA)106
nativos, americanos, 21-2
naturais, reservas, 101-2, 221-2
Nature, 51, 58, 73, 76, 102, 118-9, 149, 155, 195
Nebraska, 22-3, 95, 230
negação, 29-32, 244-8
Neguev, deserto de, Israel, 215
Nepal, 88, 138
Nevado Huascarán, 30, 90
neve, 76, 93-4, 121-2, 173-4, 176, 178-9, 181-2
desaparecimento da, 186
feedback do derretimento da neve, 41
na Europa, 173
neve acumulada, 92-6, 143, 186-7
no Ártico, 182
nos Alpes, 175-6
Reino Unido, 178
Nigéria, 33
Nilo, delta do, 159-61
Nilo, rio, 32, 34, 187, 201
níveis do mar
antigos, 72-4, 112-3, 206, 216-7, 230
subida dos, 59-60, 74-81, 132-3, 145-7, 159-66, 185, 201-2, 235-6
nômades, climas, 157-8
Norte da África, 31-3, 35-6, 70-1, 206
Norte, América do
antiga, 188-90, 206-7
desertificação, 186
enchentes na, 206-7
extinções na, 52-6
período quente medieval, 21-3
seca, 21-5, 168-9
ver também Canadá; EUA
Norte, mar do, 148, 198
Noruega, 25, 82, 132, 198
Nova Orleans, 10, 55, 127, 129, 147, 161, 203
Nova York, 13, 25, 145-7, 161
Nova Zelândia, 201, 209
nuclear, energia, 252-4
nuclear, inverno, 13-4, 126-7, 220, 254
nucleares, armas, 141, 202, 220, 254
núcleos de gelo, 21-2, 29, 32, 73, 89
nuvens, 110, 116, 127, 170
Nyos, lago, Camarões, 218

o fracasso ou o sucesso (Diamond), 134-5
oceanos
acidificação, 63-6, 194
anóxicos, 210-2, 214-7, 222-4, 249
antiga, 111-4, 190-4, 206-8, 210-1, 216-20
circulações, 25-9, 111-4, 223-4
estratificação, 211-2, 223-4
extinção no fundo do mar, 190-2
metano, 184
ondas de água doce, 25-7
oscilações, 115
picos de aquecimento, 210-1
poluição, 171-2, 211-2
processo de aquecimento, 209-10
salinidade, 216
seqüestro de carbono, 171
sulfuroso, 220
temperatura e furacões, 55-9, 216-8
ver também níveis do mar
Oechel, Walter, 184
Office of Science and Technology (Reino Unido), 178
Oklahoma, 23
ondas de calor, 21-2, 180-1, 188-9, 193
nos Alpes, 43-5, 172-3
na Austrália, 169

na Europa, 66-72, 149-50, 173-5, 193
no inverno, 175
Oregon, 93, 95
Oxford, Universidade de, 11, 108, 232
oxigênio, 218; 220; isótopos, 30, 214
ozônio, camada de, 220, 224-5

Pacala, Steve, 253
Pachauri, Rajendra, 86
Pacífico, ilhas do, 59, 186
Pacífico, oceano, 26, 59, 64, 116-8
País de Gales,42
Paleoceno, 190-5, 212
Paleoclima, 62, 106, 162, 233-5
Pântano, degelo, 182-4
pântanos, 93-4, 106
Papua-Nova Guiné, 116
Paquistão, 17, 88, 138-44, 199
Paris, 67-8
Parizek, Byron, 76
Patagônia, 186, 201
Penn State University, 76
permafrost, 13, 38-9, 68, 84, 181, 183, 236
dos Alpes, 43-5
liberação de metano, 181-3, 235-7
Peru, 30, 88-93, 115-7, 211-2
petróleo, 81, 86, 167, 209-14, 243-4, 249-52
Pezza, Alexandre, 56
Pinatubo, monte, 126
placas de gelo, 163-5
plâncton, 64-6, 84, 171, 209, 211, 249
plantas, 175-6
antigas, 206-8
emissões de carbono, 69-70
extinção, 52-3, 84-6, 98-102, 154, 215-6
migração, 100-2, 198-200
região de Cape Floristic, 52
tepui, 152-3
Wet Tropics, 46
Plioceno, 109-15, 117, 230, 233
Pó, rio, Itália, 68
poços, 134, 187
poeira, tempestades de, 24-5, 61-2
polares, regiões, 111-4
antigas, 207-8, 216-7
cinturão de habitabilidade, 200
colapso do manto de gelo, 73-81, 130-2, 145-6
desertos, 75-6
polares, ursos, 41, 80-4, 155
política, 157-8, 200-1, 231, 237-8, 253
poluição, 166-7, 171-5, 211-2, 232-3
Pontresina, Suíça, 44
população
crescimento da, 21, 99-100, 151-2, 166-7, 204, 231
movimentos, 100-2, 125-6, 168-71, 176-7, 201-2
redução da, 21, 204
violenta redução pré-histórica, 13-4
Portugal, 57, 68, 70, 172, 174, 181
positivos, feedbacks, *ver* feedbacks
Powell, lago, 143
precipitação de chuvas, 32, 105-7
antiga, 194, 207-8
chuva ácida, 166-7, 215-7, 232-3
chuvas convectivas, 179-80
enchentes relâmpagos, 37-8
erosão do solo, 179-80, 194
furacão, 10, 127-8
na África, 35-7, 105-7
na América Central e do Sul, 121-2, 134-6, 199-200
na Austrália, 125-6
na Europa, 9-10, 72, 148-50, 179-80
norte-americana, 130, 179-80
periodicidade, 35-6, 179-81, 186
redução, 24, 72
Reino Unido, 9-15, 179-80, 194
sazonalidade, 71
ver também monção
primavera, mais cedo, 99-100
Proceedings of the National Academy of Sciences, 94
Projeto Global do Carbono, 230
protéias, flores, 52, 55-6, 99
Pueblo, índios, 21

Queensland Wet Tropics, floresta tropical de, 45-7, 99, 102
Queensland, Universidade de, 49
Quelccaya, calota de gelo, 89
Quênia, 29, 150

Rapley, Chris, 163
refugiados, 10, 87-8, 92-3, 127-8, 157-8, 188-9, 201-2
conflitos de, 141-2, 157-8, 188-9
das regiões costeiras, 160-2
do Mediterrâneo, 175

refúgios, 174-7, 200-2
Reino Unido, 111-2, 176-8
  agricultura, 96-7, 200-2
  como refúgio, 174-7, 200-2
  enchentes, 9-11, 147-50, 177-9, 185
  esfriamento, 27-8, 201-2
  metas de emissões, 240
  ondas de calor, 66-7, 172-4
  padrões de clima, 41-2, 100-1, 200-2
  perda de terra, 165-6
  protestos contra combustíveis, 241-3
  seca, 172-4, 177
  tempestades, 9-11
  tsunami, 197-8
Reno, rio, Alemanha, 68, 101-2, 150, 176
represas, 93-4, 142-3, 162-3, 187-8
reservatórios, 92-5, 125-6, 134, 140-1
ressacas, 9-10, 145-9, 161, 177
Richardson, Katherine, 66
Rimac, rio, Peru, 89, 91-2, 187
rio Santa, Peru, 89-90
rios, vazão, 68, 185-8
  EUA, 142-5
  Indo, 138-42
rochas, desabamento de, 42-5, 67-8
rochosas, Montanhas, 93, 95, 144-5, 154, 176, 194
Royal Society, 64
Rumsfeld, Donald, 231
Rússia, 81-2, 97, 169, 172-3, 188-9, 209
Rwenzori, Montanhas, Uganda, 31-2
Ryskin, Gregory, 219-20

Saara, 71, 122-3, 175, 186, 212
  ciclos úmidos e secos, 33-6
  esverdeamento, 35-8
  expansão do, 150-1, 180-1, 186
Safsaf, oásis de, Egito, 34
Sahel, 31, 33-8, 186
salinidade, 21, 26-7, 125-6, 216-7
Salt Lake City, Utah, 94
San Joaquin, rio, 94, 142
Sand Hills, Nebraska, 23
sapos, 44-8, 53-5
Sardenha, 71
Saskatchewan, Canadá, 23
Saudita, Arábia, 187, 250
Saunders, Victor, 42
Scambos, Ted, 41
Schrag, Daniel, 195
Science, 28, 78, 144, 192
Scientific American, 74
seca, 69-70, 185
  África, 105-9
  Amazônia, 115, 117-9, 168-9
  ameaça a terras florestais, 101-2
  América Central, 91-2, 134-6
  antiga, 31-2, 134-5
  áreas críticas, 168-70
  Austrália, 115-6, 169, 186
  China, 61-3
  e agricultura, 156, 168-70
  Estados Unidos, 19-25, 69, 93-6, 130-1, 143-5
  Europa, 68-9, 149, 186
  extrema, 20, 37-8
  Índice Palmer de Severidade das Secas, 36-8
  Mediterrâneo, 71-2
  perenes, 186, 199-200
  Reino Unido, 172-4, 177
  relacionada ao Enso, 115
  Sahel, 33-4, 36-8
SEDAPAL, 91-2
Seward, península, Alasca, 40
Shea, Dennis, 59
Sheeny, John, 156
Shelley, Percy Bysshe, 170, 172
Shetlands, 198
Shismaref, Alasca, 85
Siachen, geleira de, 138
Sibéria, 17, 26-8, 39, 154, 183, 185, 187-8, 208, 217, 230
  antiga, 206-8
  áreas recentemente habitáveis, 188
  derretimento do *permafrost*, 181-2, 235-6
  rios, 27, 185
  seca na, 168-9
  vulcões, 217
Sierra Nevada, Califórnia, 19, 93-5, 145
Simmonds, Ian, 56
sistemas de termorregulagem, 171-2
Smith, Larry, 183
smog e fumaça, 123-4, 126-7
sociedade, 245-6, 248
  colapso da, 141-2, 157-8, 169-70
  localismo, 200-1, 231, 259-60
Socolow, Robert, 253-4
solar, energia, 252, 255, 257-8
solar, radiação, 83-4, 226-7

solo, 170-2, 188-9
descongelamento e liberação de metano, 182-4
erosão do, 165-6, 179-80, 193-4, 204, 214-6
liberação de carbono do, 119-20, 182-3, 233-5
ressecamento, 33, 149-50, 181-2, 186-7
Somália, 33
Southern Nevada Water Authority, 94
St. Helens, monte, 193
Stanley, monte, 32
Stern, sir Nicholas, 236
Stott, Lowell, 191
Suazilândia, 97
Subtrópico, 134-5, 157, 199-200, 207-8
Sudão, 34
Suécia, 132, 172
Suíça, 44, 172, 176, 247
Sul, África do, 52, 99, 102, 108, 168-9, 212, 251
Sul, América do, 26-7
agricultura, 96-7, 168-9
antiga, 206-8
desertificação da, 186, 199-200
sulfato, aerossóis de, 110, 136-7, 233
Sydney, Austrália, 124, 180
Synfuels, 251

Tailândia, 245
Tâmisa, rio, 9, 27, 147
Tanzânia, 11, 29, 33, 150
Tasmânia, 125-6, 168, 201
técnicas de sobrevivência, 202-4
temperatura
antiga, 73, 206-7, 232-4
aumento da, 15-7, 42, 122-3, 185, 214-5
do mar, 127-8, 216-7
velocidade do aumento, 100-1
ver também calor; ondas de calor
tempestades de areia, 24
tempestades tropicais, *ver* furacões
tempestades, 42, 115-6, 125-6, 172-3
na Europa, 147-51
índice de intensidade, 58
Reino Unido, 9-11, 176-9
tempestitos, 206-7
ver também furacões
tempestitos, 207
tepuis, 152-3
térmica, inércia, 16-7, 114
Terra do Fogo, Chile, 201
Terra
lentidão do tempo térmico, 230, 234-5
terremotos, 197-8
Texas, 95, 127-30, 179-81
Thomas, Chris, 102, 155
Thomas, David, 108-9
Thomas, Dylan, 227
Thomas, Jeremy, 100
Thompson, Lonnie, 30-1, 89
Tibete, 30, 138, 142
Tikal, México, 133-4
Titanic, 116
tornados, 127
tragédia dos bens comuns, 246-7
Transantárticas, montanhas, 111-3, 165, 215
transporte, 166-8, 253-4, 256-60
Trenberth, Kevin, 59
Trigo, 86-7, 96-7, 125-6, 156
trópicos, 157-8, 185, 198-9
agricultura, 156-7
zona de convergência dos, 150-1, 185
Truffer, Martin, 78
Trujillo, Peru, 90-1
tsunamis, 196-8, 202
Tuleya, Bob, 129
tundra, 12-3, 26, 112, 169
invasão de arbustos sobre a, 38-9, 83-5, 181-2
turbinas eólicas, 252-4, 258-9
Turfa, 193, 208-9
turismo, 33, 70-2, 160, 245-6
Turquia, 71, 172
Tuvalu, 59-60

Ucrânia, 172
Uganda, 31-2
Uma verdade inconveniente, 245
Unesco, Patrimônio Mundial, 45, 47, 53
Unidos, Estados, 85, 187, 208
agricultura nos, 21-5, 95-8, 143-4, 156-8
combustíveis fósseis, 81-2, 208-9
conflito, 188-9
crise de água, 92-4, 186-7
desertificação, 186
emissões, 240-3, 246-7, 255-6
enchentes, 10, 117-8, 144-7, 156-7, 160-2
erosão do solo, 179-81
extinções, 52-4

furacões, 10, 51-2, 55-6, 59, 126-7, 161-2
incêndios florestais, 20, 94-6
nordeste, 116
noroeste, 130
oeste dos, 24, 69-70, 143-5
refugiados, 157-8
refúgios, 157-8
rio Colorado, 22, 94, 142-5, 162-3
seca, 19-25, 70-1, 94-5, 130-1, 143-5
sul dos, 21-4
ver também América do Norte
USDA Forest Service, 144

Vatnajökull, Islândia, 131-2
Veneza, 161
Venezuela, 123, 152
vento,107-9, 124-5, 149-50, 177
ventos alíseos, 116-7, 150-1, 185
verão, prolongamento do, 71-2
Vezina, Jennifer, 72
vida animal, 98-104, 203-4
Amazônia, 122
antiga distribuição da, 188-91
marinha, 199-201
no Ártico, 39-40, 46-7, 80-6, 181-2
perda do hábitat, 45-7
recifes de corais, 47-9
tepuis, 152-3
Wet Tropics, 45-7
ver também extinção
Virgílio, 14, 205
vulcões, 12-4, 29-30, 131-2, 192-3, 207-8, 214-5, 219

Walker, rio, 20
Washington, estado de, 93, 95
Watt-Cloutier, Sheila, 85
Weddel, mar de, 191
Weeks, Scarla, 224
West, Robert, 189
Wet Tropics, floresta tropical de, 47-8, 99, 102
When Life Nearly Died (Benton), 217-8
Williams, dr. Steve, 47
Williams, John, 154
Wilson, Edward O., 102-3
World Wildlife Fund, 53
Worsley, Thomas, 216

Xangai, China, 115, 129, 161
Xiaoping, Deng, 166

Yakima, Vale, EUA, 143-4
Yangtsé, rio, 63, 115, 138, 163, 185, 201
Yellowstone, Parque Nacional de, 21
Yosemite, Parque Nacional, 20
Younger Dryas, 26

Zachos, Jim, 195
Zâmbia, 108
Zimbábue, 97, 108, 151

FSC
Fontes Mistas
Grupo de produtos proveniente de florestas bem manejadas e outras fontes controladas
Cert no. SW-COC-001662
www.fsc.org
© 1996 Forest Stewardship Council

A marca FSC é a garantia de que a madeira utilizada na fabricação do papel interno deste livro provém de florestas de origem controlada e que foram gerenciadas de maneira ambientalmente correta, socialmente justa e economicamente viável.

Este livro foi composto por Letra e Imagem em Electra e Helvetica e impresso por Geográfica Editora em outubro de 2008.